普通高等教育“十三五”规划教材·计算机系列

新编大学计算机基础
——实验教程

高　巍　王淮中　张　颜　主　编

姜　楠　张丽秋　张立忠　副主编

科学出版社

北　京

内 容 简 介

本书分为习题篇和实验篇。习题篇主要包括学习指导（包括教学内容与要求、学习要点、学习方法）、习题、习题答案，以巩固所学知识，提高学生的综合应用能力。实验篇根据教学内容安排了丰富实用的实验，以提高学生的实践操作能力。本书在编排上由浅入深，循序渐进，难易兼顾，重点突出。

本书既可以作为普通高等院校非计算机专业的计算机基础教材，也可以作为计算机初学者的参考用书。

图书在版编目（CIP）数据

新编大学计算机基础：实验教程/高巍，王淮中，张颜主编．—北京：科学出版社，2018.7

普通高等教育“十三五”规划教材·计算机系列

ISBN 978-7-03-057679-8

Ⅰ．①新…　Ⅱ．①高…　②王…　③张…　Ⅲ．①电子计算机－高等学校－教材　Ⅳ．①TP3

中国版本图书馆 CIP 数据核字（2018）第 122826 号

责任编辑：宋　丽　吴超莉 / 责任校对：马英菊

责任印制：吕春珉 / 封面设计：东方人华平面设计部

科学出版社 出版

北京东黄城根北街 16 号

邮政编码：100717

http://www.sciencep.com

三河市良远印务有限公司印刷

科学出版社发行　各地新华书店经销

*

2018 年 7 月第 一 版　开本：787×1092　1/16

2021 年 7 月第四次印刷　印张：14 1/2

字数：342 000

定价：40.00 元

（如有印装质量问题，我社负责调换〈良远〉）

销售部电话 010-62136230　编辑部电话 010-62135763-2015

前　言

随着计算机技术的日益普及，计算机已成为各行各业基本的应用之一，掌握计算机的基本操作已成为人们必备的技能。本书是与《新编大学计算机基础——计算机科学概论》（高巍、姜楠、张丽秋主编，科学出版社出版）配套使用的辅助教材，其根据教育部非计算机专业计算机基础课程教学指导委员会提出的《关于进一步加强高校计算机基础教学意见》中“大学计算机基础”课程的“一般要求”制订教学目标，可满足一般院校的教学需要。

本书分为习题篇和实验篇。习题篇包括学习指导（包括教学内容与要求、学习要点、学习方法）、习题及习题答案，以巩固所学知识，提高学生的综合应用能力。实验篇根据教学内容安排了 12 个实验，分别是 Windows 7 基础操作、Word 2010 基本操作、Word 2010 表格制作、Word 2010 图文混排、Word 2010 长文档制作、Excel 2010 基本格式化、Excel 2010 公式函数的运用、Excel 2010 数据管理、PowerPoint 2010 基本操作、PowerPoint 2010 综合操作、Raptor 使用基础、Access 2010 小型数据库应用系统设计。通过这些实验，可以提高学生对 Office 2010 办公软件的应用能力。每个实验最后都安排了实践练习，以进一步提高学生的动手能力及指明 Office 2010 办公软件在今后学习中的应用。

本书由高巍、王淮中、张颜担任主编，负责确定全书的总体框架结构与统稿、定稿工作；姜楠、张丽秋、张立忠担任副主编。在编写本书的过程中，编者得到了有关专家的热心指导与帮助，同时参考了大量的文献资料，在此向他们深表谢意。

由于编者水平有限，加之时间仓促，书中难免存在不足之处，恳请广大读者批评指正。

编　者

2018 年 3 月

目　录

习　题　篇

实　验　篇

习 题 篇

第1章 计算机基础知识

1.1 学习指导

教学内容与要求

了解计算机的发展史、计算机的分类及特点，熟悉计算机的应用领域，了解国产计算机的情况、特点及发展趋势，理解数值和编码的概念，掌握计算机各进制之间的转换规则，掌握数值数据在计算机内部的表示形式，了解计算机字符编码、汉字编码技术，了解多媒体信息编码，理解计算机的工作原理。

学习要点

1. 计算机发展史

1946 年，世界上第一台高速通用计算机 ENIAC（electronic numerical integrator and calculator）在美国宾夕法尼亚大学研制成功。ENIAC 奠定了电子计算机的发展基础，开辟了一个计算机科学技术的新纪元。ENIAC 诞生后短短的几十年间，计算机的发展突飞猛进，其主要电子器件相继使用了电子管、晶体管、中小规模集成电路及大规模和超大规模集成电路，推动了计算机的几次更新换代。我国在小型计算机、微型计算机及一些专用服务器研制方面具有自己的特色。

2. 计算机的分类

计算机按工作原理可分为模拟计算机和数字计算机，按用途可分为通用计算机和专用计算机。此外，计算机按其规模、速度和功能等综合性能指标又可分为巨型计算机、大型计算机、中型计算机、小型计算机、微型计算机及单片机。

3. 计算机的特点

计算机实际上是一种信息处理机，它是一种能够输入信息、存储信息，并按照人们的意志（即程序）对信息进行加工处理，最后输出人们所需信息的自动执行的电子装置。计算机具有运算速度快、计算精度高、存储容量大、逻辑判断、自动化程度高且通用性强的特点。

4. 计算机的应用领域

计算机广泛应用于科学计算、数据处理、计算机辅助、过程控制、人工智能及计算机网络等人类生产生活的各个领域。

5. 数制与码制

计算机中采用的二进制是由计算机所使用的逻辑器件决定的。数制和码制包括以下内容。

1）进位计数制包括二进制、八进制、十进制、十六进制。

2）常用数制的转换方法。

3）ASCII 码。ASCII 码只对英文字母、数字和标点符号进行编码，是用 7 位二进制数表示的（或用一个字节表示，最高位为“0”）。

4）汉字编码。汉字编码包括汉字输入码、汉字内码、汉字字形码及汉字信息交换码等。

汉字信息交换码是用于汉字信息处理系统之间或与通信系统之间进行信息交换的汉字代码，简称交换码，也称为国标码。我国采用的国标码标准为 GB 2312—1980《信息交换用汉字编码字符集 基本集》。

为将汉字输入计算机而编制的代码称为汉字输入码，也称为外码。常见的汉字输入码有全拼、双拼、自然码、五笔等。

5）多媒体信息编码。

计算机可以存储并处理图形、图像、声音和视频等多媒体信息。若想使计算机能够存储、处理多媒体信息，则必须先将这些信息转换成二进制信息。将图形、图像、声音、视频转化为二进制代码进行存储的过程称为数字化。

6. 常用术语与存储容量单位

1）位（bit）：位是二进制数据的最小单位。

2）字节（byte，B）：字节是存储容量的基本单位。在大多数微型计算机系统中，8 个二进制位组成 1B。

3）字（word）：一个存储单元所存储的内容称为一个字，表示信息的长度。

4）字长：一个存储单元所包含的二进制位数称为字长，它是衡量计算机精度和运算速度的主要指标。

5）一些基本运算。

1B=8bit

1KB=1024B

1MB=1024KB

1GB=1024MB

1TB=1024GB

1PB=1024TB

7. 冯·诺依曼计算机基本原理

1）以二进制形式表示数据和程序。

2）计算机由5大基本部件构成。

3）存储程序和程序控制原理。

将程序输入计算机，并存储在内存储器中。当程序运行时，控制器按地址顺序取出存放在内存储器中的指令，然后分析指令、执行指令的功能；遇到转移指令时，则转移到目标地址，再按地址顺序访问指令。

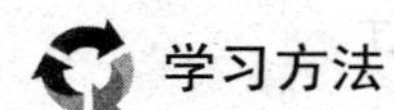

根据教学内容与要求，认真阅读教材，并借助网络查阅和理解计算机相关的基础知识。

1.2 习 题

一、选择题

1. 世界上公认的第一台电子计算机是（　　）。

A. ENIAC　　B. EDSAC　　C. EDVAC　　D. VNIVAC-Ⅰ

2. 第一台电子计算机诞生于（　　）。

A. 1942年　　B. 1945年　　C. 1946年　　D. 1950年

3. 第一台电子计算机是由（　　）组成的。

A. 电子管　　B. 晶体管　　C. 光电管　　D. 继电器

4. 计算机发展阶段的划分标准通常是（　　）。

A. 内存容量的增加　　B. 电子器件的更新

C. 程序设计语言的发展　　D. 操作系统的发展

5. 第二代计算机采用的电子器件是（　　）。

A. 晶体管　　B. 电子管

C. 中小规模集成电路　　D. 超大规模集成电路

6. 根据用途的不同，计算机可分为（　　）。

A. 大型计算机和小型计算机　　B. 通用计算机和专用计算机

C. 巨型计算机和微型计算机　　D. 个人计算机和网络计算机

7. 使用大规模集成电路制造的计算机属于（　　）。

A. 第一代计算机　　B. 第二代计算机

C. 第三代计算机　　D. 第四代计算机

8. 第一代计算机和第四代计算机的体系结构是相同的，称为（　　）。

A. 艾伦·图灵结构　　B. 罗伯特·诺依斯结构

C. 冯·诺依曼结构　　D. 比尔·盖茨结构

9. 目前计算机采用的电子器件是（　　）。

A. 超大规模集成电路　　B. 超导体

C．中小规模集成电路　　D．晶体管

10．第四代计算机通常采用的外存储器是（　　）。

A．穿孔卡片、纸带　　B．磁带

C．磁盘、光盘　　D．电子管

11．CAD 是计算机的主要应用领域之一，其含义是（　　）。

A．计算机辅助设计　　B．计算机辅助制造

C．计算机辅助教学　　D．自动控制系统

12．计算机辅助教学的英文缩写是（　　）。

A．CAD　　B．CAI　　C．CAM　　D．CAT

13．工业中的自动机床属于（　　）。

A．科学计算方面的计算机应用　　B．过程控制方面的计算机应用

C．数据处理方面的计算机应用　　D．辅助设计方面的计算机应用

14．目前，计算机已应用到人民生活的各个领域，而其最初是应用于（　　）。

A．计算机辅助设计　　B．人工智能

C．计算机辅助教学　　D．科学计算

15．我国第一台通用数字电子计算机（　　）试制成功，开辟了中国计算机事业的新纪元。

A．东方红　　B．神威　　C．曙光　　D．103 机

16．在信息时代，计算机的应用非常广泛，主要包括科学计算、数据处理、过程控制、计算机辅助技术、人工智能和（　　）领域。

A．计算机网络　　B．家庭影院　　C．在线课堂　　D．电子商务

17．美国的（　　）提出了采用程序存储方式设计计算机，为计算机发展带来了很大影响。

A．约翰·莫克利　　B．埃克特·毛希利

C．冯·诺依曼　　D．莫利斯·威尔克斯

18．下列叙述中，正确的是（　　）。

A．世界上第一台电子计算机 ENIAC 首次实现了“存储程序”方案

B．按照计算机的规模不同，人们将计算机的发展过程分为 4 个阶段

C．微型计算机最早出现于第三代计算机中

D．冯·诺依曼提出的计算机体系结构奠定了现代计算机的结构理论基础

19．计算机之所以能够按照人的意图自动运行，主要是因为采用了（　　）。

A．高级电子器件　　B．高级语言

C．二进制编码　　D．存储程序控制

20．个人计算机简称 PC，它属于（　　）。

A．微型计算机　　B．小型计算机

C．超级计算机　　D．巨型计算机

21．微型计算机硬件的发展是以（　　）。

A．主机的发展为标志的　　B．外围设备的发展为标志的

C．微处理器的发展为标志的　　D．控制器的发展为标志的

22．计算机的核心部件是（　　）。

A．输入设备　B．微处理器　C．输出设备　D．存储器

23．计算机指令的集合称为（　　）。

A．计算机语言　B．程序　C．软件　D．数据库软件

24．计算机能直接执行的程序在机器内是以（　　）形式存在的。

A．BCD码　B．ASCII码　C．格雷码　D．二进制码

25．ASCII码分为（　　）。

A．高位码和低位码　B．专用码和通用码

C．7位码和8位码　D．以上都不正确

26．计算机中的所有指令、数据必须采用（　　）编码形式表示。

A．ASCII码　B．二进制　C．八进制　D．十六进制

27．计算机存储信息的最小单位是（　　）。

A．bit　B．B　C．KB　D．MB

28．微处理器处理的数据基本单位为字，一个字的长度通常是（　　）。

A．16个二进制位　B．32个二进制位

C．64个二进制位　D．与微处理器芯片的型号有关

29．1KB表示（　　）。

A．1000bit　B．1024bit　C．1000B　D．1024B

30．一个汉字和一个英文字符在微型计算机中存储时所占字节数的比值为（　　）。

A．2∶1　B．4∶1　C．1∶1　D．1∶4

31．计算机通常以（　　）为单位传送信息。

A．字　B．字节　C．位　D．字块

32．ASCII码是（　　）的简称，它最多可表达（　　）种不同的单字符。

A．国标码　255　B．十进制编码　127

C．二进制码　128　D．美国信息交换标准码　128

33．计算机内存常用字节作为单位，则1B表示（　　）。

A．2个二进制位　B．4个二进制位

C．8个二进制位　D．16个二进制位

34．在计算机内部，数据进行加工、处理和传送的编码形式是（　　）。

A．二进制码　B．八进制码

C．十六进制码　D．十进制码

35．计算机存储数据的最小单位是（　　）。

A．二进制位（比特）　B．字节

C．字长　D．千字节

36．在汉字国标码规定的汉字编码中，每个汉字用（　　）二进制位表示。

A．8个　B．16个　C．32个　D．48个

37．6位无符号二进制数能表示的最大十进制整数是（　　）。

A．64　B．63　C．32　D．31

38．计算机中常用的单位为 bit，它的含义是（　　）。

A．字节　　B．位　　C．字　　D．双字

39．二进制数 10000011 对应的十进制数是（　　）。

A．129　　B．130　　C．131　　D．132

40．十进制数 93 对应的二进制数是（　　）。

A．1110111　　B．1110101　　C．1010111　　D．1011101

41．八进制数 356 对应的十进制数是（　　）。

A．248　　B．238　　C．218　　D．228

42．十六进制数 1AD.B8 对应的二进制数是（　　）。

A．110101101.10111　　B．101101101.10101

C．110010101.11001　　D．110100110.10110

43．十进制数 445 对应的十六进制数是（　　）。

A．1BD　　B．1BC　　C．1CD　　D．1CC

44．十六进制数 C3 对应的二进制数是（　　）。

A．11000011　　B．10110010　　C．11000100　　D．10110011

45．八进制数 234.56 对应的二进制数是（　　）。

A．10011100.101110　　B．10011011.110101

C．11001001.101110　　D．11001100.110101

46．八进制数 67 对应的十进制数是（　　）。

A．52　　B．53　　C．54　　D．55

47．在下列数据中，属于八进制数的是（　　）。

A．488　　B．317　　C．597　　D．189

48．十进制数 41 对应的二进制数是（　　）。

A．101001　　B．1101　　C．100101　　D．100011

49．八进制数 165 对应的十进制数是（　　）。

A．165　　B．119　　C．117　　D．159

50．十进制数 28.625 对应的十六进制数是（　　）。

A．1C.A　　B．1C.5　　C．112.10　　D．112.5

51．二进制数 11101.010 对应的十进制数是（　　）。

A．29.75　　B．29.25　　C．31.25　　D．29.5

52．十进制数 24.125 对应的二进制数是（　　）。

A．00101000.0010　　B．00011000.0011

C．111010.0101　　D．00011000.0010

53．在下列数据中，最大的数是（　　）。

A．$(227)_8$　　B．$(1FF)_{16}$　　C．$(1010001)_2$　　D．$(789)_{10}$

54．在下列数据中，最大的数是（　　）。

A．$(11000011)_2$　　B．$(110)_8$

C．$(101)_{10}$　　D．$(A1)_{16}$

55．在下列数据中，最小的数是（　　）。

A．$(11011011)_2$　B．$(77)_8$　C．$(FF)_{16}$　D．$(254)_{10}$

56．十进制数131对应的八进制数是（　　）。

A．$(203)_8$　B．$(103)_8$　C．$(213)_8$　D．$(113)_8$

57．十进制数162对应的十六进制数是（　　）。

A．A1　B．A2　C．9A　D．92

58．十进制数173对应的二进制数是（　　）。

A．10101101　B．10110101　C．10011101　D．10110110

59．十进制数173对应的八进制数是（　　）。

A．255　B．513　C．235　D．266

60．十进制数173对应的十六进制数是（　　）。

A．BD　B．B5　C．AD　D．B8

61．二进制数01010110对应的十进制数是（　　）。

A．82　B．86　C．54　D．102

62．十进制数215对应的二进制数是（　　）。

A．10010110　B．11011001　C．11101001　D．11010111

63．二进制数1011对应的十进制数是（　　）。

A．12　B．7　C．8　D．11

64．二进制数0.11对应的十进制数是（　　）。

A．0.75　B．0.5　C．0.2　D．0.25

65．二进制数1001101.0101对应的十进制数是（　　）。

A．77.3125　B．154.3125　C．154.625　D．77.625

66．二进制数1001101.0101对应的八进制数是（　　）。

A．461.24　B．115.24　C．461.21　D．115.21

67．二进制数1001101.0101对应的十六进制数是（　　）。

A．4C.5　B．4D.5　C．95.5　D．9A.5

68．将8位二进制能表示的数用十六进制表示，则其范围是（　　）。

A．07H～7FFH　B．00H～FFH　C．10H～0FFH　D．20H～200H

69．根据汉字国标码（GB 2312—1980）规定，存储一个汉字的机内码需用的字节数是（　　）。

A．1　B．2　C．3　D．4

70．根据汉字国标码（GB 2312—1980）的规定，将汉字分为常用汉字（一级）和次常用汉字（二级）两级。其中，常用汉字按（　　）排列。

A．偏旁部首　B．汉语拼音字母顺序

C．笔画多少　D．使用频率多少

71．在16×16点阵字库中，存储一个汉字的字形信息需用的字节数是（　　）。

A．8　B．16　C．32　D．64

72．下列叙述中，错误的是（　　）。

A．通过自动（如扫描）或人工（如按键、语音）方法将汉字信息（图形、编码或语音）转换为计算机内部表示汉字的机内码并存储起来的过程，称为汉字输入

B．将计算机内存储的汉字内码恢复成汉字并在计算机外围设备上显示或通过某种介质保存下来的过程，称为汉字输出

C．将汉字信息处理软件固化，构成一块插件板，这种插件板称为汉卡

D．汉字国标码即汉字拼音码

73．下列字符中，其 ASCII 码值最大的是（　　）。

A．5　　B．b　　C．f　　D．A

74．下列关于计算机中常用编码的叙述中，正确的是（　　）。

A．只有 ASCII 码一种　　B．有 EBCDIC 码和 ASCII 码两种

C．大型计算机多采用 ASCII 码　　D．ASCII 码只有 7 位码

75．已知小写英文字母“m”的十六进制 ASCII 码值为 6D，则小写英文字母“c”的十六进制 ASCII 码值是（　　）。

A．98　　B．62　　C．99　　D．63

76．五笔字型输入法是（　　）。

A．音码　　B．形码　　C．混合码　　D．音形码

77．中国国家标准汉字信息交换编码是（　　）。

A．GB 2312—1980　　B．GBK

C．UCS　　D．BIG-5

78．在存储一个汉字内码的两个字节中，每个字节的最高位是（　　）。

A．1 和 1　　B．1 和 0　　C．0 和 1　　D．0 和 0

79．1MB 可换算为（　　）。

A．10KB　　B．100KB　　C．1024KB　　D．10000KB

80．在计算机中，一个浮点数由两部分组成，它们分别是（　　）。

A．阶码和尾数　　B．基数和尾数

C．阶码和基数　　D．整数和小数

81．计算机可以直接执行的指令一般包含（　　）。

A．数字和文字　　B．操作码和操作数

C．数字和运算符号　　D．源操作数和目的操作数

82．衡量计算机存储容量的单位通常是（　　）。

A．块　　B．字节　　C．比特　　D．字长

83．某计算机的内存是 32MB，是指它的容量为（　　）。

A．32×1020B　　B．32×1000×1000B

C．32×1024B　　D．32×1024×1024B

84．ASCII 码是（　　）。

A．条形码　　B．二-十进制编码

C．二进制码　　D．美国信息标准交换代码

85．若一台计算机的字长为 4B，则说明它（　　）。

A．能处理的最大数值为 4 位十进制数 9999

B．能处理的字符串最多由 4 个英文字母组成

C．在 CPU 中作为一个整体加以传送、处理的代码为 32 位

D．在 CPU 中运行的结果最大为 232

86．在计算机内部，用于存储、交换、处理的汉字编码称为（　　）。

A．国标码　B．机内码　C．区位码　D．字形码

87．在计算机内存中，每个基本单位都被赋予一个唯一的序号，这个序号称为（　　）。

A．地址　B．编号　C．容量　D．字节

88．下列按键中，代表回车键的是（　　）。

A．【Delete】键　B．【Insert】键　C．【Ctrl】键　D．【Enter】键

89．在键盘输入指法中，正确输入字符“t”的手指是（　　）。

A．左手食指　B．左手小指　C．右手无名指　D．右手食指

90．要删除光标左侧的一个字符应使用（　　）。

A．【Delete】键　B．【Alt】键

C．【BackSpace】键　D．【Enter】键

91．当键盘处于输入小写字母状态时，若想输入一个大写字母必须在按下相应字母键的同时按下（　　）。

A．【Ctrl】键　B．【Alt】键　C．【Shift】键　D．【Enter】键

92．在输入汉字时，拼音字母按键的状态必须是（　　）。

A．大写字母状态　B．小写字母状态

C．全角方式　D．大、小写字母状态均可

93．在计算机键盘上，【CapsLock】键的功能是（　　）。

A．数字锁定　B．跳格　C．退格　D．大写字母锁定

94．主机箱上的 Reset 按钮的功能是（　　）。

A．关机　B．复位　C．加速　D．开机

95．在计算机键盘上，【NumLock】键的功能是（　　）。

A．数字锁定　B．跳格　C．退格　D．大写字母锁定

96．在计算机键盘上，可与字母键配合使用来实现大小写输入切换的键是（　　）。

A．【Enter】键　B．【Ctrl】键　C．【Shift】键　D．【Alt】键

97．在计算机键盘上，可实现插入/改写状态转换的键是（　　）。

A．【Home】键　B．【Insert】键

C．【PageUp】键　D．【PageDown】键

98．下列按键中，不属于编辑键的是（　　）。

A．【Insert】键　B．【End】键

C．【Delete】键　D．【Shift】键

99．在计算机键盘上，常与其他键配合使用来完成各种控制功能的键是（　　）。

A．【Space】键　B．【Ctrl】键　C．【PageUp】键　D．【Enter】键

100. 在键盘输入指法中，正确输入字符“v”的手指是（　　）。
A. 左手食指　B. 右手食指　C. 右手无名指　D. 左手小指
101. 在键盘输入指法中，正确输入字符“h”的手指是（　　）。
A. 左手食指　B. 左手小指　C. 右手无名指　D. 右手食指
102. 多媒体技术是（　　）。
A. 一种图像和图形处理技术
B. 文本和图形处理技术
C. 超文本处理技术
D. 计算机技术、电视技术和通信技术相结合的综合技术
103. 下列关于多媒体技术的叙述中，错误的是（　　）。
A. 多媒体技术将各种媒体以数字化的方式集中在一起
B. 多媒体技术是指将多媒体进行有机组合而形成的一种新的媒体应用
C. 多媒体技术是指能用来观看数字电影的技术
D. 多媒体技术与计算机技术的融合开辟出一个多学科的崭新领域
104. 在多媒体计算机系统中，下列不能用于存储多媒体信息的是（　　）。
A. 磁带　B. 光缆　C. 磁盘　D. 光盘
105. 在计算机领域中，媒体是指（　　）。
A. 表示和传播信息的载体　B. 各种信息的编码
C. 计算机的输入/输出信息　D. 计算机屏幕显示的信息
106. 多媒体计算机系统的两大组成部分是（　　）。
A. 多媒体功能卡和多媒体主机
B. 多媒体通信软件和多媒体开发工具
C. 多媒体输入设备和多媒体输出设备
D. 多媒体计算机硬件系统和多媒体计算机软件系统
107. 下列不属于多媒体技术的主要特性的是（　　）。
A. 多样性　B. 集成性　C. 交互性　D. 可扩充性
108. 多媒体计算机具有处理（　　）的功能。
A. 文字与数字处理　B. 文字、图形、声音、影像和动画
C. 交互性　D. 照片、图形
109. 多媒体数据具有（　　）的特点。
A. 数据量大和数据类型多
B. 数据类型间区别大和数据类型少
C. 数据量大，数据类型多，数据类型间区别小，输入和输出不复杂
D. 数据量大，数据类型多，数据类型间区别大，输入和输出复杂
110. 数字视频的重要性主要体现在（　　）。
A. 可以用新的、与众不同的方法对视频进行创造性的编辑
B. 可以不失真地进行无限次复制
C. 可以用计算机播放电影节目
D. 以上都正确

111．对于人耳能听到的声音，采样频率为（　　）Hz 时，就可以理论上不失真。
A．20k　　B．40k　　C．11.025k　　D．22.4

112．在图像像素的数量不变时，增加图像的宽度和高度，图像分辨率会发生（　　）的变化。
A．图像分辨率降低　　B．图像分辨率增高
C．图像分辨率不变　　D．不能进行这样的更改

113．在动画制作中，一般帧速为（　　）。
A．30f/s　　B．60f/s　　C．120f/s　　D．90f/s

114．下列多媒体文件中，扩展名是.wav 的是（　　）。
A．音频　　B．乐器数字　　C．动画　　D．数字视频

115．常用的视频文件格式是（　　）。
A．JPG　　B．WMA　　C．AVI　　D．TIF

116．下列各种图像文件中，图像压缩比高，适用于处理大量图像的格式是（　　）。
A．BMP　　B．JPEG　　C．TIF　　D．PCX

117．下列选项中，不属于常用的音频文件扩展名的是（　　）。
A．.wav　　B．.mod　　C．.mp3　　D．.doc

118．下列选项中，不属于常用的图像文件扩展名的是（　　）。
A．.gif　　B．.bmp　　C．.mid　　D．.tif

119．下列图形图像文件格式中，可实现动画的是（　　）。
A．WMF 格式　　B．GIF 格式　　C．BMP 格式　　D．JPG 格式

120．下列根据不同方式采集的波形声音中，质量最好的是（　　）。
A．单声道、8 位量化、22.05kHz 采样频率
B．双声道、8 位量化、44.1kHz 采样频率
C．单声道、16 位量化、22.05kHz 采样频率
D．双声道、16 位量化、44.1kHz 采样频率

121．下列数字视频中，质量最好的是（　　）。
A．分辨率 240×180 像素、24 位真彩色、15f/s 的帧率
B．分辨率 320×240 像素、30 位真彩色、25f/s 的帧率
C．分辨率 320×240 像素、30 位真彩色、30f/s 的帧率
D．分辨率 640×480 像素、16 位真彩色、15f/s 的帧率

122．光驱中的单倍速是指读写的速度是（　　），其他的倍速是将倍速的数字与它相乘。
A．300KB/s　　B．150KB/s　　C．1MB/s　　D．10MB/s

123．下列关于 dpi 的叙述中，错误的是（　　）。
A．每英寸的 bit 数　　B．描述分辨率的单位
C．dpi 越高，图像质量越高　　D．每英寸的像素点数

124．下列叙述中，错误的是（　　）。
A．图像都是由一些排成行列的像素组成的，通常称为位图或点阵图
B．图形是用计算机绘制的画面，也称为矢量图

C．图像的最大优点是易于进行移动、缩放、旋转和扭曲等变换

D．图形文件中只记录生成图的算法和图上的某些特征点，数据量较小

125．下面叙述中，不正确的是（　　）。

A．电子出版物存储容量大，一张光盘可存储几百本书

B．电子出版物可以集成文本、图形、图像、动画、视频和音频等多种媒体信息

C．电子出版物不能长期保存

D．电子出版物检索快

126．音频和视频信息在计算机中是以（　　）形式表示的。

A．模拟信息　　B．模拟信息或数字信息

C．数字信息　　D．某种转换公式

二、填空题

1．世界上第一台电子计算机诞生于__________国__________大学。

2．计算机发展的各个阶段是以__________的变化作为标志的。

3．第四代计算机采用的逻辑元件为__________。

4．CIMS 是计算机的主要应用领域之一，它是__________的简称。

5．计算机最早应用的领域是__________。

6．冯·诺依曼型计算机的基本原理是__________。

7．计算机能直接识别__________。

8．计算机指令由__________和__________两部分内容组成。

9．计算机由__________、__________、__________、__________和__________5 大部分组成。

10．1bit 由__________个二进制位组成，1B 由__________个二进制位组成，每个标准 ASCII 码由__________个二进制位组成。

11．存储器的基本存储单位是__________。

12．在微型计算机的组成中，最基本的输入设备是__________，输出设备是__________。

13．1GB 等于__________MB，又等于__________KB。

14．标准 ASCII 码采用二进制位编码，最多可表示__________个不同符号。

15．$(10111)_2$ 对应的十进制数为__________。

16．$(172)_8$ 对应的二进制数为__________。

17．$(2B.A)_{16}$ 对应的二进制数为__________。

18．$(100110)_2$ 对应的八进制数为__________。

19．$(46.7)_8$ 对应的十进制数为__________。

20．$(F3.C)_{16}$ 对应的十进制数为__________。

21．$(34.75)_{10}$ 对应二进制数为__________，八进制数为__________，十六进制数为__________。

22．在微型计算机中，应用较广泛的字符编码是__________。

23．扩展后的 8 位 ASCII 码最多可以表示__________个字符。

24．以微处理器为核心的微型计算机属于第__________代计算机。

25．在计算机中表示数时，小数点固定的数称为__________，小数点不固定的数称为__________。

三、判断题

1．1946 年，世界上首台电子计算机诞生，命名为 ENIAC。（ ）
2．人们根据计算机的运算速度将计算机发展划分为 4 个阶段。（ ）
3．第三代计算机采用晶体管作为基本电子器件。（ ）
4．计算机有向巨型化、微型化、网络化、智能化发展的趋势。（ ）
5．世界上首次实现的存储程序的计算机由冯·诺依曼设计并完成。（ ）
6．使用高级语言编写的程序可直接在计算机上运行。（ ）
7．计算机所要处理的信息在计算机内部都是以二进制编码形式表示的。（ ）
8．计算机包括运算器、控制器、存储器、输入设备、输出设备 5 大组成部分是由冯·诺依曼思想确定的。（ ）
9．计算机中存储器存储容量的最小计算单位是字节。（ ）
10．字长是指计算机能直接处理的二进制信息的位数。（ ）
11．使用 ASCII 码表示一个字符的编码即用一个字节的高 7 位二进制位，因此 ASCII 码最多可表达 128 个不同字符。（ ）

1.3 习题答案

一、选择题

1．A 2．C 3．A 4．B 5．A 6．B 7．D 8．C 9．A
10．C 11．A 12．B 13．B 14．D 15．D 16．A 17．C 18．D
19．D 20．A 21．C 22．B 23．B 24．D 25．C 26．B 27．A
28．D 29．D 30．A 31．A 32．D 33．C 34．A 35．A 36．B
37．B 38．B 39．C 40．D 41．B 42．A 43．A 44．A 45．A
46．D 47．B 48．A 49．C 50．A 51．B 52．D 53．D 54．A
55．B 56．A 57．B 58．A 59．A 60．C 61．B 62．D 63．D
64．A 65．D 66．B 67．B 68．B 69．B 70．B 71．C 72．D
73．C 74．B 75．D 76．B 77．A 78．A 79．C 80．A 81．B
82．B 83．D 84．D 85．C 86．B 87．A 88．D 89．A 90．C
91．C 92．B 93．D 94．B 95．A 96．C 97．B 98．D 99．B
100．A 101．D 102．D 103．C 104．B 105．A 106．D 107．D 108．B
109．D 110．D 111．B 112．A 113．A 114．A 115．C 116．B 117．D
118．C 119．B 120．D 121．D 122．B 123．A 124．C 125．C 126．C

二、填空题

1．美，宾夕法尼亚
2．电子元件或电子器件
3．大规模和超大规模集成电路
4．计算机集成制造系统

5．科学计算
6．存储程序
7．机器语言
8．操作码，操作数
9．运算器，控制器，存储器，输入设备，输出设备
10．1，8，7
11．字节
12．键盘，显示器
13．1024，1024×1024
14．128
15．23
16．1111010
17．101011.101
18．46
19．38.875
20．243.75
21．100010.11，42.6，22.C
22．ASCII 码
23．256
24．四
25．定点数，浮点数

三、判断题

1． √ 2． × 3．× 4．√ 5．× 6．× 7．√ 8．√ 9．√
10． √ 11．×

第2章 Windows 7基础

2.1 学习指导

教学内容与要求

掌握 Windows 7 系统的基本概念与基本操作方法；了解桌面的组成和桌面图标的概念；掌握窗口、鼠标、对话框、任务栏等的基本操作方法；熟练掌握文件的基本操作，包括文件的选定、查找，以及文件（夹）的创建、打开、重命名、移动、复制、删除、恢复等常用操作；了解查看磁盘空间、格式化磁盘、复制磁盘等操作；掌握创建和使用快捷方式的方法；掌握“控制面板”的使用方法；了解设置显示器属性，定制个性化桌面、键盘、鼠标，设置系统日期和时间，设置输入法，添加/删除应用程序，定制“开始”菜单，设置系统参数等操作；掌握运行与退出应用程序的方法；掌握查看和修改文件（夹）属性的方法；掌握使用“Windows 资源管理器”窗口查看文件的方法。

学习要点

1. 桌面

图标、开始按钮、任务栏。

2. 窗口

Windows 7 系统窗口包括应用程序窗口和文档窗口两种。窗口由标题栏、菜单栏、工具栏、垂直/水平滚动滑块、状态栏等构成。

3. 菜单

系统提供了命令菜单和快捷菜单两类菜单。可用鼠标或键盘选择使用命令菜单，也可使用快捷键进行操作。在不同对象上右击，可以弹出与之相对应的快捷菜单。

4. 对话框

对话框有文本框、列表框、下拉列表框、单选按钮、复选框、命令按钮、微调控制项和滑块供用户选择使用。

5. 程序的启动与退出

启动应用程序可以选择“开始”菜单中的“运行”命令；退出时可以采用以下方法：双击控制菜单图标、单击“关闭”按钮、使用【Alt+F4】组合键，或者选择“文件”菜单中的“退出”（“关闭”）命令等。

6. “Windows 资源管理器”窗口

“Windows 资源管理器”是浏览和管理文件的工具，其窗口分为左窗格（文件夹框）、右窗格（内容框）。文件夹框以树形结构显示系统资源。内容框的对象可按大图标、小图标、列表和详细资料等不同方式来显示文件和文件夹。查看时，可按名称、类型、大小、日期进行图标的排序。

7. 文件的基本操作

通常使用命令菜单和快捷菜单进行文件的基本操作，主要包括以下几种。

1）选定文件。

2）查找文件。

3）创建文件（夹）。

4）打开文件（夹）。

5）重命名文件。

6）移动和复制文件。

7）删除文件（夹）。

8）查看/修改文件（夹）属性。

9）回收站的使用。

10）打印文件。

注意： 文件移动、复制、删除过程中的误操作可以通过选择“撤销”命令来恢复。

8. 磁盘的基本操作

系统没有设置专门用于进行磁盘操作的命令菜单，可以使用快捷菜单中的命令来进行相关的操作。

1）格式化。右击磁盘，在弹出的快捷菜单中选择“格式化”命令，可以进行磁盘的格式化。对于已经格式化的磁盘，可以选择“快速格式化”命令。

2）复制磁盘。右击磁盘，在弹出的快捷菜单中选择“复制”命令，即可复制磁盘。

3）属性。右击磁盘，在弹出的快捷菜单中选择“属性”命令，即可查看磁盘空间。

9. 剪贴板技术

在复制或移动文件时，Windows 7 系统采用了剪贴板技术。剪贴板是内存中一个临时用于存放交换信息（文字、图像、声音等）的特殊区域。

1）剪贴板作为中间媒介，暂存需要移动或复制的内容。

2）只要没有清除或放置新内容，剪贴板中的内容就保持不变，可以重复使用。

3）退出 Windows 7 系统后，剪贴板的内容被清除。

4）若要将整个屏幕的内容复制到剪贴板上，可使用【PrintScreen】键；若要将活动窗口的内容复制到剪贴板上，则使用【Alt+PrintScreen】键。

10. 快捷方式

创建快捷方式的方法如下。

1）在桌面上右击，在弹出的快捷菜单中选择“新建”级联菜单中的“快捷方式”命令，弹出“创建快捷方式”对话框，在“请键入对象的位置”文本框中输入想要创建快捷方式对象的位置和名称，单击“下一步”按钮，在“键入该快捷方式的名称”文本框中输入快捷方式的名称，单击“完成”按钮。

2）在要建立快捷方式的程序或文件上右击，在弹出的快捷菜单中选择“发送到”|“桌面快捷方式”命令即可。

11. “控制面板”的使用

利用“控制面板”可以进行外观和个性化、用户账户和家庭安全、系统和安全、网络和Internet、硬件和声音、程序及时钟、语言和区域等的设置。

12. 任务栏

通过对任务栏属性的设置和“开始”菜单程序的设置，可以将计算机桌面调整到需要的状态。通常可以将一些应用程序设置到“程序”文件夹中。

13. 附件

Windows 7系统的“附件”中包含了一些实用工具和娱乐软件。

学习方法

Windows 7系统基础操作是学习办公自动化软件的基础，学生学习本章知识时要配合上机实验“Windows 7基础操作”反复练习。

2.2 习　题

一、选择题

1．Windows 7系统是一个（　　）操作系统。

A．基于图形界面的　　B．可运行于中型计算机和大型计算机的

C．单用户、单任务的　　D．不需要授权的、免费的

2．下列各项中不属于Windows 7系统窗口的基本组成元素的是（　　）。

A．消息栏　　B．菜单栏　　C．状态栏　　D．标题栏

3．在“Windows 7资源管理器”窗口中不能完成的操作是（　　）。

A．打开文档　　B．编辑文档　　C．复制文件　　D．运行程序

4．Windows 系统最突出的特点是（　　）。

A．可以同时打开多个对话框

B．可以同时有多个活动窗口

C．可以同时运行多个程序，即多任务功能

D．可以同时使用键盘和鼠标操作

5．在 Windows 系统中，桌面是指（　　）。

A．“资源管理器”窗口

B．计算机台

C．窗口、图标和对话框所在的屏幕背景

D．活动窗口

6．下列关于列表框的叙述中，正确的是（　　）。

A．列表框可输入文字和符号

B．列表框可列出供选择的选项

C．列表框既可输入文字，也可列出选项

D．列表框中可列出已输入的字符串

7．（　　）可以弹出快捷菜单。

A．单击　　B．双击　　C．右击　　D．双击右键

8．在 Windows 系统中，“Windows 任务管理器”窗口的“应用程序”列表框中列出的内容是（　　）。

A．系统中各个可执行的程序名　　B．当前活动任务的程序名

C．已被打开的各文档的文件名　　D．正在运行的各个应用程序名

9．下列关于单选按钮的叙述中，正确的是（　　）。

A．组中每一项都可以选中　　B．一组选项中只可选多项

C．选中一项，其他项自然失选　　D．组中每一项都可以不选

10．下列关于 Windows 系统文件名的叙述中，错误的是（　　）。

A．Windows 系统中的文件名可以用汉字

B．Windows 系统中的文件名可以用空格

C．Windows 系统中的文件名最长可达 256 个字符

D．Windows 系统中的文件名最长可达 255 个字符

11．在中文 Windows 系统中，默认的打开/关闭输入法的组合键是（　　）。

A．【Ctrl+Space】　　B．【Alt+Space】

C．【Shift+Space】　　D．【Ctrl+Enter】

12．下列叙述中，正确的是（　　）。

A．在 Windows 系统中，所有的窗口都含有菜单栏

B．Windows 系统支持多媒体

C．在 Windows 系统中，桌面图标下面的说明不可以修改

D．在 Windows 系统中，删除了桌面上的图标即删除了相应的程序文件

13. 在 Windows 7 系统中，为保护文件不被修改，可将它的属性设置为（　　）。

A. 只读　　B. 存档　　C. 隐藏　　D. 系统

14. 窗口最大化后，“最大化”按钮被某个按钮所替代，单击它可使窗口恢复到原来大小。此按钮是（　　）。

A. “最大化”按钮　　B. “最小化”按钮

C. “还原”按钮　　D. 控制菜单图标

15. “回收站”用于临时存放（　　）。

A. 从闪存盘中删除的对象　　B. 从硬盘中删除的对象

C. 待收发的邮件　　D. 使用 DOS 命令删除的待恢复文件

16. 使用“开始”菜单中的（　　）命令，可以迅速找到文件和文件夹。

A. “帮助”　　B. “运行”　　C. “搜索”　　D. “所有程序”

17. 在 Windows 7 系统中，对同时打开的多个窗口进行层叠式排列，这些窗口的显著特点是（　　）。

A. 每个窗口的内容全部可见　　B. 每个窗口的标题栏全部可见

C. 部分窗口的标题栏不可见　　D. 每个窗口的部分标题栏可见

18. 在 Windows 7 系统中，为了重新排列桌面上的图标，首先应进行的操作是（　　）。

A. 右击桌面的空白处　　B. 右击已打开窗口的空白处

C. 右击“开始”菜单　　D. 右击任务栏的空白处

19. 若要将活动窗口的内容复制到剪贴板上，应使用（　　）组合键。

A. 【Enter+PrintScreen】　　B. 【Alt+PrintScreen】

C. 【Shift+PrintScreen】　　D. 【Ctrl+PrintScreen】

20. 在 Windows 7 系统中，能进行中/英文标点切换的组合键是（　　）。

A. 【Ctrl+,】　　B. 【Ctrl+;】　　C. 【Ctrl+/】　　D. 【Ctrl+.】

21. 下列叙述中，正确的是（　　）。

A. 在“Windows 资源管理器”窗口中，用鼠标拖动的办法可以实现文件夹复制或移动

B. 在“Windows 资源管理器”窗口中，一次只能选定一个文件进行删除操作

C. Windows 鼠标操作只用左键，不能用右键

D. Windows 操作只能用鼠标实现

22. 在 Windows 7 系统中，若只查找扩展名为.doc 的所有文件，则可用（　　）表示文件名。

A. *.doc　　B. ?.doc　　C. *.*　　D. ?.*

23. 在 Windows 7 系统中，选用中文输入法后，要进行半角与全角的切换，应按（　　）组合键。

A. 【Ctrl+Space】　　B. 【Ctrl+Shift】

C. 【Shift+Space】　　D. 【Alt+功能键】

24. 在 Windows 7 系统中，可运行一个应用程序的操作是（　　）。

A. 选择“开始”菜单中的“文档”命令

B．双击该应用程序名

C．右击该应用程序名

D．选择“开始”菜单中的“控制面板”命令

25．关闭一个活动应用程序窗口，可按（　　）组合键。

A．【Ctrl+Esc】　B．【Ctrl+F4】　C．【Alt+F4】　D．【Alt+Esc】

26．下列关于 Windows 7 系统的叙述中，错误的是（　　）。

A．可同时运行多个程序　B．桌面上可同时容纳多个窗口

C．可支持鼠标操作　D．可运行所有的 DOS 应用程序

27．在 Windows 7 系统中，启动应用程序的正确方法是（　　）。

A．双击该应用程序的图标　B．将该应用程序的窗口最小化为图标

C．将该应用程序的窗口还原　D．将鼠标指针指向该应用程序的图标

28．当一个应用程序的窗口被最小化后，该应用程序将（　　）。

A．被终止执行　B．继续在前台执行

C．被暂停执行　D．被转入后台执行

29．下列关于 Windows 7 系统的叙述中，正确的是（　　）。

A．Windows 系统操作只能用鼠标实现

B．Windows 系统自动为每一个任务建立一个显示窗口，其位置和大小不能改变

C．在不同的磁盘间不能用鼠标拖动文件名的方法实现文件的移动

D．Windows 系统打开的多个窗口，既可平铺，也可层叠

30．在 Windows 7 系统中，能更改文件名的操作是（　　）。

A．右击文件名，在弹出的快捷菜单中选择“重命名”命令，输入新文件名后按【Enter】键

B．单击文件名，在弹出的快捷菜单中选择“重命名”命令，输入新文件名后按【Enter】键

C．右键双击文件名，在弹出的快捷菜单中选择“重命名”命令，输入新文件名后按【Enter】键

D．双击文件名，在弹出的快捷菜单中选择“重命名”命令，输入新文件名后按【Enter】键

31．下列关于对话框的叙述中，错误的是（　　）。

A．对话框供用户和计算机对话的界面

B．对话框的位置可以移动但大小不能改变

C．对话框的位置和大小都不能改变

D．对话框中可能会出现滚动滑块

32．在 Windows 7 系统中，如果窗口表示的是一个应用程序，则打开该窗口表示（　　）。

A．显示该应用程序的内容　B．运行该应用程序

C．结束该应用程序的运行　D．将该窗口放大到最大

33．在窗口中，单击“最小化”按钮后（　　）。

A．当前窗口将消失　B．当前窗口被关闭

C．当前窗口缩小为图标　　D．打开控制菜单

34．在窗口中，若想关闭该窗口，可以双击（　　）。

A．标题栏　　B．控制菜单图标

C．菜单栏　　D．边框

35．若想改变窗口的大小，可以用鼠标拖动窗口的（　　）。

A．工具栏　　B．菜单栏　　C．边框　　D．标题栏

36．在 Windows 7 系统中，下列鼠标操作中，错误的是（　　）。

A．单击　　B．双击　　C．右击　　D．右双击

37．在“Windows 资源管理器”窗口中，可以选择“格式化”命令对磁盘进行快速格式化，但被格式化的磁盘必须是（　　）。

A．未格式化过的新盘　　B．做过格式化的磁盘

C．写保护的磁盘　　D．有坏道的磁盘

38．单击窗口中的某个按钮，可将该窗口放大到它的最大尺寸，则此按钮是（　　）。

A．“最大化”按钮　　B．“最小化”按钮

C．“还原”按钮　　D．控制菜单图标

39．在“Windows 资源管理器”窗口中，在选中文件图标的情况下，对文件进行重命名的操作是（　　）。

A．单击文件名，直接输入新的文件名后按【Enter】键

B．双击文件名，直接输入新的文件名后单击“确定”按钮

C．双击文件名，直接输入新的文件名后按【Enter】键

D．单击文件名，直接输入新的文件名后单击“确定”按钮

40．Windows 系统重新安装并启动后，由系统安排在桌面上的图标有（　　）。

A．资源管理器　　B．回收站

C．Microsoft Word　　D．Microsoft Excel

41．在“Windows 资源管理器”窗口中，为文件和文件夹提供了（　　）种显示方式。

A．2　　B．4　　C．6　　D．8

42．下列操作中，（　　）可直接删除文件而不将被删除文件送入回收站。

A．选定文件后，按【Delete】键

B．选定文件后，按住【Alt】键，再按【Delete】键

C．选定文件后，按【Shift+Delete】组合键

D．选定文件后，按住【Ctrl+Delete】组合键

43．Windows 7 系统中的操作具有（　　）的特点。

A．先选择操作命令，再选择操作对象

B．先选择操作对象，再选择操作命令

C．需同时选择操作命令和操作对象

D．允许用户任意选择

44．在 Windows 7 系统操作中，若鼠标指针变成“|”形状，则表示（　　）。

A．当前系统正在访问磁盘　　B．可以改变窗口的大小

C．可以改变窗口的位置　　D．鼠标指针出现处可通过键盘进行输入

45．在 Windows 7 系统中，许多应用程序的“文件”菜单中都有“保存”和“另存为”两个命令。下列叙述中，正确的是（　　）。

A．“另存为”命令不能用原文件名存盘

B．“保存”命令不能用原文件名存盘

C．“保存”命令只能用原文件名存盘，“另存为”也能用原文件名存盘

D．“保存”和“另存为”命令都能用任意文件名存盘

46．在 Windows 7 系统中输入中文文档时，为了输入一些特殊符号，可以使用系统中的（　　）功能。

A．硬键盘　　B．大键盘　　C．小键盘　　D．软键盘

47．Windows 7 系统中的剪贴板是（　　）。

A．硬盘上的一块区域　　B．软盘上的一块区域

C．内存中的一块区域　　D．高速缓存中的一块区域

48．在 Windows 7 系统中，能弹出对话框的操作是（　　）。

A．选择带有符号（▶）的菜单项

B．选择带省略号（...）的菜单项

C．选择颜色变灰的菜单项

D．运行与对话框对应的应用程序

49．在 Windows 7 系统中，可以为（　　）创建快捷方式。

A．应用程序　　B．文本文件

C．打印机　　D．以上都正确

50．在 Windows 7 系统中，终止应用程序执行的正确方法是（　　）。

A．双击应用程序窗口中的标题栏

B．将应用程序窗口最小化成图标

C．双击应用程序窗口右上角的“还原”按钮

D．双击应用程序窗口左上角的控制菜单图标

51．在 Windows 7 系统中，不同驱动器之间的文件移动，应使用的鼠标操作为（　　）。

A．拖动

B．【Ctrl】键+拖动

C．【Shift】键+拖动

D．选定要移动的文件按【Ctrl+C】组合键，然后打开目标文件夹按【Ctrl+V】组合键

52．下列关于中文输入法的叙述中，错误的是（　　）。

A．启动或关闭中文输入法应按【Ctrl+Space】组合键

B．在英文及各种中文输入法之间进行切换应按【Ctrl+Shift】或【Alt+Shift】组合键

C．通过“任务栏”上的“语言指示器”可以直接删除输入法

D．在 Windows 7 系统中，用户可以添加输入法

53．用键盘打开菜单项，必须按住（　　）键，再按菜单项括号中的字母。

A．【Alt】　　B．【Ctrl】　　C．【Shift】　　D．【Tab】

54．下列关于菜单命令的叙述中，错误的是（　　）。

A．执行带省略号（…）的命令后会弹出一个对话框，要求用户输入信息

B．命令前有符号（√）表示该命令有效

C．当鼠标指向带符号（▶）的命令时，会弹出一个级联菜单

D．命令项呈暗淡的颜色，表示相应的程序被破坏

55．下列关于删除文件的叙述中，错误的是（　　）。

A．可移动磁盘（如闪存盘）上的文件被删除后不能被恢复

B．网络上的文件被删除后不能被恢复

C．在MS-DOS方式中被删除的文件不能被恢复

D．直接使用鼠标拖到“回收站”中的文件不能被恢复

56．下列关于设置屏幕保护的作用的叙述中，错误的是（　　）。

A．屏幕上出现活动的图案和暗色背景可保护监视器

B．通过设置“屏幕保护口令”来保障系统的安全

C．为了节省计算机的内存

D．可以减少屏幕的损耗和提高趣味性

57．在Windows 7系统中，可通过（　　）调用计算器。

A．Windows资源管理器　　B．“附件”菜单

C．控制面板　　D．MS-DOS方式

58．在Windows 7系统中，下列叙述中，错误的是（　　）。

A．控制菜单图标位于窗口左上角，不同的应用程序有不同的图标

B．不同应用程序的控制菜单项是不同的

C．不同应用程序的控制菜单项是相同的

D．可以使用鼠标打开控制菜单，还可以使用【Alt+Space】组合键打开

59．在“Windows资源管理器”窗口中，要在文件夹内容窗口中选中多个连续的文件，应在选定第一个文件后，移动鼠标指针至要选定的最后一个文件，按住（　　）键并单击最后一个文件。

A．【Shift】　　B．【Alt】　　C．【Ctrl】　　D．【Delete】

60．使用菜单进行删除、复制、移动等操作时应首先单击（　　）菜单。

A．文件　　B．编辑　　C．视图　　D．格式

61．在Windows 7系统中，单击控制菜单图标，其结果是（　　）。

A．打开控制菜单　　B．关闭窗口

C．移动窗口　　D．最大化窗口

62．在“Windows资源管理器”窗口中，选择C盘根目录中的PICURE文件后，选择“编辑”菜单中的“复制”命令，然后选择D盘根目录，选择“编辑”菜单中的“粘贴”命令，这个过程完成的操作是（　　）。

A．将C盘根目录中的PICURE文件移动到D盘根目录中

B．将 D 盘根目录中的 PICURE 文件移动到 C 盘根目录中
C．将 D 盘根目录中的 PICURE 文件复制到 C 盘根目录中
D．将 C 盘根目录中的 PICURE 文件复制到 D 盘根目录中

63．在 Windows 7 系统中，文件被放入回收站后（　　）。
A．文件被删除，不能恢复　　B．该文件可以恢复
C．该文件无法永久删除　　D．该文件虽已永久删除，但可以安全恢复

64．在 Windows 7 系统中，下列关于文档窗口的叙述中，正确的是（　　）。
A．只能打开一个文档窗口
B．可以同时打开多个文档窗口，被打开的窗口都是活动窗口
C．可以同时打开多个文档窗口，但其中只有一个是活动窗口
D．可以同时打开多个文档窗口，但在屏幕上只能见到一个文档的窗口

65．在多个窗口之间进行切换时，可以使用（　　）组合键。
A．【Alt+Tab】　B．【Alt+Ctrl】　C．【Alt+Shift】　D．【Ctrl+Tab】

66．按下鼠标左键不放并移动鼠标的操作称为（　　）。
A．盘旋　B．拖动　C．双击　D．单击

67．Windows 7 系统自带的只能处理纯文本的文字编辑工具是（　　）。
A．写字板　B．剪贴板　C．Word　D．记事本

68．在“开始”菜单中，下列关于“文档”选项的作用的叙述中，正确的是（　　）。
A．文档中只能保存最近使用的扩展名为.txt 的文本文件
B．文档中只能保存最近使用的扩展名为.doc 的 Word 文档
C．文档中的文件可以是文本文件、Word 文档或 BMP 文件等其他文件
D．文档中存放的文件会不断增加，不能删除

69．在 Windows 7 系统中，桌面上的窗口排列方式有 3 种，下列不属于窗口排列 3 种方式之一的是（　　）。
A．层叠窗口　B．堆叠显示窗口　C．并排显示窗口　D．前后窗口

70．在 Windows 7 系统中，要搜索文件名为“game”，文件的类型是任意的文件，则应在“搜索程序和文件”文本框中输入的是（　　）。
A．game*　B．game.*　C．*game　D．*.game

71．在 Windows 7 系统中，下列关于窗口的叙述中，错误的是（　　）。
A．窗口分为应用程序窗口和文档窗口
B．应用程序窗口表示一个正在运行的程序
C．所有应用程序窗口都只能包含一个文档窗口
D．文档窗口有自己的标题栏，最大化时它与应用程序共享一个标题栏

72．下列设备中，不属于多媒体硬件设备的是（　　）。
A．CD-ROM　B．声卡　C．DVD　D．CPU

73．媒体播放器不能处理的文件格式是（　　）。
A．WAV　B．JPG　C．AVI　D．MPEG

74．在 Windows 7 系统中，下列关于文件名的叙述中，错误的是（　　）。
A．文件名中允许使用空格　　B．文件名中允许使用货币符号“$”

C．文件名中允许使用“*” D．文件名中允许使用汉字

75．在 Windows 7 系统中，“任务栏”的主要功能是（ ）。

A．显示当前窗口的图标 B．显示系统的所有功能

C．显示所有已打开的窗口图标 D．实现任务间的切换

76．在 Windows 7 系统中选择不连续的文件或文件夹，应先单击第一个文件或文件夹，然后按住（ ）键，再单击要选择的各个文件或文件夹。

A．【Alt】 B．【Shift】 C．【Ctrl】 D．【Esc】

77．在“Windows 资源管理器”窗口中，若文件夹图标前面无符号，表示（ ）。

A．含有未展开的文件夹 B．无子文件夹

C．子文件夹已被打开 D．可选

78．在 Windows 7 系统中，可用（ ）菜单打开“控制面板”。

A．命令 B．“编辑” C．“开始” D．快捷

79．下列不属于 Windows 7 系统窗口组成部分的是（ ）。

A．标题栏 B．菜单栏 C．工具栏 D．任务栏

80．在“Windows 资源管理器”窗口中，单击左侧窗口中的一个文件夹，则（ ）。

A．删除当前文件夹 B．选择当前文件夹

C．搜索当前文件夹 D．打开对话框

81．当输入中文时，下列操作不能进行中英文切换的是（ ）。

A．按【Ctrl+Space】组合键

B．按【Shift+Space】组合键

C．利用“任务栏”右侧的“语言指示器”菜单

D．单击输入法窗口最左边的中英文切换按钮

82．下列关于 Windows 7 系统的叙述中，正确的是（ ）。

A．多窗口层叠时，被覆盖的窗口全部看不见

B．对话框的外形和窗口类似，允许用户改变大小

C．Windows 7 系统的操作只能使用鼠标

D．在桌面上可同时容纳多个窗口

83．在 Windows 7 系统窗口中，移动整个窗口的操作是拖动其（ ）。

A．菜单栏 B．标题栏 C．工作区 D．状态栏

84．在“Windows 资源管理器”窗口中，菜单栏中有“编辑(E)”，其正确描述是（ ）。

A．按【E】键可以打开此菜单项

B．【E】键只是表示编辑含义

C．按【Alt+E】键可以打开此菜单项

D．按【Ctrl+E】键可以打开此菜单项

85．下列叙述中，错误的是（ ）。

A．不同文件之间可以通过剪贴板交换信息

B．屏幕上打开的窗口都是活动窗口

C．应用程序窗口最小化成图标后仍在运行

D．在不同磁盘之间可以用拖动文件名的方法实现文件的复制

86．在 Windows 7 系统中，下列可以用于浏览或查看系统提供的所有软、硬件资源的是（　　）。

A．公文包　　B．回收站　　C．计算机　　D．网上邻居

87．若要退出“MS-DOS 方式”，可在窗口中的命令提示符下输入（　　）命令，然后按（　　）键。

A．Exit　【Space】　　B．Edit　【Enter】

C．Exit　【Enter】　　D．Edit　【Space】

88．“Windows 资源管理器”窗口中是按（　　）显示文件夹和文件的，并采用分区显示的方式。

A．树形分层结构　　B．星形结构

C．网状结构　　D．总线型结构

89．下列叙述中，正确的是（　　）。

A．当前窗口处于后台运行状态，其余窗口处于后台运行状态

B．当前窗口处于后台运行状态，其余窗口处于前台运行状态

C．当前窗口处于前台运行状态，其余窗口处于后台运行状态

D．当前窗口处于前台运行状态，其余窗口处于前台运行状态

90．在 Windows 7 系统中，对话框中的复选框是（　　）。

A．一组互相排斥的选项，一次只能选中一项，方框中的√表示选中

B．一组互相不排斥的选项，一次能选中几项，方框中的√表示未选中

C．一组互相排斥的选项，一次只能选中一项，方框中的√表示未选中

D．一组互相不排斥的选项，一次能选中几项，方框中的√表示选中

91．当鼠标指针位于窗口边界且形状为水平双向箭头时，可以实现的操作是（　　）。

A．改变窗口的横向尺寸　　B．移动窗口的位置

C．改变窗口的纵向尺寸　　D．在窗口中插入文本

92．在 Windows 7 系统中，写字板与记事本的区别是（　　）。

A．写字板文档可以保存为 DOC、TXT 格式，记事本文档只能保存为 TXT 格式

B．写字板文档中可进行段落设置，记事本文档不能

C．写字板支持图文混排，记事本只能编辑纯文本文件

D．以上都正确

93．下列关于剪贴板的叙述中，错误的是（　　）。

A．凡是有“剪切”和“复制”命令的地方，都可以将信息送至剪贴板保存

B．剪贴板中的信息超过一定数量时，会自动清空，以便节省内存空间

C．按下【PrintScreen】键会将信息送入剪贴板

D．剪贴板中的信息可以在磁盘文件中长期保存

94．当鼠标指针指向窗口的两边时，鼠标指针形状变为（　　）。

A．沙漏状　　B．双向箭头　　C．十字形状　　D．问号状

95．下列关于图标的叙述中，错误的是（　　）。

A．图标可以表示被组合在一起的多个程序

B．图标既可以代表程序，也可以代表文件夹

C．图标可以代表仍然在运行，但窗口已经最小化的应用程序

D．图标只能代表一个应用程序

96．通配符“*”表示它所在的位置上的（　　）。

A．任意一个字符　　B．任意字符串

C．任意一个汉字　　D．任意一个文件名

97．选中对话框中的某一单选按钮后，被选择项的左侧将出现的符号是（　　）。

A．方框中有一个“√”　　B．方框中有一个“•”

C．圆圈中有一个“√”　　D．圆圈中有一个“•”

98．多窗口切换可以通过（　　）进行。

A．改变窗口的大小　　B．关闭当前活动窗口

C．按【Alt+Shift】组合键　　D．按【Alt+Tab】组合键

99．在Windows 7系统中，窗口的标题栏除了起到标识窗口的作用外，用户还可以用它来（　　）。

A．改变窗口的大小　　B．移动窗口的位置

C．关闭窗口　　D．以上都正确

100．文件夹是一个用于存储文件的组织实体，采用（　　）结构，用文件夹可以将文件分成不同的组。

A．网状　　B．树形　　C．逻辑型　　D．层次型

101．Windows 7系统的任务栏中不包括（　　）。

A．开始按钮　　B．快速启动按钮

C．系统时间　　D．关闭计算机

102．当启动程序或打开文档时，若不清楚某个文件或文件夹的位置，则可以使用Windows 7系统提供的（　　）功能。

A．浏览　　B．设置　　C．还原　　D．搜索

103．在Windows 7系统中执行任何操作时，按（　　）键可随时获得联机帮助。

A．【Esc】　　B．【Alt】　　C．【F1】　　D．【Home】

104．当文件具有（　　）属性时，通常情况下是无法显示的。

A．只读　　B．隐藏　　C．存档　　D．常规

105．下列关于快捷方式的叙述中，错误的是（　　）。

A．快捷方式是指向一个程序或文件的指针

B．快捷方式可以删除、复制或移动

C．快捷方式包含了指向对象的信息

D．快捷方式是该对象本身

106．设置桌面背景时，（　　）不属于其显示方式。

A．拉伸　　B．居中　　C．平铺　　D．压缩

107．Windows 7系统桌面上已经有某个应用程序的图标，要运行该程序，可以（　　）。

A．右击该图标　　B．单击该图标

C．用鼠标右键双击该图标　　D．双击该图标

108．菜单项后出现的省略号，如“查找(F)...”，表示（　　）。

A．可查找的文件很多　　B．省略不重要的语句标志

C．可弹出对话框　　D．有文件夹选项

109．在 Windows 系统中，“回收站”是指（　　）。

A．内存中的一块区域　　B．硬盘上的一块区域

C．软盘上的一块区域　　D．缓冲区中的一块区域

110．清理磁盘空间的作用是（　　）。

A．删除磁盘上误用的文件　　B．提高磁盘上的访问速度

C．增大磁盘的可用空间　　D．以上都正确

111．文件的多次增删会造成磁盘的可用空间不连续。因此，经过一段时间后，磁盘空间就会七零八乱，到处都有数据，这种现象称为（　　）。

A．碎片　　B．扇区　　C．坏扇区　　D．簇

112．Windows 7 系统是多任务操作系统，是指（　　）。

A．Windows 7 系统可以供多个用户同时使用

B．Windows 7 系统可以运行多种应用程序

C．Windows 7 系统可以同时运行多个应用程序

D．Windows 7 系统可以同时管理多种资源

113．在 Windows 7 系统中，当运行一个应用程序时就会打开该程序窗口，关闭运行程序的窗口，就是（　　）。

A．暂时中断该程序的运行，用户随时可加以恢复

B．该程序的运行不受任何影响，仍然继续

C．结束该程序的运行

D．使该程序的运行转入后台继续工作

114．下列关于 Windows 7 系统的叙述中，正确的是（　　）。

A．桌面上的图标不能按用户的意愿重新排列

B．只有对活动窗口才能进行移动、改变大小等操作

C．回收站与剪贴板一样，是内存中的一块区域

D．一旦启用屏幕保护程序，原来在屏幕上的当前窗口就被关闭了

115．在命令菜单中，变灰的命令表示（　　）。

A．选择该命令将弹出对话框　　B．该命令正在起用

C．该命令的快捷键　　D．该命令当前不能使用

116．在命令菜单中，命令名右边带下划线的字母表示（　　）。

A．该命令的快捷操作方式

B．该命令正在起作用

C．打开命令菜单后选择该命令的快捷键

D．该命令当前不能使用

117．任务栏上的应用程序按钮是最小化的（　　）窗口。

A．应用程序　　B．对话框　　C．文档　　D．菜单

118．下列关于运行“磁盘碎片整理”程序的作用的叙述中，正确的是（　　）。

A．可增加磁盘的容量　　B．可压缩文件

C．可提高磁盘的读写速度　　D．可删除不需要的文件

119．操作系统是对计算机系统的资源进行（　　）的一组程序和数据。

A．登记和记录　　B．汇编和执行

C．整理和使用　　D．管理和控制

120．若从“Windows 资源管理器”窗口中拖出一个文件放到桌面“回收站”图标上，将（　　）。

A．不会有任何反应

B．为文件创建了一个快捷图标

C．此文件被删除，但可以从回收站恢复

D．此文件被永久删除

121．使用（　　）程序可以帮助用户释放磁盘驱动器空间，安全删除临时文件、Internet 缓存文件及不需要的文件，以提高系统性能。

A．格式化　　B．分区　　C．磁盘碎片整理　　D．磁盘清理

122．下列 4 个选项中，（　　）不是安装 Windows 7 时系统建立的。

A．计算机　　B．回收站　　C．我的文档　　D．ACDSee

123．在 Windows 7 系统中，利用“回收站”可恢复（　　）上被误删除的文件。

A．闪存盘　　B．硬盘　　C．内存储器　　D．光盘

124．若以“Administrator”用户名登录 Windows 系统后，该用户默认的权限是（　　）。

A．受限用户

B．一般用户

C．可以访问计算机系统中的任何资源，但不能安装/卸载系统程序

D．享有对计算机系统的最大管理权

125．Windows 7 系统的文件属性不包括（　　）属性。

A．只读　　B．隐藏　　C．应用　　D．系统

126．在“Windows 资源管理器”窗口中，左部显示的内容是（　　）。

A．所有未打开的文件夹

B．系统的树形文件夹结构

C．打开的文件夹下的子文件夹及文件

D．所有已打开的文件夹

127．在 Windows 7 系统中，文件夹中只能包含（　　）。

A．文件　　B．文件和子文件夹

C．子目录　　D．子文件夹

128．在 Windows 7 系统中，在“计算机”窗口中双击“本地磁盘(D:)”，将会（　　）。

A．格式化该磁盘　　B．将该磁盘中的内容复制到 C 盘

C．删除该磁盘中的所有文件　　D．显示该磁盘中的内容

129．在 Windows 7 系统中，打开“Windows 资源管理器”窗口后，要改变文件或文件夹的显示方式，应选用（　　）。

A．“文件”菜单　　B．“编辑”菜单
C．“查看”菜单　　D．“帮助”菜单

130．在 Windows 7 系统的“计算机”窗口中，若已选定硬盘上的文件或文件夹，并按【Shift+Delete】组合键，再单击“是”按钮，则该文件或文件夹将（　　）。

A．被删除并放入“回收站”　　B．不能删除也不放入“回收站”
C．直接删除而不放入“回收站”　　D．不被删除但放入“回收站”

131．下列叙述中，错误的是（　　）。

A．Windows 7 系统中打开的窗口，既可平铺，也可层叠
B．Windows 7 系统可以利用剪贴板实现多个文件之间的复制
C．在“Windows 资源管理器”窗口中，双击应用程序名，即可运行该程序
D．在 Windows 7 系统中不能对文件夹进行重命名操作

132．在 Windows 7 系统中，不能对任务栏进行的操作是（　　）。

A．改变尺寸大小　　B．移动位置
C．删除　　D．隐藏

133．图标是 Windows 操作系统中的一个重要概念，它表示 Windows 的对象。它可以指（　　）。

A．文档或文件夹　　B．应用程序
C．设备或其他的计算机　　D．以上都正确

134．在 Windows 默认环境中，能将选定的文档放入剪贴板中的组合键是（　　）。

A．【Ctrl+V】　B．【Ctrl+Z】　C．【Ctrl+X】　D．【Ctrl+A】

135．Windows 7 系统中包含设置、控制计算机硬件配置和修改桌面布局的应用程序的是（　　）。

A．Word　B．Excel　C．文件管理器　D．控制面板

136．下列关于 Windows 系统的叙述中，正确的是（　　）。

A．Windows 系统是迄今为止使用最广泛的应用软件
B．使用 Windows 系统时，必须要有 MS-DOS 的支持
C．Windows 系统是一种图形用户界面操作系统
D．以上都不正确

137．在 Windows 7 系统中，文件夹名不能是（　　）。

A．12%+3%　B．12-3　C．12*3!　D．1&2=0

138．在“Windows 资源管理器”窗口中，若已选中了第一个文件，又按住【Ctrl】键并单击了第五个文件，则（　　）。

A．有 0 个文件被选中　　B．有 5 个文件被选中
C．有 1 个文件被选中　　D．有 2 个文件被选中

二、填空题

1．在 Windows 7 系统中，按________键可以将整个屏幕复制到剪贴板。

2．若要选择多个连续的文件或文件夹，应先选择第一个文件或文件夹，然后按

住________键并单击最后一个文件或文件夹。

3．在 Windows 7 系统中，文件名的长度可达到________个字符。

4．在 Windows 7 系统中，文件的属性有________、________、________。

5．在键盘上，按________组合键可在汉字输入法之间进行转换。

6．当某个应用程序不再响应用户的操作时，可以按________组合键打开“Windows 任务管理器”窗口，然后选中要关闭的应用程序，单击“结束任务”按钮退出该应用程序。

7．在“Windows 资源管理器”窗口中，如果要查看某个快捷方式的目标位置，应使用“文件”菜单中的________命令。

8. 要搜索所有的 BMP 文件，应在“搜索程序和文件”搜索文本框中输入名称________。

9．在“Windows 资源管理器”窗口中，如果需要选定多个非连续排列的文件，应按________键的同时单击要选定的文件对象。

10．在 Windows 7 系统中，对文件和文件夹的管理是通过________实现的。

11．桌面上墙纸排列方式有居中、平铺和________。

12．在 Windows 7 系统中，被删除的文件或文件夹将存放在________。

13．在智能 ABC 输入法中，“计算机”的简拼是________。

14．启动记事本的方法是选择________命令。

15．在中文 Windows 系统中，默认的打开/关闭中文输入法的组合键是________。

16．在多个窗口之间进行切换时，可以用________键。

17．在 Windows 7 系统中要选择不连续的文件或文件夹，先单击第一个，然后按住________键并依次单击要选择的各个文件或文件夹。

18．左下角带有弧形箭头的图标代表________。

19．在 Windows 7 系统中，回收站的功能是________。

20．在 Windows 7 系统中，菜单命令后带有省略号（...），表示该命令________。菜单命令前面带有符号“√”，表示该命令________。

21．在“Windows 资源管理器”窗口中，有的文件夹前边带有右三角符号（▶），它表示该文件夹________。

22．剪贴板的主要功能是________。

三、判断题

1．已打开但不是当前活动的窗口不占用内存。（　）

2．所有对话框都可以随意改变大小。（　）

3．任务栏右边的时间显示、输入法显示、音量显示等都是不可改变的。（　）

4．Windows 7 系统桌面上的图标可以缩小。（　）

5．窗口标题栏可以用于容纳菜单命令。（　）

6．Windows 7 系统桌面上的图标可以旋转。（　）

7．要退出一个应用程序，可按【Alt+F4】组合键。（　）

8．双击窗口标题栏上蓝色区域，可以实现窗口的最大化或还原操作。（　）

9．备份文件只能备份到闪存盘或光盘上。 （ ）

10．删除选择的文件时，从“Windows 资源管理器”窗口中删除的文件或文件夹已全部释放磁盘空间。 （ ）

11．闪存盘上原有的文件在备份时会被破坏。 （ ）

12．在 Windows 系统环境下，剪贴板只能存放最后一次剪切或复制的内容，两次以上的剪切或复制内容不能相加。 （ ）

13．在 Windows 系统环境下，正在使用的磁盘不能进行格式化。 （ ）

14．移动选中的文件时，可将文件拖动到不同盘的目标文件夹中。 （ ）

15．要复制选中的文件时，可将文件拖动到不同盘的目标文件夹中。 （ ）

16．移动选中的文件时，可将文件拖动到同一盘的目标文件夹中。 （ ）

17．要复制选中的文件时，可将文件拖动到同一盘的目标文件夹中。 （ ）

18．存有压缩文件的磁盘不能复制。 （ ）

19．经常运行“磁盘碎片整理”程序有助于提高计算机的性能。 （ ）

20．在删除文件夹时，其中所有的文件及其下级文件夹也同时被删除。 （ ）

21．当文件放置在回收站中时，可以随时将其恢复，即使是在回收站中被删除后也可以。 （ ）

22．删除了一个应用程序的快捷方式就删除了相应的应用程序。 （ ）

2.3 习题答案

一、选择题

1. A	2. A	3. B	4. C	5. C	6. B	7. C	8. D	9. C
10. C	11. A	12. B	13. A	14. C	15. B	16. C	17. B	18. D
19. B	20. D	21. A	22. A	23. C	24. B	25. C	26. D	27. A
28. D	29. D	30. A	31. C	32. B	33. C	34. B	35. C	36. D
37. B	38. A	39. A	40. B	41. D	42. C	43. B	44. D	45. C
46. D	47. C	48. B	49. D	50. D	51. C	52. C	53. A	54. D
55. D	56. C	57. B	58. B	59. A	60. B	61. A	62. D	63. B
64. C	65. A	66. B	67. D	68. C	69. D	70. B	71. C	72. D
73. B	74. C	75. D	76. C	77. C	78. C	79. D	80. B	81. B
82. D	83. B	84. C	85. B	86. C	87. C	88. A	89. C	90. D
91. A	92. D	93. D	94. B	95. D	96. B	97. D	98. D	99. B
100. B	101. D	102. D	103. C	104. B	105. D	106. D	107. D	108. C
109. B	110. D	111. A	112. C	113. C	114. B	115. D	116. A	117. A
118. C	119. D	120. C	121. D	122. D	123. B	124. D	125. C	126. B
127. B	128. D	129. C	130. C	131. D	132. C	133. D	134. C	135. D
136. C	137. C	138. D						

二、填空题

1．【PrintScreen】
2．【Shift】
3．255
4．系统，隐藏，只读
5．【Ctrl+Shift】
6．【Ctrl+Alt+Delete】
7．“属性”
8．*.bmp
9．【Ctrl】
10．Windows 资源管理器
11．拉伸
12．回收站
13．jsj
14．“开始”|“所有程序”|“附件”|“记事本”
15．【Ctrl+Space】
16．【Alt+Tab】
17．【Ctrl】
18．快捷方式
19．临时存放删除文件
20．执行时打开对话框，正在起作用
21．有子文件夹
22．临时存储移动或复制的内容

三、判断题

1．× 2．× 3．× 4．× 5．× 6．× 7．√ 8．√ 9．×
10．× 11．× 12．√ 13．√ 14．× 15．√ 16．√ 17．× 18．×
19．√ 20．√ 21．× 22．×

第3章 计算机软硬件基础

3.1 学习指导

教学内容与要求

基本掌握计算机系统的组成及其功能；掌握计算机系统的五大基本部件；掌握微型计算机系统的组成；认识计算机硬件的基本配置；掌握程序设计语言的种类；掌握计算机软件的分类；了解计算机网络的形成和发展，掌握计算机网络的定义、分类及功能；掌握计算机网络的拓扑结构，了解 Internet 的基础知识；掌握数据库的基本概念及数据库的建立、查询、修改等基本操作，了解数据库应用系统的开发流程。

学习要点

1. 计算机系统的组成及其功能

计算机系统由硬件系统和软件系统两大部分组成，如图 3.1 所示。

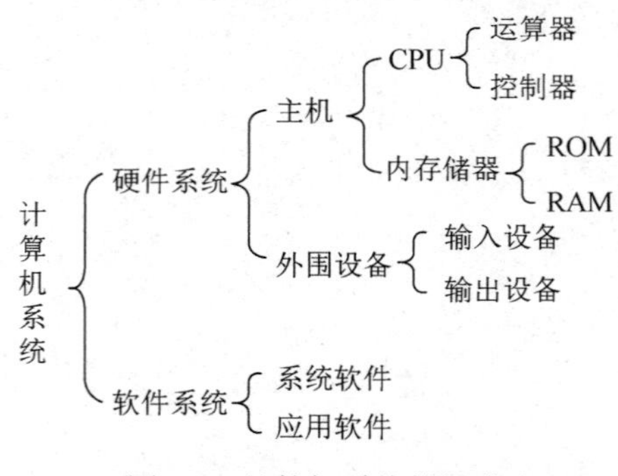

图 3.1 计算机系统的组成

下面介绍计算机系统五大基本部件的功能。

1）运算器：用于对信息和数据进行运算和加工处理，运算包括算术运算和逻辑运算。

2）控制器：实现计算机本身处理过程的自动化，指挥计算机各部件按照指令功能的要求进行所需要的操作。

3）存储器：用于存放计算机运行期间所需要的程序和数据。在计算机系统中，存储器包括内存储器和外存储器。

4）输入设备：将数据、字符、文字、图形、图像等信息转换成计算机可以处理的二进制形式的设备。

5）输出设备：将经过计算机处理的数据以人们可以接收的形式传送到计算机外部的设备。

2. 计算机的主要性能指标

计算机的主要性能指标包括主频、字长、存储容量、存取周期、运行速度。

运行速度是综合性的指标，影响运行速度的因素主要是主频和存取周期。此外，字长和存储容量对它也有影响。

3. 内存储器和外存储器的区别

内存储器和外存储器本质的区别是能否被中央处理器（central processing unit，CPU）直接访问。CPU 不能直接执行外存储器中的程序，也不能直接处理外存中的数据。

内存储器由两种半导体芯片构成，可分为以下两种。

1）随机存取存储器（random access memory，RAM），也称为读写存储器。它用于存放用户输入的程序和数据。断电后，RAM 中的信息随之丢失（在输入信息时要随时存盘）。

2）只读存储器（read only memory，ROM）。它只能读出信息，不能写入信息。断电后，ROM 中的信息保持不变，可用于存放固定的程序和信息。

内存储器和外存储器两者的主要区别如下。

1）从原理上讲位置不同，内存储器在主机内，外存储器在主机外。

2）构成材料不同，内存储器由半导体材料制成，外存储器由磁介质（光介质）材料制成。

3）存储容量不同，内存储器容量小，外存储器容量大。

4）价格不同，按价格每存储单元计算，内存储器价格较高，外存储器价格较低。

5）存取速度不同，内存储器高，外存储器低。

4. 微型计算机硬件系统的基本配置

微型计算机硬件系统的基本结构包括主机、显示系统、键盘、鼠标和打印机。

（1）主机

主机包括 CPU、内存储器、接口电路、总线、扩展槽、开关电源及其他附件。

（2）显示系统

显示系统包括显示器和显示适配器（又称为显卡）两部分，它的性能也由这两部分的性能决定。

1）液晶显示器是采用液晶为材料的显示器。液晶显示器包括以下参数。

① 像素：即光点。

② 可视面积：液晶显示器所显示的尺寸就是实际可以使用的屏幕范围。例如，一个 15.1in 的液晶显示器约等于 17in CRT 屏幕的可视范围。

③ 分辨率：表示每一个方向上的像素数量。

④ 点距：像素光点圆心之间的距离，单位为 mm。点距越小，显示质量越好。例如，

一般 14in LCD 的可视面积为 285.7mm×214.3mm，它的最大分辨率为 1024×768 像素，点距就等于：可视宽度/水平像素（或者可视高度/垂直像素），即 285.7mm/1024≈0.279mm（或者是 214.3mm/768≈0.279mm）。

⑤ 响应时间：液晶显示器对于输入信号的反应速度，也就是液晶由暗转亮或由亮转暗的反应时间，通常以毫秒（ms）为单位，该值越小越好。如果响应时间太长，就有可能使液晶显示器在显示动态图像时，有尾影拖曳的感觉。一般液晶显示器的响应时间为 2～5ms。

2）显卡。显卡主要由显示芯片、显示存储器及其相关电路组成。其中，显示存储器也称为显示内存、显存，在显卡上，显存容量越大，显示质量越高，特别是对图形和图像来说。

（3）键盘和鼠标

① 键盘的功能：输入程序和数据。

熟练掌握各种符号键的使用及常用控制键的功能（【CapsLock】、【Esc】、【Shift】、【Alt】、【Ctrl】、【PrintScreen】、【NumLock】等）。

② 鼠标的功能：鼠标是微型计算机图形操作环境下常用的一种计算机命令输入装置。按照一般人的右手使用习惯，鼠标左键可正常选择和拖动，鼠标右键则用于显示快捷菜单和特殊拖动。

（4）打印机

1）点阵式打印机：利用机械原理由打印头通过色带将字体或图形打印在打印纸上。主要有点阵针式打印机。

2）喷墨打印机：通过将墨滴喷射到指定的打印介质上来形成文字内容和图像。

3）激光打印机：是激光扫描技术和电子照相技术相结合的产物，具有很好的印刷质量和打印速度。

5. 程序设计语言

程序就是一组计算机指令序列。程序设计语言包括以下几种。

1）机器语言：二进制语言，是计算机唯一能直接识别并执行的计算机语言，因不同的计算机指令系统而不同，所以机器语言程序没有通用性。

2）汇编语言：机器语言的进化，它和机器语言基本上是一一对应的，但在表示方法上用一种助记符表示。汇编语言和机器语言都是面向机器的程序设计语言，一般称为低级语言。

3）高级语言：由一种用表达各种意义的“词”和“数学方式”按照一定的“语法规则”编写程序的语言，也称算法语言。

用高级语言编写的程序称为高级语言源程序。计算机不能直接识别和执行高级语言源程序，必须“解释”和“编译”成等价的机器语言才能执行。但高级语言源程序可读性和可移植性较好。

6. 计算机软件的含义和分类

（1）计算机软件的含义

计算机软件：能指挥计算机工作的程序与程序运行时所需要的数据，以及与这些程序和数据有关的文字说明和图表资料。其中，文字说明和图表资料又称为文档。

裸机：不装备任何软件的计算机称为硬件计算机或裸机。

计算机硬件与软件的关系：计算机软件随硬件技术的迅速发展而发展；软件的不断发展与完善，又促进了硬件的新发展。实际上，计算机某些硬件的功能可以由软件来实现，而某些软件的功能也可以由硬件来实现。

（2）计算机软件的分类

1）系统软件。系统软件是计算机系统必备的软件，主要功能是管理、监控和维护计算机资源（包括硬件和软件）及开发应用软件，它包括操作系统、各种语言处理程序、系统支持和服务程序及数据库管理系统 4 个方面的软件。

2）应用软件。应用软件是为解决计算机各类应用问题而编制的软件系统，它具有很强的实用性。应用软件是由系统软件开发的，可分为如下两种。

① 用户程序：用户为了解决自己特定的具体问题而开发的软件，在系统软件和应用软件包的支持下进行开发。

② 应用软件包：为实现某种特殊功能或特殊计算而经过精心设计的独立软件系统，是一套满足同类应用的许多用户需要的软件。

7. 计算机网络的定义

利用通信线路和通信设备将不同地理位置的、具有独立功能的多台计算机系统或共享设备互联起来，在功能完善的网络软件（即网络通信协议、信息交换方式及网络操作系统等）运行支持下，实现数据通信，进而达到网络资源共享的系统称为计算机网络。

8. 计算机网络的分类

1）按网络规模分类，可分为局域网（local area network，LAN）、广域网（wide area network，WAN）和城域网（metropolitan area network，MAN）。

2）按网络拓扑结构分类，可分为星形网络、树形网络、总线型网络、环形网络和网状网络。

3）按数据交换方式分类，可分为线路交换网络、报文交换网络和分组交换网络。

4）按网络使用的传输技术分类，可分为点对点传输网络和广播式传输网络。

5）按网络的频带分类，可分为基带网和宽带网。

6）按网络的使用范围分类，可分为公用网和专用网。

9. 计算机网络的功能

计算机网络的功能包括数据通信、资源共享、远程传输、集中管理、提供分布式处理。

10. 计算机网络的组成

1）构成计算机网络的主要硬件包括服务器、工作站、网卡、调制解调器、中继器和集线器、网桥、路由器和网关。

2）构成计算机网络的主要软件包括网络操作系统、网络协议、网络通信软件、网络应用软件。

11. 计算机网络的拓扑结构

计算机网络的拓扑结构包括总线拓扑、星形拓扑、环形拓扑、树形拓扑、网状拓扑。

12. 计算机网络的体系结构

1982 年，国际标准化组织（International Organization for Standardization，ISO）公布了一个网络体系结构——开放系统互连参考模型 OSI/RM 模型。OSI/RM 模型将网络协议分成 7 个层次：物理层、数据链路层、网络层、运输层、会话层、表示层、应用层。

13. Internet 的基础知识

1）Internet 的形成。
2）TCP/IP：是 Internet 上不同子网间的主机进行数据交换所遵守的网络通信协议。
3）IP 地址和域名。

14. Internet 上的服务

Internet 上的服务包括 WWW 服务、信息检索服务、电子邮件服务、文件传输服务、远程登录服务、BBS（bulletin board system，电子公告板）服务。

15. 数据库的基本知识

数据、数据库、数据库系统、数据库管理系统、数据库系统的三级模式结构、关系模型、关系代数。

学习方法

根据教学内容与要求，重点掌握计算机系统的组成及功能，并配合计算机基础训练实验内容，以加强计算机的操作能力。

3.2 习　题

一、选择题

1. 人们通常所说的 CPU 芯片是指（　　）。
   A．运算器和算术逻辑部件　　B．运算器和内存储器
   C．控制器、运算器、寄存器　　D．控制器和内存储器
2. 可以直接与 CPU 交换信息的部件是（　　）。
   A．硬盘　　B．硬盘显示器
   C．内存储器　　D．键盘
3. 可以对信息进行加工、运算的功能单元是（　　）。
   A．RAM　　B．ROM　　C．运算器　　D．控制器
4. CPU 不能直接访问的存储器是（　　）。
   A．ROM　　B．RAM
   C．高速缓冲存储器　　D．CD-ROM

5．微型计算机中的运算器的主要功能是进行（　　）。

A．算术运算　　B．逻辑运算

C．初等函数运算　　D．算术运算和逻辑运算

6．下列叙述中，错误的是（　　）。

A．控制器的作用是控制计算机的各部件协调工作

B．运算器和控制器合称 CPU

C．CPU 是计算机（computer）的英文缩写

D．内存储器可直接与 CPU 交换数据

7．微型计算机的硬件系统包括（　　）。

A．主机、键盘、电源和 CPU

B．控制器、运算器、存储器、输入设备和输出设备

C．主机、电源、显示器和键盘

D．CPU、键盘、显示器和打印机

8．硬盘工作时应特别注意避免（　　）。

A．噪声　　B．震动　　C．潮湿　　D．日光

9．下列设备中，不属于微型计算机输出设备的是（　　）。

A．打印机　　B．显示器　　C．键盘　　D．绘图仪

10．下列设备中，不属于微型计算机输入设备的是（　　）。

A．打印机　　B．鼠标　　C．键盘　　D．扫描仪

11．计算机同外部世界进行信息交流的工具是（　　）。

A．运算器　　B．控制器　　C．内存储器　　D．输入/输出设备

12．微型计算机硬件系统的性能主要取决于（　　）。

A．微处理器　　B．内存储器　　C．显示适配器　　D．硬磁盘存储器

13．在微型计算机中，运算器、控制器和内存储器的总称是（　　）。

A．主机　　B．MPU　　C．CPU　　D．ALU

14．微型计算机的性能的评价标准是（　　）。

A．CPU 的性能　　B．主板的价格　　C．内存大小　　D．规格

15．将微型计算机的主机与外围设备相连的部件是（　　）。

A．磁盘驱动器　　B．I/O 接口　　C．总线　　D．内存

16．计算机中控制器的主要功能是（　　）。

A．协调和指挥整个计算机系统

B．对数据进行逻辑运算和算术运算

C．实现外部世界与主机之间相互交换信息

D．连接主机与外围设备

17．计算机存储器可分为（　　）两类。

A．RAM 和 ROM　　B．ROM 和 EPROM

C．硬盘和软盘　　D．内存储器和外存储器

18．计算机的内存储器与外存储器相比，（　　）。

A．内存储器比外存储器存储容量小，但存取速度快，价格便宜

B．内存储器比外存储器存储容量大，但存取速度慢，价格昂贵
C．内存储器比外存储器存储容量小，价格昂贵，但存取速度快
D．内存储器比外存储器存取速度慢，价格昂贵，但存储容量小

19．若工作中的计算机突然断电，则（　　）中的信息全部丢失。
A．ROM 和 RAM　　B．RAM
C．ROM　　D．硬盘

20．在微型计算机中，访问速度最快的设备是（　　）。
A．光盘　　B．RAM　　C．硬盘　　D．软盘

21．通常所说的 CPU 的中文名称是（　　），它与（　　）组成了计算机的主机。
A．外存储器，运算器　　B．微型计算机系统，内存储器
C．微处理器，外存储器　　D．中央处理器，内存储器

22．计算机的内存储器一般由（　　）组成。
A．RAM 和 CPU　　B．RAM 和 A 磁盘
C．ROM 和 RAM　　D．ROM

23．下列关于微型计算机硬件系统构成的叙述中，正确的是（　　）。
A．微型计算机由 CPU 和输入/输出设备构成
B．微型计算机由内存储器、外存储器和输入/输出设备构成
C．微型计算机由主机和外围设备构成
D．微型计算机由 CPU、显示器、键盘和打印机构成

24．微型计算机外存储器是指（　　），它可与（　　）直接连接。
A．磁盘，内存储器　　B．RAM，微处理器
C．ROM，运算器　　D．磁盘，控制器

25．下列设备中，只能作为输出设备的是（　　）。
A．鼠标　　B．键盘　　C．磁盘存储器　　D．打印机

26．微型计算机不能没有（　　）。
A．绘图仪和鼠标　　B．光笔和打印机
C．显示器和键盘　　D．鼠标和打印机

27．下列设备中，属于标准输入设备的是（　　）。
A．扫描仪　　B．扬声器　　C．键盘　　D．光笔

28．计算机的存储系统一般指（　　）两部分。
A．RAM 和 ROM　　B．磁带和光盘
C．内存和外存　　D．硬盘和软盘

29．计算机向用户传递计算处理结果的设备称为（　　）。
A．输入设备　　B．输出设备　　C．存储器　　D．微处理器

30．可以将图形、图片、文字等快速输入计算机中的设备是（　　）。
A．绘图仪　　B．扫描仪　　C．显示器　　D．键盘

31．在下列设备中，既是输入设备又是输出设备的是（　　）。
A．显示器　　B．鼠标　　C．键盘　　D．磁盘驱动器

32．在微型计算机系统中，对输入/输出设备进行管理的基本程序放在（　　）。

A．RAM 中　　B．ROM 中　　C．硬盘上　　D．寄存器中

33．在微型计算机的性能指标中，用户可用的内存储器容量通常是指（　　）。

A．ROM 的容量　　B．RAM 的容量

C．ROM 和 RAM 的容量总和　　D．CD-ROM 的容量

34．和外存储器相比，内存储器的主要特征是（　　）。

A．能同时存储程序和数据　　B．能存储大量信息

C．能长期保存信息　　D．存储正在运行的程序

35．在下列因素中，对计算机显示器影响最大的是（　　）。

A．长时间不使用　　B．没有安装视保屏

C．没有设置屏幕保护　　D．频繁地开关显示器电源

36．衡量显示器的主要技术指标是（　　）。

A．波特率　　B．分辨率

C．是否能彩色显示　　D．显示速度

37．显示器分辨率的高低表示（　　）。

A．在同一字符面积下，所需像素点越多，其分辨率越低

B．在同一字符面积下，所需像素点越多，其显示的字符越不清楚

C．在同一字符面积下，所需像素点越多，其分辨率越高

D．在同一字符面积下，所需像素点越少，其字符的分辨效果越好

38．一个完整的计算机系统是由（　　）两部分组成。

A．CPU 和程序　　B．硬件系统和软件系统

C．主机和外围设备　　D．系统软件和应用软件

39．按软件的功能和服务对象的不同，软件大体上可划分为（　　）。

A．通用软件和专用软件　　B．高级软件和低级软件

C．系统软件和应用软件　　D．控制软件和维护软件

40．系统软件中最重要、最基础的软件是（　　）。

A．应用软件包　　B．文字处理软件　　C．语言处理程序　　D．操作系统

41．在微型计算机内配置高速缓冲存储器是为了解决（　　）。

A．内存储器与外存储器之间速度不匹配问题

B．CPU 与外存储器之间速度不匹配问题

C．CPU 与内存储器之间速度不匹配问题

D．主机与外围设备之间速度不匹配问题

42．CPU、存储器、输入/输出设备是通过（　　）连接的。

A．接口　　B．总线　　C．系统文件　　D．控制线

43．操作系统的作用是（　　）。

A．进行数据管理　　B．控制和管理系统资源的使用

C．将源程序编译成目标程序　　D．实现软件与硬件的转接

44．操作系统的功能包括（　　）。

A．处理机管理、存储器管理、设备管理、文件管理

B．运算器管理、控制器管理、打印机管理、磁盘管理

C．硬盘管理、软盘管理、存储器管理、文件管理

D．程序管理、文件管理、编译管理、设备管理

45．若要将由高级语言编写的源程序转换成计算机能执行的目标程序，必须经过（　　）。

A．编辑　　B．处理　　C．汇编　　D．编译或解释

46．计算机能直接执行的程序是（　　）。

A．源程序　　B．机器语言程序

C．汇编语言程序　　D．BASIC 语言程序

47．应用软件是指（　　）。

A．所有能够使用的软件

B．专门为某一应用目的而编制的软件

C．能被各应用单位共同使用的某种软件

D．所有微型计算机上都应使用的基本软件

48．用户和计算机之间的接口是（　　）。

A．操作系统　　B．监控系统　　C．编译系统　　D．管理信息系统

49．下列软件中，不属于系统软件的是（　　）。

A．Microsoft Office　　B．故障诊断程序

C．操作系统　　D．Fortran 编译程序

50．计算机软件是指（　　）。

A．计算机程序　　B．源程序和目标程序

C．源程序　　D．计算机程序及其相关文档

51．下列软件中，属于应用软件的是（　　）。

A．Windows 2000　　B．Excel

C．Windows XP　　D．Windows NT

52．下列叙述中，正确的是（　　）。

A．编译程序、解释程序和汇编程序不是系统软件

B．故障诊断程序、排错程序、人事管理系统都是应用软件

C．操作系统、财务管理程序、系统服务程序都不是应用软件

D．操作系统和各种程序设计语言的处理程序都是系统软件

53．目前市售的闪存盘是一种（　　）。

A．输出设备　　B．输入设备　　C．显示设备　　D．存储设备

54．微型计算机的参数“P4 2.4G/256M/80G”中的“2.4G”表示（　　）。

A．CPU 的运算速度为 2.4GIPS　　B．CPU 为 Pentium4 的 2.4 代

C．CPU 的时钟主频为 2.4GHz　　D．CPU 与内存间数据交换速度是 2.4Gb/s

55．下列打印机中，属于点阵式打印机的是（　　）。

A．喷墨打印机　　B．针式打印机

C．静电式打印机　　D．激光打印机

56．硬盘的一个主要性能指标是容量，硬盘容量的计算公式为（　　）。

A．磁道数×面数×扇区数×盘片数×512B

B．磁道数×面数×扇区数×盘片数×128B

C．磁道数×面数×扇区数×盘片数×80×512B

D．磁道数×面数×扇区数×盘片数×15×128B

57．单位的财务管理软件属于（　　）。

A．工具软件　　B．系统软件　　C．编辑软件　　D．应用软件

58．下列关于信息与数据的关系的叙述中，正确的是（　　）。

A．数据就是信息　　B．数据是信息的载体

C．信息被加工后成为数据　　D．数据是对信息的解释

59．使用高级语言编写的应用程序称为（　　）。

A．源程序　　B．编译程序　　C．可执行程序　　D．目标程序

60．高级语言编写的程序具有的特点是（　　）。

A．只能在某种计算机上运行

B．无须经过编译或解释，即可被计算机直接执行

C．具有通用性和可移植性

D．几乎不占用内存空间

61．“裸机”是指（　　）的计算机。

A．没有产品质量保证书　　B．只有软件没有硬件

C．只有硬件没有软件　　D．没有包装

62．语言编译软件属于（　　）。

A．系统软件　　B．应用软件　　C．操作系统　　D．数据管理系统

63．机器语言的每一条指令均是（　　）。

A．用0和1组成的一串机器代码　　B．由DOS提供的命令组成

C．任何机器都能识别的指令　　D．用ASCII码定义的一串代码

64．运算器主要包含（　　），它为计算机提供了算术运算与逻辑运算的功能。

A．ALU　　B．ADD　　C．逻辑器　　D．减法器

65．冯・诺依曼计算机工作原理的核心是（　　）和程序控制。

A．程序存储　　B．顺序存储

C．集中存储　　D．运算存储分离

66．计算机软件一般包括系统软件和（　　）。

A．源程序　　B．应用软件　　C．管理软件　　D．科学软件

67．操作系统是一种（　　）。

A．系统软件　　B．应用软件　　C．软件包　　D．通用软件

68．操作系统是（　　）的接口。

A．软件和硬件　　B．计算机和外围设备

C．用户和计算机　　D．高级语言和机器语言

69．内存储器与CPU（　　）交换信息。

A．不　　B．直接　　C．部分　　D．间接

70．硬盘属于（　　）。

A．内存储器　　B．CPU的一部分　　C．外围设备　　D．数据通信设备

71．下列选项中，不属于计算机性能指标的是（　　）。

A．主频　　B．字长　　C．运算速度　　D．是否带光驱

72．为实现某一目的而编制的计算机指令序列称为（　　）。

A．字符串　　B．软件　　C．程序　　D．指令系统

73．要使用外存储器中的信息，应先将其调入（　　）。

A．控制器　　B．运算器　　C．微处理器　　D．内存储器

74．在微型计算机的性能指标中，用户可用的内存容量通常是指（　　）。

A．RAM 的容量　　B．ROM 的容量

C．RAM 和 ROM 的容量之和　　D．CD-ROM 的容量

75．在计算机工作过程中，将外存储器中的信息读入内存储器中的过程称为（　　）。

A．复制　　B．输入　　C．写盘　　D．读盘

76．准确地说，在计算机中文件是存储在（　　）。

A．内存储器中的数据集合

B．硬盘上的一组相关数据的集合

C．存储介质上的一组相关信息的集合

D．闪存盘上一组相关数据集合

77．微型计算机中使用的打印机通常连接在（　　）上。

A．并行接口　　B．串行接口　　C．显示器接口　　D．键盘接口

78．微型计算机上，硬盘分区的目的是（　　）。

A．将一个物理硬盘分为几个逻辑硬盘

B．将一个逻辑硬盘分为几个物理硬盘

C．将 DOS 系统分为几个部分

D．一个物理硬盘分成几个物理硬盘

79．（　　）不是常规意义上的嵌入式系统。

A．手机　　B．MP3　　C．PC　　D．数码照相机

80．下列系统中，可用作嵌入式操作系统的是（　　）。

A．Linux（VxWorks、μC/OS-Ⅱ）　　B．Windows 2000

C．Windows XP　　D．DOS

81．嵌入式处理机主要由处理器、存储器和总线组成，总线包括（　　）。

A．数据总线、串行总线、逻辑总线、物理总线

B．并行总线、地址总线、逻辑总线、物理总线

C．并行总线、串行总线、全双工总线

D．数据总线、地址总线、控制总线

82．下列关于计算机语言的叙述中，正确的是（　　）。

A．计算机语言越高级越难于阅读和修改

B．语法正确的程序，在不同类型计算机系统中均可运行

C．汇编语言经过汇编后，方可执行

D．高级语言之所以高级，是因为它能直接被运行

83．在嵌入式系统的存储结构中，存取速度最快的是（　　）。

A．内存储器　　B．寄存器组　　C．Flash　　D．高速缓冲存储器

84．下列关于 Internet 的叙述中，不正确的是（　　）。
A．Internet 即国际互联网络
B．Internet 具有网络资源共享的特征
C．Internet 具有数据传输的功能
D．Internet 采用的是 ISO 的 OSI 模型

85．Internet 的缺点是（　　）。
A．安全性较差　　B．不能传送声音
C．不能实现现场对话　　D．不能传输文件

86．在一个局域网中，不能共享的设备是（　　）。
A．打印机　　B．软盘驱动器　　C．网络适配器　　D．CD-ROM

87．计算机网络最突出的优点是（　　）。
A．共享资源和数据传输　　B．运算速度快
C．存储容量大　　D．精度高

88．联网的计算机能够共享的资源包括（　　）。
A．硬件资源　　B．软件资源
C．数据与信息　　D．以上都正确

89．计算机网络 LAN 是指（　　）。
A．局域网　　B．广域网　　C．城域网　　D．以太网

90．计算机网络 WAN 是指（　　）。
A．互联网　　B．光纤网　　C．局域网　　D．广域网

91．下列选项中，属于局域网必备组成的是（　　）。
A．光驱　　B．网卡　　C．电话线　　D．硬盘

92．按地理覆盖范围进行分类，可将网络分为（　　）。
A．局域网、广域网和万维网
B．局域网、广域网和国际互联网
C．局域网、城域网和广域网
D．广域网、因特网和万维网

93．调制解调器的功能是实现（　　）。
A．数字信号的编码　　B．数字信号的整形
C．模拟信号的放大　　D．模拟信号与数字信号的转换

94．两个计算机拥有者相互传达消息时，最省时、省力且表达直观的通信方式是（　　）。
A．电话　　B．FTP　　C．E-mail　　D．寄信

95．下列属于网络拓扑结构的是（　　）。
A．总线型拓扑　　B．星形拓扑　　C．环形拓扑　　D．以上都正确

96．星形结构网络的特点是（　　）。
A．所有结点都通过独立的线路连接到同一条线路上
B．所有结点都通过独立的线路连接到一个中心交汇的结点上
C．其连接线构成星形形状
D．每一台计算机都直接连通

97．在计算机网络分类中，按地理位置可以分为广域网、城域网和（　　）。

A．电话网　　B．因特网　　C．局域网　　D．中国教育网

98．下列不属于计算机局域网络的是（　　）。

A．校园网　　B．企业网　　C．网吧　　D．因特网

99．计算机联网后，增加的功能是（　　）。

A．共享资源与分担负荷　　B．实现实时管理

C．可以使用他人资源　　D．以上都正确

100．在计算机多媒体技术中，下列被定义为传输媒体的是（　　）。

A．电话　　B．双绞线　　C．调制解调器　　D．磁盘

101．在 Internet 上，许多不同的复杂网络和许多不同类型的计算机赖以互相通信的基础是（　　）。

A．ATM　　B．TCP/IP　　C．NOVELL　　D．X.25

102．传输速率的单位 b/s 的含义是（　　）。

A．每秒可以传输的比特数，即位/秒

B．每秒可以传输的字节数，即位/秒

C．每秒可以传输的字节数，即字节/秒

D．每秒可以传输的兆字节数，即兆字节/秒

103．在 Internet 域名系统中，org 表示（　　）。

A．公司或商务组织　　B．教育机构

C．政府机构　　D．非营利组织

104．FTP 的含义是（　　）。

A．电子邮件　　B．万维网服务　　C．远程登录　　D．文件传输

105．Internet 中发展最早、使用人数最多的一项服务是（　　）。

A．新闻与公告　　B．远程登录　　C．电子邮件　　D．文件传输

106．Internet 所广泛采用的标准网络协议是（　　）。

A．HTTP　　B．TCP/IP　　C．IEEE 802.3　　D．IPX/SPX

107．计算机拨号上网后，该计算机（　　）。

A．可以拥有多个 IP 地址　　B．拥有一个固定的 IP 地址

C．拥有一个独立的 IP 地址　　D．没有自己的 IP 地址

108．统一资源定位器（uniform resource locater，URL）的格式是（　　）。

A．协议://IP 地址或域名/路径/文件名

B．协议://路径/文件名

C．TCP/IP 协议

D．HTTP 协议

109．下列 IP 地址中，非法的是（　　）。

A．126.96.2.6　　B．190.256.38.8　　C．203.113.7.15　　D．203.226.1.68

110．Internet 实现了分布在世界各地的各类网络的互联，其最基础和核心的协议是（　　）。

A．TCP/IP　　B．FTP　　C．HTML　　D．HTTP

111. 通常一台计算机要接入互联网，应该安装的设备是（　　）。
A. 网络操作系统　　B. 调制解调器或网卡
C. 网络查询工具　　D. 浏览器
112. 在ISO/OSI参考模型中，最低层和最高层分别为（　　）。
A. 传输层和会话层　　B. 网络层和应用层
C. 物理层和应用层　　D. 链路层和表示层
113. 浏览Web网站必须使用浏览器，目前常用的浏览器是（　　）。
A. Hotmail　　B. Outlook Express
C. Inter Exchange　　D. Internet Explorer
114. 根据域名代码规定，域名为katong.com.cn表示的网站类别应是（　　）。
A. 教育机构　　B. 军事部门　　C. 商业组织　　D. 国际组织
115. 下列不属于网络拓扑结构形式的是（　　）。
A. 星形　　B. 环形　　C. 总线型　　D. 分支型
116. Internet上的服务都是基于某一种协议，Web服务是基于（　　）。
A. SNMP　　B. SMTP　　C. HTTP　　D. Telnet协议
117. 接入Internet的每一台主机都有一个唯一的可识别地址，称为（　　）。
A. URL　　B. TCP地址　　C. IP地址　　D. 域名
118. 网络适配器是一块插件板，通常插在PC的扩展槽中，故又称为（　　）。
A. 网卡　　B. 调制解调器　　C. 网桥　　D. 网关
119. 下列传输介质中，抗干扰能力最强的是（　　）。
A. 微波　　B. 光纤　　C. 同轴电缆　　D. 双绞线
120. 可将一座大楼内各室中的微型计算机进行联网的网络属于（　　）。
A. WAN　　B. LAN　　C. MAN　　D. GAN
121. 局域网的网络软件主要包括（　　）。
A. 网络操作系统、网络数据库管理系统和网络应用软件
B. 服务器操作系统、网络数据库管理系统和网络应用软件
C. 网络数据库管理系统和工作站软件
D. 网络传输协议和网络应用软件
122. 国际标准化组织提出的开放系统互连模型是计算机网络通信基本协议，分为（　　）层。
A. 5　　B. 6　　C. 7　　D. 8
123. WWW是（　　）的缩写，它是近年来迅速崛起的一种服务方式。
A. World Wide Wait　　B. Website of World Wide
C. World Wide Web　　D. World Wais Web
124. HTTP是一种（　　）。
A. 高级程序设计语言　　B. 域名
C. 超文本传输协议　　D. 网址
125. 只要知道（　　），就能在Internet上浏览网页。
A. 网页制作的过程　　B. 网页的地址
C. 网页的设计原则　　D. 网页的作者

126．域名在整个 Internet 中是（　　）的。

A．唯一

B．共享

C．可以在高级子域名相同时，允许低级子域名重复

D．高级子域名和低级子域名相同

127．用户要想在网上查询万维网信息，必须安装并运行（　　）软件。

A．http　　B．Yahoo　　C．浏览器　　D．万维网

128．在 Internet 上帮助筛选、查找所需的网页地址或其他资源的工具通常被称为（　　）。

A．网络导航　　B．搜索引擎

C．推（Push）技术　　D．检索工具

129．在电子邮件中，用户（　　）。

A．只可以传送文本信息

B．可以传送任意大小的多媒体文件

C．可以同时传送文本和多媒体信息

D．不能附加任何文件

130．在给他人发送电子邮件时，（　　）不能为空。

A．收件人地址　B．抄送人地址　C．密件　D．附件

131．下列关于电子邮件的叙述中，不正确的是（　　）。

A．电子邮件是用户或用户组之间通过计算机网络收发信息的服务

B．向对方发送电子邮件时，对方不一定要开机

C．电子邮件由邮件头和邮件体两部分组成

D．发送电子邮件时，一次只能发给一个接收者

132．下列各功能中，不是由 Internet 提供的是（　　）。

A．电子邮件　　B．文件传输　　C．远程登录　　D．调制解调

133．下列叙述中，正确的是（　　）。

A．将数字信号变换成便于在模拟通信线路中传输的信号的过程称为调制

B．以原封不动的形式将来自终端的信息送入通信线路的过程称为调制解调

C．在计算机网络中，一种传输介质不能传送多路信号

D．在计算机局域网中，只能共享软件资源，而不能共享硬件资源

134．各种网络传输介质（　　）。

A．具有相同的传输速率和相同的传输距离

B．具有不同的传输速率和不同的传输距离

C．具有相同的传输速率和不同的传输距离

D．具有不同的传输速率和相同的传输距离

135．下列网络中，属于局域网的是（　　）。

A．Internet　　B．CERNET　　C．Novell　　D．ChinaNet

136．在 Internet 中电子公告板的缩写是（　　）。

A．FTP　　B．WWW　　C．BBS　　D．E-mail

137. 下列电子邮件地址（其中□表示空格）中，正确的是（　　）。

A. Malin&ns.cnc.ac.cn　　B. malin@ns.cac.ac.cn

C. Lin□Ma&ns.cnc.ac.cn　　D. Lin□Ma@ns.cnc.ac.cn

138. 下列叙述中，正确的是（　　）。

A. 为了使用 Novell 网提供的服务，必须采用 FTP

B. 为了使用 Internet 提供的服务，必须采用 Telnet 协议

C. 为了使用 Novell 网提供的服务，必须采用 TCP/IP

D. 为了使用 Internet 提供的服务，必须采用 TCP/IP

139. 下列叙述中，不正确的是（　　）。

A. 调制解调器是局域网络设备

B. 集线器是局域网络设备

C. 网卡是局域网络设备

D. 中继器是局域网络设备

140. 下列能接收电子邮件的软件是（　　）。

A. Word　　B. Excel　　C. Access　　D. OutLook

141. TCP/IP 的含义是（　　）。

A. 局域网传输协议　　B. 拨号入网传输协议

C. 传输控制协议和网际协议　　D. OSI 协议集

142. 下列域名中，表示教育机构的是（　　）。

A. ftp.bta.net.cn　　B. ftp.cnc.ac.cn

C. www.ioa.ac.cn　　D. www.buaa.edu.cn

143. Internet 上的 WWW 服务器使用的主要协议是（　　）。

A. FTP　　B. HTTP　　C. SMTP　　D. Telnet

144. 浏览网页需使用 Internet 所提供的（　　）服务。

A. FTP　　B. Email　　C. Telnet　　D. WWW

145. 将网页上传到 Web 服务器需使用 Internet 所提供的（　　）服务。

A. FTP　　B. HTTP　　C. SMTP　　D. Telnet

146. 栈和队列的共同特点是（　　）。

A. 只允许在端点处插入和删除元素

B. 都是先进后出

C. 都是先进先出

D. 没有共同点

147. 在对用链接方式存储的队列进行插入运算时，（　　）。

A. 仅修改头指针　　B. 头、尾指针都要修改

C. 仅修改尾指针　　D. 头、尾指针可能都要修改

148. 下列数据结构中，属于非线性结构的是（　　）。

A. 队列　　B. 栈　　C. 线性表　　D. 二叉树

149. 下列关于线性表的叙述中，错误的是（　　）。

A. 线性表采用顺序存储必须占用一片连续的存储空间

B．线性表采用链式存储不必占用一片连续的存储空间

C．线性表采用链式存储便于插入和删除操作的实现

D．线性表采用顺序存储便于插入和删除操作的实现

150．设某数据结构的二元组形式表示为 A=(D,R)，D={01,02,03,04,05,06,07,08,09}，R={r}，r={<01,02>,<01,03>,<01,04>,<02,05>,<02,06>,<03,07>,<03,08>,<03,09>}，则数据结构 A 是（　　）。

A．线性结构　　B．树形结构　　C．物理结构　　D．图形结构

151．数据的最小单位是（　　）。

A．数据项　　B．数据类型　　C．数据元素　　D．数据变量

152．队列是一种（　　）的线性表。

A．先进先出　　B．先进后出　　C．只能插入　　D．只能删除

153．设输入序列为 1,2,3,4,5,6，则通过栈的作用后可以得到的输出序列为（　　）。

A．5,3,4,6,1,2　　B．3,2,5,6,4,1　　C．3,1,2,5,4,6　　D．1,5,4,6,2,3

154．在数据结构中，从逻辑上可以将数据结构分为（　　）。

A．动态结构和静态结构　　B．紧凑结构和非紧凑结构

C．线性结构和非线性结构　　D．内部结构和外部结构

155．数据结构在计算机内存中的表示是指（　　）。

A．数据的存储结构　　B．数据元素的结构

C．数据的逻辑结构　　D．数据元素之间的关系

156．在数据结构中，与所使用的计算机无关的是数据的（　　）结构。

A．逻辑　　B．存储　　C．逻辑和存储　　D．物理

157．在存储数据时，通常不仅要存储各数据元素的值，还要存储（　　）。

A．数据的处理方法　　B．数据元素的类型

C．数据元素之间的关系　　D．数据的存储方法

158．在选择存储结构时，一般不考虑（　　）。

A．各结点的值如何

B．结点个数的多少

C．对数据有哪些运算

D．所用的编程语言实现这种结构是否方便

159．下列叙述中，正确的是（　　）。

A．数据项是数据的基本单位

B．数据元素是数据的最小单位

C．数据结构是带结构的数据项的集合

D．一些表面上很不相同的数据可以有相同的逻辑结构

160．下列叙述中，正确的是（　　）。

A．线性表的顺序存储结构优于链表存储结构

B．二维数组是其数据元素为线性表的线性表

C．栈的操作方式是先进先出

D．队列的操作方式是先进后出

161．通常要求同一逻辑结构中的所有数据元素具有相同的特性，这意味着（　　）。
A．数据元素具有同一特点
B．不仅数据元素所包含的数据项的个数要相同，对应的数据项的类型也要一致
C．每个数据元素都一样
D．数据元素所包含的数据项的个数要相等

162．链表不具备的特点是（　　）。
A．可随机访问任一结点　　B．插入或删除时不需要移动元素
C．不必事先估计存储空间　　D．所需空间与其长度成正比

163．数据库设计的根本目标是解决（　　）。
A．数据共享问题　　B．数据安全问题
C．大量数据存储问题　　D．简化数据维护

164．在数据库中能够唯一地标识一个元组的属性或属性的组合称为（　　）。
A．记录　　B．字段　　C．域　　D．关键字

165．在日期/时间数据类型中，每个字段需要（　　）的存储空间。
A．4B　　B．8B　　C．12B　　D．16B

166．C/S 结构表示（　　）。
A．客户/服务器系统结构
B．和 B/S 结构相同都是客户/服务器结构
C．物理上分布、逻辑上集中的分布式数据库结构
D．面向对象的数据库系统

167．下列关于数据库系统的叙述中，正确的是（　　）。
A．数据库中只存在数据项之间的联系
B．数据库的数据之间和记录之间都存在联系
C．数据库的数据项之间无联系，记录之间存在联系
D．数据库的数据项之间和记录之间都不存在联系

168．下列叙述中，正确的是（　　）。
A．报表只能输入数据　　B．报表只能输出数据
C．报表可以输入和输出数据　　D．报表不能输入和输出数据

169．下列叙述中，正确的是（　　）。
A．DBS 包括 DB 和 DBMS　　B．DB 包括 DBS 和 DBMS
C．DBMS 包括 DB 和 DBS　　D．DBS 包括 DB，但不包括 DBMS

170．数据库管理系统位于（　　）。
A．硬件与操作系统之间　　B．用户与操作系统之间
C．用户与硬件之间　　D．操作系统与应用程序之间

171．在关系数据库中，用来表示实体及实体之间关系的是（　　）。
A．二维表　　B．关键字　　C．记录　　D．字段

172．在数据库系统中，数据的最小访问单位是（　　）。
A．字节　　B．字段　　C．记录　　D．表

173．两个实体间的联系有（　　）种。
A．1　　B．2　　C．3　　D．4

174．关系型数据库管理系统中的关系是指（　　）。

A．各条记录中的数据彼此有一定关系

B．一个数据库文件与另一个数据库文件之间有一定的关系

C．数据模型符合满足一定条件的二维表格式

D．数据库中各个字段之间彼此有一定的关系

175．在数据库系统中，最早出现的数据库模型是（　　）。

A．语义网络　B．层次模型　C．网状模型　D．关系模型

176．下列叙述中，错误的是（　　）。

A．Access 软件所采用的数据模型是应用最普遍的层次型数据模型

B．层次数据模型是最早出现的数据库模型

C．关系型数据模型的表由记录中的行和数据列组成

D．查询是数据库较重要的功能之一，且可以建立不同的查询条件

177．数据库系统的核心是（　　）。

A．数据模型　B．数据库管理系统

C．数据库　D．数据库管理员

178．如果仅有一个相关字段是主关键字或具有唯一索引，则创建（　　）。

A．一对多关系　B．一对一关系　C．多对多关系　D．无法确定

179．下列叙述中，错误的是（　　）。

A．设定成主关键字的数据，必须是唯一、不可重复的数据

B．排序方式有升序和降序两种，升序是指数据由大到小排列，而降序是指数据由小到大排列

C．若发现字段的顺序不恰当，可以自行调整字段的顺序

D．有些字段暂时不需要输入数据时，可以将字段隐藏起来

180．在关系模型中，用来表示实体关系的是（　　）。

A．字段　B．记录　C．表　D．指针

181．关系数据库中的任何检索操作都是由 3 种基本运算组合而成的，这 3 种基本运算不包括（　　）。

A．联接　B．投影　C．选择　D．合并

182．从关系模式中指定若干属性组成新的关系的操作称为（　　）。

A．选择　B．投影　C．联接　D．自然联接

183．从关系模式中找出满足给定的元组的操作称为（　　）。

A．选择　B．投影　C．联接　D．自然联接

184．数据是指存储在某一种媒体上的（　　）。

A．数学符号　B．物理符号　C．逻辑符号　D．概念符号

185．数据表中的“行”称为（　　）。

A．字段　B．数据　C．记录　D．数据视图

186．在分析建立数据库的目的时，应该（　　）。

A．将用户需求放在首位　B．确定数据库的结构与组成

C．确定数据库界面形式　D．以上都正确

187. 表结构定义中基本的要素不包括（　　）。

A. 字段大小　B. 字段名　C. 字段值　D. 字段类型

188. 常见的数据模型有3种，它们分别是（　　）。

A. 网状、关系和语义　B. 层次、关系和网状

C. 环状、层次和关系　D. 字段名、字段类型和记录

189. 表的组成内容包括（　　）。

A. 查询和字段　B. 字段和记录　C. 记录和窗体　D. 报表和字段

190. 向有限的空间输入超长的字符串是（　　）攻击手段。

A. 缓冲区溢出　B. 网络监听　C. 端口扫描　D. IP欺骗

191. 为了防御网络监听，最常用的方法是（　　）。

A. 采用物理传输（非网络）　B. 信息加密

C. 无线网　D. 使用专线传输

192. 下列不属于被动攻击的是（　　）。

A. 缓冲区溢出　B. 运行恶意软件

C. 浏览恶意代码网页　D. 打开病毒附件

193. 防火墙是一种（　　）网络安全措施。

A. 被动的　B. 主动的

C. 能够防止内部犯罪的　D. 能够解决所有问题的

194. 结束使用计算机时断开终端的连接属于（　　）。

A. 外部终端的物理安全　B. 通信线的物理安全

C. 窃听数据　D. 网络地址欺骗

195. 下列不属于Web服务器的安全措施的是（　　）。

A. 保证注册账户的时效性

B. 删除死账户

C. 强制用户使用不易被破解的密码

D. 所有用户使用一次性密码

196. 一个数据包过滤系统被设计成允许要求服务的数据包进入，而过滤掉不必要的服务，这属于（　　）基本原则。

A. 最小特权　B. 阻塞点　C. 失效保护状态　D. 防御多样化

197. （　　）主要用于加密机制。

A. HTTP　B. FTP　C. Telnet协议　D. SSL协议

198. 下列不属于常见的危险密码的是（　　）。

A. 跟用户名相同的密码　B. 使用生日作为密码

C. 只有4位数的密码　D. 10位的综合型密码

199. 下列不属于常见将入侵主机的信息发送给攻击者的方法是（　　）。

A. E-mail　B. UDP　C. ICMP　D. 连接入侵主机

200. 开发软件需高成本，这和产品的低质量之间有着尖锐的矛盾，这种现象称为（　　）。

A. 软件投机　B. 软件危机　C. 软件工程　D. 软件产生

201. 软件危机出现于20世纪60年代初，为了解决软件危机，人们提出了用（　　）

的原理来设计软件，这是软件工程诞生的基础。

A．运筹学 B．工程学 C．软件学 D．数学

202．下列关于产生软件危机的原因的叙述中，错误的是（ ）。

A．软件开发过程未经审查

B．软件开发不分阶段，开发人员没有明确的分工

C．所开发的软件，除了程序清单外，没有其他文档

D．采用工程设计的方法开发软件，不符合软件本身的特点

203．软件工程学是应用科学理论和工程上的技术指导软件开发的学科，其目的是（ ）。

A．引入新技术提高空间利用率 B．用较少的投资获得高质量的软件

C．缩短研制周期扩大软件功能 D．软硬件结合使系统面向应用

204．划分软件生存周期的阶段时所应遵循的基本原则是（ ）。

A．各阶段的任务尽可能相关 B．各阶段的任务尽可能相对独立

C．各阶段的任务在时间上连续 D．各阶段的任务在时间上相对独立

205．一个软件项目是否进行开发的结论是在（ ）文档中得出的。

A．软件开发计划 B．可行性报告

C．需求分析说明书 D．测试报告

206．使用结构化分析方法时，采用的基本手段是（ ）。

A．分解和抽象 B．分解和综合 C．归纳与推导 D．试探与回溯

207．下列属于对称加密方法的是（ ）。

A．AES B．RSA 算法 C．DSA D．Hash 算法

208．下列关于防火墙的叙述中，错误的是（ ）。

A．防火墙能有效地记录 Internet 上的活动

B．防火墙是一个安全策略的检查站

C．防火墙能防范全部的威胁

D．防火墙能强化安全策略

209．信息安全领域内最关键和最薄弱的环节是（ ）。

A．技术 B．策略 C．管理制度 D．人

210．计算机系统中的信息资源只能被授予权限的用户修改，这是网络安全的（ ）。

A．保密性 B．数据完整性 C．可利用性 D．可靠性

211．加密密钥和解密密钥相同的密码系统为（ ）。

A．非对称密钥体制 B．公钥体制

C．单钥体制 D．双钥体制

二、填空题

1．人们常说的主机一般包括__________和__________。

2．内存储器通常包括__________和__________。其中__________用于存放现场的数据和程序，而__________用于存放内容不变的信息。

3．RAM 又称为__________，它所保存的数据在系统断电后立即消失。ROM 又称

为__________，它所保存的数据在系统断电后不会消失。

4．一个完整的计算机系统由__________和__________两部分组成。

5．__________是基本的系统软件之一，它主要用来管理控制计算机的软、硬件资源。

6．经过__________，可将高级语言编写的源程序变为计算机能执行的目标程序。

7．从软件分类来看，目前流行的 Windows 10 属于__________软件。

8．外存储器中存放的任何信息都必须先被读到__________中，然后才能被 CPU 访问。

9．__________是一组程序，它是用户和计算机硬件设备之间的接口。

10．用于计算机系统的光盘主要有 3 类：__________、__________、可擦写型。

11．CD-ROM 驱动器接口类型分为内置的和__________。

12．微型计算机可以配置不同的显示系统，在 CGA、EGA 和 VGA 标准中，显示性能最好的是__________。

13．将汇编语言程序翻译成与之等价的机器语言程序的程序是__________。

14．微型计算机硬件的最小配置包括主机、键盘和__________。

15．按照打印机的打印原理，可将打印机分为击打式和非击打式两大类，击打式打印机中最常用、最普遍的是__________打印机。

16．计算机工作过程中，__________从存储器中取出指令，并进行分析，然后发出控制信号。

17．计算机能直接执行的程序是机器语言程序，在机器内部以__________形式表示。

18．计算机网络按地理位置的不同，可以分为__________、__________和__________。

19．Internet 起源于__________（填入国家名）。

20．__________是 Internet 上不同的复杂网络和不同类型计算机赖以互相通信的基础。

21．计算机网络的主要特点是__________。

22．调制解调器是一种通过__________实现计算机通信的设备。

23．Novell 网属于__________。

24．在线性结构中，第一个结点__________前驱结点，其余每个结点有且只有__________个前驱结点；最后一个结点__________后续结点，其余每个结点有且只有__________个后续结点。

25．线性结构中元素之间存在__________关系，树形结构中元素之间存在__________关系，图形结构中元素之间存在__________关系。

26．在关系数据库中，将数据表示成二维表，每一个二维表称为__________。

27．在 Access 数据库中，可以创建 3 种关系：__________、__________和__________。

28．数据模型不仅表示反映事物本身的数据，而且表示__________。

29．从关系中选择部分满足条件的元组组成新关系，称为关系操作的__________。

30．关系是通过两张表之间的字段建立起来的。一般情况下，由于一张表的主关键字是另一张表的__________，因此形成了两张表之间一对多的关系。

31．__________是在输入或删除记录时，为维持表之间已定义的关系而必须遵循的规则。

32．3 种基本的关系运算是__________、__________和联接。

33．能够唯一标识表中每条记录的字段称为__________。

34．表中数据的操作及维护，是在__________完成的。

35．数据管理技术发展过程经过人工管理、文件系统和数据库系统 3 个阶段，其中，数据独立性最高的阶段是__________。

36．数据库模型有__________、__________和__________。

37．记录是表的一行中的字段集合，表中的记录用__________来标识。

38．查询的目的是使用户根据__________对__________或__________进行检索，筛选出符合条件的记录，构成一个新的数据集合，从而方便用户对数据库进行查看和分析。

39．查询是专门用来进行__________，以及便于以后进行数据加工的一种重要的数据库对象。

40．查询结果可以作为其他数据库对象的__________。

41．查询也是一个表，是以__________为数据来源的再生表。

42．查询的结果总是与数据源中的数据__________。

43．SQL 查询必须在__________的基础上创建。

44．参数查询是通过运行查询时的__________来创建的动态查询结果。

45．查询可作为数据的__________来源。

46．创建查询的首要条件是要有__________。

47．生成表查询可以使原有__________扩大并得到合理改善。

48．更新查询结果，可对数据源中的数据进行__________。

49．查询是对数据库中表的数据进行查找，同时产生一个类似于__________的结果。

50．查询的结果是一组数据记录，即__________。

51．选择查询可以从一个或多个__________中获取数据并显示结果。

52．交叉表查询是利用表中的__________来统计和计算的。

53．参数查询是利用一组__________来提示用户输入准则的查询。

54．__________是指利用相同的字段属性建立表间的联接关系。

55．如果用多个表作为窗体数据来源，就要先利用__________创建一个查询。

56．信息安全是指保护计算机系统中的资源__________，主要包括__________安全和__________安全。

57．网络黑客一般是指计算机网络的__________。黑客的攻击方式主要有__________、__________、__________、__________。

58．防止黑客攻击的策略是__________、__________、__________和__________等。

59．通常将__________称为明文，将__________称为密文，将明文转换成密文的过程称为__________，将密文还原成明文的过程称为__________。

三、判断题

1．一个完整的计算机系统由主机和外围设备所组成。（　）

2．使用机器指令编写的程序称为机器语言程序。（　）

3．计算机中的运算器、控制器合在一起称为主机。（　）

4．常见的输入设备有键盘、鼠标、扫描仪、绘图仪。（　）

5．存储器的主要功能是存放程序和数据，它又有 ROM 和 RAM 之分。（　）

6．一般来说，内存储器容量小、速度快、造价低，而外存储器容量大、速度高、造价高。（ ）

7．在计算机中，只能从ROM中读出信息，关机后ROM中的内容会被清除。（ ）

8．微型计算机硬件由主机和外围设备构成。（ ）

9．输入/输出设备是用来存储程序和数据的装置。（ ）

10．计算机的中央处理器简称为ALU。（ ）

11．RAM中的信息在计算机断电后会全部丢失。（ ）

12．键盘和显示器都是计算机的输入/输出设备，键盘是输入设备，显示器是输出设备。（ ）

13．任何存储器都有记忆能力，其中的信息在计算机突然断电时也不会丢失。（ ）

14．运算器是进行算术和逻辑运算的部件，简称CPU。（ ）

15．计算机程序必须位于内存储器中，计算机才能执行它。（ ）

16．计算机能直接执行的程序是机器语言。（ ）

17．内存储器既可与外存储器交换信息，也可与CPU交换信息。（ ）

18．调制解调器的功能是实现模拟信号与数字信号之间的相互转换。（ ）

19．计算机网络必须具备资源共享的功能。（ ）

20．在决定选取何种存储结构时，一般不考虑各结点的值如何。（ ）

21．抽象数据类型（ADT）包括定义和实现两方面，其中定义是独立于实现的，它仅给出一个ADT的逻辑特性，不必考虑如何在计算机中实现。（ ）

22．抽象数据类型与计算机内部表示和实现无关。（ ）

23．顺序存储方式进行插入和删除时效率较低，因此它不如链式存储方式好。（ ）

24．线性表采用链式存储结构时，结点和结点内部的存储空间可以是不连续的。（ ）

25．对于任何数据，结构链式存储结构一定优于顺序存储结构。（ ）

26．顺序存储方式只能用于存储线性结构。（ ）

27．集合与线性表的区别在于是否按关键字排序。（ ）

28．线性表中每个元素都有一个直接前驱和一个直接后继。（ ）

29．线性表是指顺序存储的表。（ ）

30．对于二维表，表中允许出现相同的行。（ ）

31．使用数据库系统可以避免数据的冗余。（ ）

32．在已经建立的数据表中，若想在显示表中内容时使某些字段不能移动显示位置，可以使用的方法是冻结。（ ）

33．表由字段和记录组成，在表中每一列为一个字段，每一行为一个记录。（ ）

34．在每一个表中必须设定所需的数据属性，此属性称为字段。（ ）

35．表是用于存放数据库相关数据的文件，而一个数据库只能有一个表。（ ）

36．利用统计分析查询功能，可计算在行与列所交集显示的数值内容。（ ）

37．在搜索数据时，利用索引字段可以提高数据检索的效率。（ ）

38．在新增数据时，自动编号是自动产生的，可以自行输入或修改字段中的数据。（ ）

39．安装防火墙是对付黑客和黑客程序的有效方法。（　　）

40．用于存放数据库数据的是表。（　　）

3.3 习题答案

一、选择题

1. C　2. C　3. C　4. D　5. D　6. C　7. B　8. B　9. C
10. A　11. D　12. A　13. A　14. A　15. B　16. A　17. D　18. C
19. B　20. B　21. D　22. C　23. C　24. A　25. D　26. C　27. C
28. C　29. B　30. B　31. D　32. B　33. B　34. D　35. D　36. B
37. C　38. B　39. C　40. D　41. C　42. B　43. B　44. A　45. D
46. B　47. B　48. A　49. A　50. D　51. B　52. D　53. D　54. C
55. B　56. A　57. D　58. B　59. A　60. C　61. C　62. A　63. A
64. A　65. A　66. B　67. A　68. C　69. B　70. C　71. D　72. C
73. D　74. A　75. D　76. C　77. A　78. A　79. C　80. A　81. D
82. C　83. B　84. D　85. A　86. C　87. A　88. D　89. A　90. D
91. B　92. C　93. D　94. C　95. D　96. B　97. C　98. D　99. D
100. B　101. B　102. A　103. D　104. D　105. D　106. B　107. C　108. A
109. B　110. A　111. B　112. C　113. D　114. C　115. D　116. C　117. C
118. A　119. B　120. B　121. A　122. C　123. C　124. C　125. B　126. A
127. C　128. B　129. C　130. A　131. D　132. D　133. A　134. B　135. C
136. C　137. B　138. D　139. A　140. D　141. C　142. D　143. B　144. D
145. A　146. A　147. D　148. D　149. D　150. B　151. A　152. A　153. B
154. C　155. A　156. A　157. C　158. A　159. D　160. B　161. B　162. A
163. A　164. D　165. B　166. A　167. B　168. B　169. A　170. B　171. A
172. B　173. C　174. C　175. B　176. A　177. B　178. A　179. B　180. C
181. D　182. B　183. A　184. B　185. C　186. A　187. C　188. B　189. B
190. A　191. B　192. A　193. B　194. A　195. D　196. A　197. D　198. D
199. D　200. B　201. B　202. D　203. B　204. B　205. B　206. A　207. A
208. B　209. D　210. B　211. C

二、填空题

1．CPU，内存储器　　2．RAM，ROM，RAM，ROM

3．随机存储器，只读存储器　　4．硬件系统，软件系统

5．操作系统　　6．编译或解释

7．系统　　8．内存储器

9．操作系统　　10．只读型，一次写入型

11．外挂的　　12．VGA

13．汇编程序　　14．显示器

15．针式（或点阵式）　　16．控制器

17．二进制码　　18．广域网，城域网，局域网

19．美国
20．TCP/IP
21．资源共享
22．电话线
23．局域网（或 LAN）
24．没有，1，没有，1
25．一对一，一对多，多对多
26．关系
27．一对多关系，多对多关系，一对一关系
28．相关事物的联系
29．选择
30．相同字段
31．参照完整性
32．选择，投影
33．主关键字
34．数据表视图
35．数据库系统阶段
36．网状，层次，关系
37．记录号
38．指定条件，表，其他查询
39．数据检索
40．数据的来源
41．表或查询
42．保持同步
43．选择查询
44．参数定义
45．窗体和报表
46．数据来源
47．数据资源
48．物理更新
49．表
50．动态集
51．表
52．行和列
53．对话框
54．数据表关系
55．多个表
56．免受毁坏，计算机系统，网络
57．非法入侵者，密码破解，网络监听与欺骗，系统漏洞，端口扫描
58．数据加密，身份认证，建立完善的访问控制策略，审计
59．没有加密的原始数据，加密以后的数据，加密，解密

三、判断题

1．× 2．√ 3．× 4．× 5．× 6．× 7．× 8．√ 9．×
10．× 11．√ 12．√ 13．× 14．× 15．√ 16．√ 17．√ 18．√
19．√ 20．√ 21．√ 22．√ 23．× 24．× 25．× 26．× 27．×
28．× 29．× 30．× 31．× 32．√ 33．√ 34．√ 35．× 36．×
37．√ 38．× 39．√ 40．√

第4章 办公自动化软件

4.1 学习指导

教学内容与要求

掌握 Word 2010 窗口组成及基本操作；掌握文字、符号的输入；熟练进行插入或改写、文本选定、撤销与恢复等操作；熟练掌握文档的移动、复制、删除、查找与替换等操作；熟练掌握文档和段落格式化的设置；掌握首字下沉、项目符号和编号、边框和底纹、分栏、格式刷和插入分隔符等 Word 2010 文档的排版技巧；了解不同的视图方式及其适用场合；掌握添加页眉、页脚、页码和插入特殊符号的方法；掌握插入表格、单元格的拆分与合并的方法；掌握表格的数据计算和排序方法，掌握编辑修饰表格的边框与底纹的方法；掌握利用表格数据生成图形的方法；掌握绘制图形的基本方法和编辑修饰图形的方法；掌握艺术字体、图片和文本框的插入；掌握图文混排、添加水印和设置对象的格式的方法；掌握设定 Word 样式的方法；掌握公式编辑器的使用方法。

掌握 Excel 2010 工作簿的打开、关闭和保存，以及工作簿窗口的显示、隐藏、排列等操作；熟练掌握单元格和工作表的移动、复制、插入、删除等操作；了解工作簿和工作表的概念；熟练掌握单元格格式、工作表列宽和行高、工作表背景图案的设置操作；了解自动套用格式和样式的使用方法；熟练掌握公式与函数的概念和使用方法；掌握利用工作表创建及修饰各类图表的方法；了解数据排序、自动筛选和分类汇总等操作。

掌握 PowerPoint 2010 基本概念；熟练掌握创建各种演示文稿的方法，能够制作各种类型的幻灯片，包括“标题”“项目清单”“组织结构图”“表格”“图表”等幻灯片；掌握演示文稿外观的整体修改方法；熟练掌握幻灯片中各种对象动画效果、幻灯片放映方式及放映方法的设置方法。

学习要点

Microsoft Office 2010 包括多个可以独立工作的组件，每个组件可以完成不同的功能，主要包括 Microsoft Word、Microsoft Excel、Microsoft PowerPoint 等办公自动化软件。Office 支持 OLE（object linking and embedding，对象连接与嵌入）技术，各个组件之间可以轻松地协同工作。

1. Word 2010

（1）建立文档

掌握建立文档的基本过程。

（2）Word 2010 的基本概念

对 Word 2010 的工作环境和操作方法需要了解和熟悉，能熟练地进行操作。

（3）文本的选定方法

选定文本的方法有以下几种。

1）鼠标选取文本块。

2）光标键定义文本块。

3）选定栏选定。

（4）选定文本后的操作

选定文本后的操作有以下几种。

1）移动文本块。

2）复制文本块。

3）删除文本块。

使用鼠标拖放功能可以快速移动或复制文字块，其操作原则是先选定，后操作。将选定的文本块直接拖至目标处，即完成文字块的移动操作；如果在拖动的同时按下【Ctrl】键，则可进行选定内容的复制。如果用户在操作时不使用鼠标拖放式操作，还可利用剪贴板功能。Office 2010 具有多对象剪贴板功能，最多可以同时存放 12 次剪贴的对象。这些信息可以逐个粘贴到选定的位置，也可以一次全部粘贴到指定处。使用“清空剪贴板”命令，可以将其内容清除。通过“开始”菜单中的“剪切”“复制”“粘贴”命令或工具栏或快捷键进行复制操作。

（5）查找、替换和定位

当需要对文档内较多的字、词等内容进行查找或替换时，选择“开始”菜单中的“查找”命令，弹出“查找和替换”对话框。此对话框中包括“查找”“替换”“定位”3 个选项卡，可以查找文字、文字格式或特殊字符，可以进行字符的替换，还可以定位目标；在需要进行内容的大量重复替换时，操作十分方便快捷。

（6）格式化操作的方法

1）字体。中文字体的默认格式是宋体、五号，英文字体的默认格式为 Times New Roman。一般来说，中文字体大小单位为字号，常用的有初号至八号（注意：号越大则字越小）。英文字体单位为磅，常用的为 5～72 磅，五号字相当于 10.5 磅。用户还可以通过输入 1～1638 中的磅值，直接改变字体大小。

2）字符格式。输入字符的格式的默认状态为跟随前一字符的格式，还可设置新格式、修改格式和复制格式。用格式刷进行格式复制时，单击格式刷可复制格式一次；双击格式刷可复制格式多次。但双击格式刷后，需要再次单击，才能取消格式复制功能。

3）字符属性。可以对所选定的文本进行加粗、斜体、下划线、上标、下标、颜色、着重号等设置，还可进行字符缩放及加动态效果。

4）段落。段落设置是指设置缩进（左缩进、右缩进、首行缩进、悬挂缩进）、对齐方式（左、右、居中、分散、两端）和段落间距（行间距和段前距、段后距等）。

Word 2010 的段落设置除可以使用厘米和磅值作为单位外，还可以设置更加适合于中文使用的字符单位。例如，左、右缩进为2字符，段前、段后为3行等。

（7）页面设置

打印之前都要对页面进行设置。设置打印文档的纸张、方向和来源。纸张大小确定以后，根据页边距可以确定版心的尺寸。可通过打印预览来观察设置的效果，满意后再打印。

进行页面设置时，可以人工插入分页符和分节符。分节符的插入便于将整个文档的不同部分设置成不同的页面格式、纸型、页眉和页脚格式。节在页面设置中是一个非常重要的概念，使用分节符后，可以将每个节看作一个独立的部分。Word 2010 的打印可以进行缩放，使一页打印多版，或者按纸型缩放打印。

（8）视图方式

Word 2010 提供了阅读版式视图、Web 版式视图、页面视图、大纲视图和草稿视图 5 种视图方式。

阅读版式视图适用于阅读文章内容；Web 版式视图将文稿以网页形式显示并可以将其保存为网页；页面视图是 Word 2010 中默认的视图方式，适用于录入、编辑、格式编排及移动等操作；大纲视图适用于查看整个文档的结构和每部分在文章中的位置，有利于生成目录；草稿视图适用于快速编辑文本。

（9）排版技巧

为了美化文档，Word 2010 提供了首字下沉、分栏、项目符号和编号、边框和底纹、更改大小写、制表位等各种排版修饰技巧。首字下沉、分栏、页眉和页脚等必须在页面视图或打印预览时，才能看到效果。项目符号和编号中增加了“图片”功能，即可以将图片作为项目符号，以提高文档的可视性。

（10）制作表格

制作表格首先要设计好表格的格式，然后按下列步骤操作。

1）创建表格。

2）输入数据。

3）进行表格编辑。

先选定表格，再进行表格编辑。表格的选定包括选定表格的行、列、单元格、区域或全表等。可以使用鼠标在行选择条、列选择条、单元格选择条上进行选择。使用列选择标记结合鼠标拖动可以选择多列，使用行选择标记结合鼠标拖动可以选择多行。系统默认的表格边框线是 0.5 磅的黑色单实线。可以将表格中的每个单元格的内容分别看成一个小文档，可对一个或多个单元格、行、列的文档进行两端对齐、居中、垂直居中、顶端对齐、右对齐等操作。表格作为一个对象可在页面上设置左对齐、居中、右对齐方式及文字环绕方式。也可对表格的行、列、单元格的属性进行设置。

表格的编辑工作主要包括调整行高与列宽、插入/删除行（列、单元格）、复制/移动行（列、单元格）和拆分/合并单元格与表格等。在调整行高与列宽时，若需要精确改变相应值则使用“表格工具 | 布局”选项卡“单元格大小”组中的“高度”和“宽度”数值选择框进行调整；若不需要精确改变则使用标尺，还可选择“自动调整”下拉列表中的“根据

内容自动调整表格”选项，使行高按字符大小、列宽按内容长短自动调整。

表格和文本之间可以进行相互转换。单击“表格工具｜布局”选项卡“数据”组中的“转换为文本”按钮可将表格转换为文本。

4）表格外观修饰。可使用系统提供的几十种格式进行表格的修饰，也可以按照用户的需要自行设置，可以给表格修饰各种边框和底纹，使之更加美观醒目。

选定表格后，用鼠标拖动表格左上角的表格控制符，可以将表格作为一个对象移动到需要的位置。拖动表格右下角的表格控制符，可以缩放表格。如果按下【Shift】键的同时拖动控制点，可以等比例地缩放表格。在表格内再次执行创建表格命令，能够建立嵌套表格。

5）排序或绘制图形。选定表格后，单击“表格工具｜布局”选项卡“数据”组中的“排序”按钮，弹出“排序”对话框，在此选择按行（列）排序或按某种类型排序等操作。

（11）图形的绘制

通常将绘制的图形称为图形对象。要绘制或修改图形对象，必须在“页面视图”或“打印预览”显示方式下进行。在页面视图下，单击“插入”选项卡“插图”组中的“形状”下拉按钮，在打开的下拉列表中可以看到可用的形状。一般情况下，绘制的图形位于图形层，不受行、列限制，可随意移动。

（12）图形的编辑

图形的编辑操作主要有以下几种。

1）图形的选定。

2）复制/移动。

3）调整大小与旋转。

4）环绕与层次。在文档中插入图片后，文字会排列在图片周围，这种形式称为文字环绕，文档中的文字与图片共存，就存在层次关系，包括图片浮在文字上、图文同处一个层面或图片衬于文字下方。环绕效果包括四周型、紧密型、穿越型、无环绕型、上下型等。

5）图形修饰。图形修饰包括对图形的边框、填充色、阴影、三维效果等进行修饰。

（13）艺术字

可以单击“插入”选项卡“文本”组中的“艺术字”下拉按钮插入艺术字。对于插入的艺术字可以使用“绘图工具|格式”选项卡进行字体及大小、形状和效果的修饰。

（14）图片的类型

图片有位图和图元两类。前者位置确定，不能取消组合；后者可以取消组合，转换为图形对象进行编辑。图片的插入方式有浮动式和嵌入式两种。浮动式图片处于图形层，可将图片精确地放置在页面上或文本或其他对象的前面或后面；嵌入式图片处于文本层，可直接放置在文本中的插入处。

（15）图片的插入与编辑处理

图片可以是剪贴画、来自文件、来自扫描仪或相机。可以使用“图片工具|格式”选项卡对图片进行修改。

（16）文本框

文本框可以看作特殊的图形对象，主要用来在文档中建立特殊文本，有横排和竖排两种类型。利用文本框可以实现对象的定位、移动、缩放等操作。

1）可以给选定内容添加文本框，也可以先创建空文本框，再输入文字。

2）文本框能与文字叠放，可与图形组合，可以设置多种文字环绕方式，可以创建水印，也可以作为对象进行格式设置。

3）文本框可以组成链接的文本框以便进行不同版面的编排。

（17）模板

模板是预先设置好的最终文档外观框架的特殊文档（扩展名是.dotx）。模板中包括文档中有相同的文字和图形、段落排版样式、标准文字加上公司标记、可自动完成编辑和格式编排的宏等类型。使用模板可以快速生成所需文档的框架，保持文档风格的统一和规范。在 Word 中有许多预定义模板可以直接选用，也允许用户自己定义模板，如输入文档之前没有选择模板，则使用隐含模板。存放模板的本地文件夹为 Template，也可以使用联机模板。

（18）样式

样式是系统或用户定义并保存的一系列排版格式，包括字体、段落的对齐方式、制表位和边距等。样式实际上是一组排版格式指令。在文本中使用某一样式，可使文本按样式的格式统一设置。样式从应用范围的角度，可分为字符样式和段落样式；样式从定义形式的角度，可分为预定样式和自定义样式。字符样式只包含字符格式，对选定的字符起作用；段落样式除包含字符格式外还包含段落格式，对段落起作用。可选择“格式”菜单中的“样式”命令对样式进行创建、修改和删除。

（19）应用程序间的数据共享

OLE 技术支持用户在 Word 文档中插入任何支持 OLE 技术的应用程序或部分数据，可创建对象，将其插入文档中。链接与嵌入的主要区别在于数据放入文件后存放的位置和更新的方式不同。

1）公式编辑器。单击“插入”选项卡“符号”组中的“公式”按钮，即可创建公式。创建的公式可以位于图形层并浮于文字上，也可以位于文本层嵌入文字内。建立公式要使用“公式”编辑器进行。

2）图表。单击“插入”选项卡“插图”组中的“图表”按钮，即可创建图表。使用“图表工具”选项卡可以对图表对象进行编辑操作。

2. Excel 2010

1）Excel 2010 的启动。

2）工作表操作：新建与删除工作表、重命名工作表、复制或移动工作表、更改工作表标签颜色、保存工作簿及打印工作表。

3）单元格操作：选择一个单元格、选择多个连续单元格、选择多个不连续单元格、选择所有单元格、在单元格中输入数据、填充序列、设置单元格格式、设置单元格大小、修改单元格内容、插入与删除单元格、合并单元格并居中。

4）美化单元格与表格：套用单元格样式、自定义单元格样式、套用表格格式。

5）公式的应用：公式的组成、输入公式、复制公式、引用单元格。

6）了解公式中返回的错误值。

7）函数的应用：函数的结构、插入函数、常用函数。

8）数据的分析与整理：突出显示特定单元格、项目选取规则。

9）数据排序：单一字段的排序、多字段的排序。

10）数据筛选：手动筛选、搜索筛选、条件筛选、高级筛选。

11）数据分类汇总：添加分类汇总、删除分类汇总。

12）图表的应用：认识图表的类型和作用、创建与更改图表、更改图表布局、美化图表。

13）数据透视表的应用。

3. PowerPoint 2010

1）PowerPoint 2010 的启动。

2）PowerPoint 2010 的常用术语：视图、演示文稿、幻灯片、模板、备注、讲义、母版、版式、占位符。

3）创建演示文稿：空演示文稿、最近打开的模板、样本模板、主题、我的模板、根据现有内容新建。

4）演示文稿基本操作：打开演示文稿、保存演示文稿、编辑演示文稿、节管理。

5）美化演示文稿外观：插入图像、插入艺术字和形状、插入图表、创建组织结构图、插入音频和视频、插入超级链接及选择“母版”“主题”“模板”。

6）设置演示文稿的播放效果：设置幻灯片的放映方式、自定义放映、幻灯片间的切换、添加动画效果、排练计时。

学习方法

通过上机操作，并结合习题掌握办公自动化软件的基本概念及使用方法。同时配合 Word 2010、Excel 2010、PowerPoint 2010 实验题目熟练掌握常用办公软件的操作。

4.2 习　　题

一、选择题

1. Microsoft Word 2010 的运行环境是（　　）。

A. DOS　　B. WPS　　C. Windows　　D. 高级语言

2. 在 Word 2010 编辑状态下，若要调整左右边界，更直接、快捷的方法是（　　）。

A. 使用工具栏　　B. 使用选项卡　　C. 使用标尺　　D. 使用菜单

3. 在 Word 2010 中，能显示页眉和页脚的方式是（　　）。

A. 普通视图方式　　B. 大纲视图方式

C. 页面视图方式　　D. 全屏显示方式

4. 若要复制文档中的一部分内容，先要进行的操作是（　　）。

A. 粘贴　　B. 复制　　C. 选择　　D. 视图

5. 启动 Word 2010 的方法之一是单击“开始”按钮，然后指向（　　），在弹出的菜单中选择“Microsoft Office”文件夹中的“Microsoft Word 2010”命令。

A.“所有程序”　　B.“控制面板”　　C.“文档”　　D.“帮助和支持”

6．Word 2010 文档文件的默认扩展名是（　　）。

A．.txt　　B．.wps　　C．.docx　　D．.bmp

7．Microsoft 公司推出的 Office 套件中，文字处理软件是（　　）。

A．Excel　　B．Word　　C．Outlook　　D．PowerPoint

8．下列关于剪贴板功能的叙述中，正确的是（　　）。

A．利用剪贴板不可以复制文件夹　　B．利用剪贴板不可以复制文件

C．利用剪贴板能进行文件移动　　D．被删除的文件存放在剪贴板中

9．在 Word 2010 的编辑状态下文档中有一行被选择，当按【Delete】键后，则（　　）。

A．删除了插入点所在的行

B．删除了被选择的一行

C．删除了被选择行及其后的所有内容

D．删除了插入点及其之前的所有内容

10．Word 2010 启动后自动建立新文档，屏幕上闪烁显示的粗竖线指示的是（　　）。

A．文档结束符　　B．插入点位置　　C．鼠标指针　　D．文档的开始位置

11．将鼠标指针放在工具栏按钮上，指针下方会出现（　　）。

A．快捷菜单　　B．对应菜单命令项

C．功能提示信息　　D．级联菜单

12．在 Word 2010 中，下列关于快速访问工具栏中的“撤销”按钮所能执行功能的叙述中，正确的是（　　）。

A．已经做的操作不能撤销

B．只能撤销上一次的操作内容

C．只能撤销上一次存盘后的操作内容

D．能撤销“可撤销操作列表”中的所有操作

13．在 Word 2010 中，（　　）的作用是控制文本内容在页面中的位置。

A．滚动滑块　　B．控制框　　C．标尺　　D．最大化按钮

14．一般情况下，在对话框内容选定之后都需单击（　　）按钮操作才会生效。

A．“保存”　　B．“确定”　　C．“帮助”　　D．“取消”

15．Word 2010 具有分栏的功能，下列关于分栏的叙述中，正确的是（　　）。

A．各栏的宽度可以相同　　B．各栏的宽度必须相同

C．最多可以设 4 栏　　D．各栏之间的间距是固定的

16．在 Word 2010 文档中，每一段落都有段落标记，其位置在（　　）。

A．段落的首部　　B．段落的结尾处

C．段落的中间位置　　D．段落中，但用户找不到的位置

17．下列选项中，不能利用剪贴板实现的操作是（　　）。

A．剪切　　B．复制　　C．粘贴　　D．查找

18．在文档编辑中，要开始一个新的段落应按（　　）键。

A．【Backspace】　　B．【Delete】

C．【Insert】　　D．【Enter】

19. 只有使用（　　）删除的内容，才可以使用“粘贴”命令恢复。

A.【Backspace】键　　B.【Delete】键

C.【Ctrl+X】组合键　　D.【Enter】键

20. 输入文档内容的过程中，当一行的内容到达文档右边界时，光标会自动移到下一行的左端继续输入，这是（　　）功能。

A. 自动更正　　B. 自动回车　　C. 自动换行　　D. 自动格式化

21. 下列选定文本的方法中，正确的是（　　）。

A. 将鼠标指针放在目标处，按住鼠标左键拖动

B. 将鼠标指针放在目标处，双击鼠标右键

C. Ctrl+左/右方向键

D. Alt+左/右方向键

22. 在文档编辑中，要删除插入点前的文字内容应按（　　）键。

A.【Backspace】　B.【Delete】　C.【Insert】　D.【Tab】

23. 在 Word 2010 中，按（　　）组合键与工具栏上的复制按钮功能相同。

A.【Ctrl+C】　B.【Ctrl+V】　C.【Ctrl+A】　D.【Ctrl+S】

24. 在 Word 2010 中，要复制选定的文档内容，可使用鼠标指针指向被选定的内容的开始处并按住（　　）键，拖动鼠标指针至目标结尾处。

A.【Ctrl】　B.【Shift】　C.【Alt】　D.【Insert】

25. 若在 Word 2010 窗口中打开了两个文件，要将它们同时显示在屏幕上可使用（　　）命令。

A. 新建窗口　　B. 全部重排　　C. 拆分　　D. 以上都正确

26. 下列关于文档窗口的叙述中，正确的是（　　）。

A. 只能打开一个文档窗口

B. 可以同时打开多个文档窗口，被打开的窗口都是活动窗口

C. 可以同时打开多个文档窗口，但其中只有一个是活动窗口

D. 同时打开多个文档窗口，但在屏幕上只能见到一个文档的窗口

27. 在 Word 2010 中，要实现首字下沉功能，应（　　）创建。

A. 选择“插入”→“首字下沉”命令

B. 选择“插入”→“图片”命令

C. 选择“插入”→“艺术字”命令

D. 选择“格式”→“首字下沉”命令

28.（　　）查看方式具有“所见即所得”的效果，页眉、页脚、分栏和图文框都能显示在真实的位置上，可用于检查文档的外观。

A. 普通视图　　B. 页面视图　　C. 大纲视图　　D. 主控文档

29. 要实现分栏显示文本的功能，应（　　）创建。

A. 选择“插入”→“分栏”命令　　B. 选择“插入”→“图片”命令

C. 选择“插入”→“分栏符”命令　D. 选择“页面布局”→“分栏”命令

30. 水平标尺上的滑块不可以调整（　　）。

A. 左右页边距　B. 段落左缩进　　C. 段落悬挂缩进　D. 段落首行缩进

31．编辑表格时，用鼠标拖动水平标尺上的列标记，可以调整表格的（　　）。

A．行高　　B．单元格高度　　C．列宽　　D．单元格宽度

32．将一个表格分成上下两个部分时，可使用（　　）命令。

A．拆分单元格　　B．剪切　　C．拆分表格　　D．拆分窗口

33．编辑表格时，用鼠标拖动垂直标尺上的行标记，可以调整表格的（　　）。

A．行高　　B．单元格高度　　C．列宽　　D．单元幅宽度

34．绘制直线时按住（　　）键，可准确地绘制垂直、水平、30°、45°和 60°线。

A．【Ctrl】　　B．【Shift】　　C．【Alt】　　D．【F3】

35．若要文字环绕在图片的四周，应选择（　　）方式。

A．四周环绕　　B．紧密环绕　　C．无环绕　　D．上下环绕

36．图形对象被选中时，其四周会出现（　　）。

A．图形边框　　B．线型框　　C．控制柄　　D．光标

37．图形对象在（　　）显示方式下才能显示出来。

A．普通视图　　B．Web 版式视图　　C．页面视图　　D．大纲视图

38．若要文字环绕在图片的边界上，应选择（　　）方式。

A．四周环绕　　B．紧密环绕　　C．无环绕　　D．上下环绕

39．在 Word 2010 编辑状态下，先打开 1 文档，再打开 2 文档，则当前活动文档窗口是（　　）。

A．1 文档窗口遮盖了 2 文档窗口

B．打开了 2 文档窗口，1 文档的窗口被关闭

C．打开的 2 文档窗口遮盖了 1 文档的窗口

D．1 文档的窗口与 2 文档的窗口各占计算机屏幕的一半

40．在 Word 2010 中，“页眉”所处的选项卡是（　　）。

A．“编辑”　　B．“插入”　　C．“格式”　　D．“工具”

41．下列关于在制表过程中改变表格的单元格高度、宽度的叙述中，正确的是（　　）。

A．可只改变一个单元格的高度　　B．只能改变整个行高

C．只能改变整个列宽　　D．以上都不正确

42．若要对表格的一行数据进行合计，则下列公式中正确的是（　　）。

A．=sum(above)　　B．=average(left)

C．=sum(left)　　D．=average(above)

43．在 Word 2010 中，若文档修改完后需要保存在其他目录下，则下列操作中正确的是（　　）。

A．单击快速访问工具栏上的“保存”按钮

B．选择“文件”菜单中的“保存”命令

C．选择“文件”菜单中的“另存为”命令

D．必须先关闭此文档

44．下列关于样式的叙述中，不正确的是（　　）。

A．样式分为字符样式和段落样式　　B．内置的样式可以修改

C．用户不能自己创建样式　　D．使用样式有利文档风格的统一

45. 若要在文本中插入一个图片，应选择的选项卡是（ ）。

A.“视图” B.“插入” C.“工具” D.“窗口”

46.“页面设置”命令所在的选项卡是（ ）。

A.“页面布局” B.“编辑”

C.“插入” D.“格式”

47. 在 Word 2010 中，若要将一页从中间分成两页，正确的操作是（ ）。

A. 在“开始”选项卡“字体”组中设置

B. 单击“插入”选项卡“页眉和页脚”组中的“页码”下拉按钮

C. 单击“页面布局”选项卡中的“页面设置”组中的“分隔符”下拉按钮，在打开的下拉列表中选择“分页符”选项

D. 单击“插入”选项卡中的“自动图文集”按钮

48. 在 Word 2010 中，选择“插入”选项卡“表格”下拉列表中的选项来插入表格，则下列叙述中，正确的是（ ）。

A. 只能是 2 行 3 列 B. 不能套用格式

C. 不能调整列宽 D. 可自定义表格的行、列数及自动套用格式

49. 在 Excel 2010 工作表中，每个单元格都有唯一编号，编号的方法是（ ）。

A. 数字+字母 B. 字母+数字 C. 行号+列标 D. 列标+行号

50. 工作表中单元格的位置通常用（ ）来表示。

A. 工作簿 B. 单元格 C. 单元格地址 D. 工作表

51. 在 Excel 2010 中，活动单元格右下角的黑色小方块是（ ）。

A. 光标 B. 插入点 C. 鼠标指针 D. 填充柄

52. 在 Excel 2010 中，工作簿文件默认的保存格式是（ ）。

A. HTML 格式 B. Microsoft Excel 工作簿（*.xlsx）

C. Microsoft Excel 5.0/95 工作簿 D. Microsoft Excel 97&95 工作簿

53. 在 Excel 2010 中，公式中不能包含（ ）。

A. 运算符 B. 数值 C. 单元格地址 D. 空格

54. 在 Excel 2010 中输入一个公式时，总是以（ ）符号作为开头。

A. + B. - C. ? D. =

55. 在 Excel 2010 中，求和函数是（ ）。

A. COUNT B. AVERAGE C. MAX D. SUM

56. 在 Excel 2010 中，=AVERAGE(A4:D16)表示求单元格区域 A4:D16 的（ ）。

A. 平均值 B. 和 C. 最大值 D. 最小值

57. 在 Excel 2010 中，工作表中可以输入（ ）。

A. 常量、公式、函数 B. 文字、数字

C. 数字、文字、图形 D. 文字、图片

58. 在 Excel 2010 中，数据可以按照（ ）排序。

A. 升序 B. 降序 C. 升序或降序 D. 步长

59. 在 Excel 2010 的工作表中，每个单元格都有其固定的地址，如 A5 表示（ ）。

A.“A”代表 A 列，“5”代表第 5 行

B.“A”代表 A 行，“5”代表第 5 列

C．“A5”代表单元格的数据
D．以上都不正确
60．在单元格中输入分数 7/12 时，需要先输入（　　），然后再输入 7/12。
A．#　B．0　C．空格　D．0 和一个空格
61．在工作表中插入一列时，将在活动单元格的（　　）插入一整列单元格。
A．下边　B．上边　C．左边　D．右边
62．用鼠标拖动选中的工作表标签名，可以实现工作表的（　　）操作。
A．复制　B．删除　C．移动　D．改名
63．在 Excel 2010 中，给当前单元格输入数值型数据时，默认对齐方式为（　　）。
A．居中　B．左对齐　C．右对齐　D．随机
64．在 Excel 2010 中进行智能填充时，鼠标指针的形状为（　　）。
A．空心十字　B．向左上方箭头　C．实心十字　D．向右上方箭头
65．在 Excel 2010 中，单元格区域 D2:E4 所包含的单元格个数是（　　）。
A．5　B．6　C．7　D．8
66．在 Excel 工作表中输入数字字符串 091201，且要求输入完毕后在单元格内仍显示为 091201，则正确的输入方式是（　　）。
A．091201　B．'091201　C．=091201　D．“091201”
67. 若数值型数据所在的单元格中出现一连串的“###”符号，为正常显示则需要（　　）。
A．重新输入数据　B．调整单元格的宽度
C．删除这些符号　D．删除该单元格
68．下列 Excel 单元格地址表示方式中，正确的是（　　）。
A．22E　B．2E2　C．E22　D．AE
69．在 PowerPoint 2010 中，默认幻灯片文件的扩展名是（　　）。
A．.pot　B．.potx　C．.ppt　D．.pptx
70．下列视图中，不属于幻灯片视图的是（　　）。
A．幻灯片视图　B．备注页视图　C．大纲视图　D．页面视图
71．*.potx 文件是（　　）文件。
A．演示文稿　B．模板　C．其他版本文稿　D．图片
72．进入幻灯片母版的方法是（　　）。
A．在“设计”选项卡中选择一种主题
B．在“视图”选项卡中单击“幻灯片浏览视图”按钮
C．在“文件”选项卡中选择“新建”命令项下的“样本模板”
D．在“视图”选项卡中单击“幻灯片母版”按钮
73．PowerPoint 2010 中自带很多的图片文件，若将它们加入演示文稿中，可单击“插入”选项卡中的（　　）按钮。
A．“剪贴画”　B．“对象”　C．“自选图形”　D．“符号”
74．不可以直接在空白幻灯片中插入（　　）。
A．文字　B．文本框　C．艺术字　D．Word 表格
75．插入一张新的幻灯片快捷方式是按（　　）组合键。
A．【Ctrl+A】　B．【Ctrl+M】　C．【Shift+N】　D．【Ctrl+N】

76．SmartArt 图形不包含（　　）。

A．循环图　B．流程图　C．图表　D．层次结构图

77．按（　　）键可以启动幻灯片放映。

A．【Enter】　B．【F5】　C．【F6】　D．【Space】

78．可对在 PowerPoint 2010 中显示的图片进行裁剪的按钮在“格式”选项卡的（　　）组中。

A．“图片样式”　B．“大小”　C．“调整”　D．“排列”

79．PowerPoint 最主要的功能是（　　）。

A．制作屏幕演示文稿

B．制作各种文档资料

C．进行电子表格计算和框图处理

D．进行数据库处理

80．要在演示文稿中新增一个幻灯片并为其选取布局，首先应该（　　）。

A．单击“开始”选项卡中的“新建幻灯片”按钮

B．使用快捷菜单

C．单击“开始”选项卡中的“新建幻灯片”下拉按钮

D．单击“插入”选项卡中的幻灯片图标

81．演示文稿中的每一张演示的单页称为（　　），它是演示文稿的核心。

A．版式　B．模板　C．母版　D．幻灯片

82．在（　　）视图方式下，显示的是幻灯片的缩图，适用于对幻灯片进行组织和排序、添加切换功能和设置放映时间。

A．幻灯片　B．大纲　C．幻灯片浏览　D．备注页

83．如果要输入大量文字，使用（　　）视图是最方便的。

A．大纲　B．幻灯片　C．讲义　D．备注页

84．下列选项中，不属于文本占位符的是（　　）。

A．标题　B．副标题　C．图表　D．普通文本

85．若要从当前幻灯片开始放映幻灯片，由应使用的组合键是（　　）。

A．【Shift + F5】　B．【Shift + F4】　C．【Shift + F3】　D．【Shift + F2】

86．只能以图标形式插入幻灯片上的多媒体信息是（　　）。

A．剪贴画　B．声音　C．视频图像　D．图片

87．下列关于在幻灯片中插入一个剪贴画的方法的叙述中，正确的是（　　）。

A．单击“插入”选项卡“图像”组中的“相册”按钮

B．单击“插入”选项卡“图像”组中的“屏幕截图”按钮

C．单击“插入”选项卡“图像”组中的“图片”按钮

D．单击“插入”选项卡“图像”组中的“剪贴画”按钮

88．在 PowerPoint 2010 中，下列叙述错误的是（　　）。

A．在文档中可以插入音乐（如 CD 乐曲）

B．在文档中可以插入影片

C．在文档中插入多媒体内容后，放映时只能自动放映，不能手动放映

D．在文档中可以插入声音（如掌声）

89．在幻灯片浏览视图下不能（　　）。

A．复制幻灯片　　B．改变幻灯片位置

C．修改幻灯片内容　　D．隐藏幻灯片

90．要实现幻灯片之间的跳转，不可采用的方法是（　　）。

A．动作设置　　B．超链接　　C．幻灯片切换　　D．自定义动画

91．下列对象中，可以添加文字的是（　　）。

A．图形　　B．剪贴画　　C．外部图片　　D．以上都正确

92．如果要将幻灯片的方向改为纵向，可单击（　　）选项卡中的“幻灯片方向”按钮。

A．“设计”　　B．“开始”　　C．“审阅”　　D．“视图”

93．在 PowerPoint 2010 中，下列关于修改图片的叙述中，错误的是（　　）。

A．裁剪图片是指保存图片的大小不变，而将不希望显示的部分隐藏起来

B．当需要重新显示被隐藏的部分时，还可以通过裁剪工具进行恢复

C．如果要裁剪图片，单击选中图片，再单击“图片工具|格式”选项卡中的“裁剪”命令

D．按住鼠标右键向图片内部拖动时，可以隐藏图片的部分区域

94．下列选项中，不能在绘制的形状上添加文本的是（　　）。

A．只要在该形状上单击一次

B．单击“插入”选项卡中的“文本框”按钮

C．在形状上右击，在弹出的快捷菜单中选择“编辑文字”命令

D．单击该形状，然后按【Enter】键

95．在 PowerPoint 2010 中，下列叙述错误的是（　　）。

A．允许插入在其他图形程序中创建的图片

B．为了将某种格式的图片插入 PowerPoint 中，必须安装相应的图形过滤器

C．单击“插入”选项卡中的“图片”按钮

D．在插入图片前，不能预览图片

96．在 PowerPoint 2010 中，下列叙述错误的是（　　）。

A．可以利用自动版式建立带剪贴画的幻灯片，用来插入剪贴画

B．可以向已存在的幻灯片中插入剪贴画

C．可以修改剪贴画

D．不可以为图片重新上色

97．在 PowerPoint 2010 中，下列关于在应用程序间复制数据的叙述中，错误的是（　　）。

A．只能使用复制和粘贴的方法来实现信息共享

B．可以将幻灯片复制到 Word 2010 中

C．可以将幻灯片移动到 Excel 工作簿中

D．可以将幻灯片拖动到 Word 2010 中

98．在 PowerPoint 2010 中，下列叙述错误的是（　　）。

A．剪贴画和其他图形对象一样，都是多个图形对象的组合对象

B．可以取消剪贴画的组合，再对局部图形进行修改

C．取消剪贴画的组合，需单击“绘图工具”选项卡“调整”组中的“取消组合”按钮

D．取消剪贴画的组合，可先选中图片，再右击，在弹出的快捷菜单中选择“组合”|“取消组合”命令

99．在 PowerPoint 2010 中，下列关于删除幻灯片的叙述中，错误的是（　　）。

A．在幻灯片视图下，选中幻灯片，按【Delete】键

B．如果要删除多张幻灯片，先切换到幻灯片浏览视图，再按下【Ctrl】键并单击要删除的各张幻灯片，然后右击，在弹出的快捷菜单中选择“删除幻灯片”命令

C．如果要删除多张不连续幻灯片，先切换到幻灯片浏览视图，再按下【Shift】键并单击要删除的各张幻灯片，然后右击，在弹出的快捷菜单中选择“删除幻灯片”命令

D．在大纲视图下，选中要删除的幻灯片，按【Delete】键

100．在 PowerPoint 2010 中，在浏览视图下，按住【Ctrl】键并拖动某幻灯片，可以完成（　　）操作。

A．移动幻灯片　B．复制幻灯片　　C．删除幻灯片　　D．选定幻灯片

101．在 PowerPoint 2010 中，在普通视图下包含 3 个窗口，其中不可以对幻灯片进行移动操作的是（　　）。

A．大纲窗口　　B．幻灯片窗口　　C．备注窗口　　D．放映窗口

102. 在 PowerPoint 2010 中，下列关于在应用程序中链接数据的叙述中，错误的是(　　)。

A．可以将整个文件链接到演示文稿中

B．可以将一个文件中的选定信息链接到演示文稿中

C．可以将 Word 中的表格链接到 PowerPoint 中

D．若要与 Word 建立链接关系，单击 PowerPoint 中的“开始”选项卡中的“粘贴”按钮即可

103．在 PowerPoint 2010 中，下列为幻灯片上的文本和对象设置动态效果的步骤中，错误的是（　　）。

A．在幻灯片视图中，单击要设置动态效果的幻灯片

B．单击“幻灯片放映”选项卡中的“设置幻灯片放映”按钮

C．选择要动态显示的文本或对象，选择“动画”选项卡“动画”组中的效果

D．要设置动画效果，单击“动画”选项卡“动画”组中的“效果选项”按钮

104．在 PowerPoint 2010 中，下列关于链接的叙述中，错误的是（　　）。

A．若要在源应用程序中编辑对象，则需要启动源应用程序，并打开含有要编辑的对象的源文件

B．若要在目标文件中编辑链接对象，需要在目标文件中双击要编辑的链接对象，将会启动源应用程序，并打开源文件

C．如果双击链接对象时，没有启动源应用程序，右击，在弹出的快捷菜单中选择“编辑超链接”命令

D．当打开包含链接对象的演示文稿时，链接对象会自动更新，人为不能控制是否更新

105．在 PowerPoint 2010 中，下列设置幻灯片切换效果的步骤中，错误的是（　　）。

A．单击“视图”选项卡中的“幻灯片浏览”按钮，切换到浏览视图

B．选中要添加切换效果的幻灯片

C．单击“幻灯片放映”选项卡“设置”组中的“幻灯片切换”按钮

D．在“切换”选项卡“切换到此幻灯片”组中的列表框中选择需要的切换效果

106．在 PowerPoint 2010 中，下列叙述错误的是（　　）。

A．可以在浏览视图中更改某张幻灯片上动画对象的出现顺序

B．可以在普通视图中设置动态显示文本和对象

C．可以在浏览视图中设置幻灯片切换效果

D．可以在普通视图中设置幻灯片切换效果

107．在 PowerPoint 2010 中，下列关于排练计时的叙述中，错误的是（　　）。

A．可以先放映演示文稿，进行相应的演示操作，同时记录幻灯片之间切换的时间间隔

B．若要进行排练计时，可单击“幻灯片放映”选项卡“设置”组中的“排练计时”按钮

C．系统以窗口方式播放

D．如果对当前幻灯片的播放时间不满意，可以单击“重复”按钮

108．在 PowerPoint 2010 中，下列关于自定义放映的叙述中，错误的是（　　）。

A．自定义放映功能可以产生该演示文稿的多个版本，避免浪费磁盘空间

B．通过自定义放映功能，不用再针对不同的观众创建多个几乎完全相同的演示文稿

C．用户可以在演示过程中，右击，在弹出的快捷菜单中选择“自定义放映”命令，然后在级联菜单中选择所需的放映形式

D．创建自定义放映时，不能改变幻灯片的显示次序

109．PowerPoint 2010 中提供了许多共享演示文稿的方法，如果希望其他用户只能观看演示文稿，而不能对它进行修改等编辑操作，可以将制作的演示文稿保存为（　　）文件。

A．PPSX　　B．PPTM　　C．PPTX　　D．POTX

110．在幻灯片母版中插入多幅图形后，为了同时调整和展示多幅图形，可以对这些图形进行的操作是（　　）

A．组合　　B．自选图形为默认格式

C．转换为 Office 图形对象　　D．设置图片的更正格式

111．为了使所有幻灯片有统一的外观风格，可通过设置（　　）实现。

A．幻灯片版式　　B．配色方案

C．幻灯片切换　　D．母版

112．PowerPoint 2010 的视图包括（　　）。

A．普通视图、大纲视图、幻灯片浏览视图、讲义视图

B．普通视图、幻灯片浏览视图、备注页视图、阅读视图、幻灯片放映视图

C．普通视图、大纲视图、幻灯片视图、幻灯片浏览视图、文本视图

D．普通视图、大纲视图、幻灯片视图、幻灯片浏览视图、备注页视图、讲义视图

113．下列选项卡中，（　　）是 Powerpoint 特有的。

A．视图　　B．插入　　C．幻灯片放映　　D．页面布局

114．PowerPoint 2010 提供了多种（　　），它包含了相应的配色方案、母版和字体样式等，可供用户快速生成风格统一的演示文稿。

A．版式　　B．模板　　C．母版　　D．幻灯片

115．当新插入的剪贴画遮挡住原来的对象时，下列叙述不正确的是（　　）。

A．可以调整剪贴画的大小

B．可以调整剪贴画的位置

C．只能删除此剪贴画，并更换大小合适的剪贴画

D．调整剪贴画的叠放次序，将被遮挡的对象放置于上层

116．要设置嵌入幻灯片中的视频的格式（添加边框、重新着色、调整亮度和对比度、指定开始播放视频的方式等）时，应该（　　）。

A．单击幻灯片上的视频，然后在“格式”和“播放”选项卡中进行设置

B．添加 PowerPoint 主题

C．应用特殊效果，然后发布演示文稿

D．以上都正确

117．下列不属于打印内容的是（　　）。

A．幻灯片　　B．讲义　　C．母版　　D．备注

118．在打印演示文稿之前，进行打印预览的操作是（　　）

A．单击“开始”选项卡中的“打印预览”按钮

B．单击“文件”选项卡中的“打印”按钮，“打印预览”显示在右侧

C．单击“文件”选项卡中的“打印”按钮，“打印预览”显示在“设置”下

D．以上都正确

119．若要在幻灯片放映视图中结束幻灯片放映，应执行的操作是（　　）。

A．按键盘上的【Esc】键

B．右击，在弹出的快捷菜单中选择“结束放映”命令

C．继续按键盘上的右方向键，直至放映结束

D．以上都正确

120．供演讲者查阅及播放演示文稿时对各幻灯片加以说明的是（　　）。

A．备注窗格　　B．大纲窗格　　C．幻灯片窗格　　D．放映窗格

121．在 PowerPoint 2010 中，使用格式刷将格式传递给多处文本的正确顺序是（　　）。①双击“格式刷”按钮；②使用格式刷选定想要应用格式的文本；③选定具备所需格式的文本。

A．①②③　　B．③②①　　C．①③②　　D．③①②

122．当双击某文件夹内一个 PPT 文档时，就直接启动该 PPT 文档的播放模式，这说明（　　）。

A．PowerPoint 2010 的新增功能

B．操作系统中进行了某种设置操作

C．文档是 PPSX 类型，是属于放映类型文档

D．以上都正确

123．在 PowerPoint 2010 中，要将制作好的 PPT 打包，应在（　　）选项卡中操作。

A．“开始”　B．“插入”　C．“文件”　D．“设计”

124．在 PowerPoint 2010 中，“自定义动画”的添加效果是（　　）。

A．进入、退出　B．进入、强调、退出

C．进入、强调、退出、动作路径　D．进入、退出、动作路径

125．下列关于 PowerPoint 2010 的自定义动画功能的叙述中，错误的是（　　）。

A．各种对象均可设置动画　B．动画设置后，先后顺序不可改变

C．同时还可配置声音　D．可将对象设置成播放后隐藏

126．某一文字对象设置了超级链接后，下列叙述不正确的是（　　）。

A．在演示该页幻灯片时，当鼠标指针移到文字对象上会变成手形

B．在幻灯片视图窗格中，当鼠标指针移到文字对象上会变成手形

C．该文字对象的颜色会自动套用超链接对象的默认显示效果

D．可以改变文字的超级链接颜色

127．在大纲视图窗格中输入演示文稿的标题时，执行（　　）操作，可以在幻灯片的大标题后面输入小标题。

A．右击，在弹出的快捷菜单中选择“升级”命令

B．右击，在弹出的快捷菜单中选择“降级”命令

C．右击，在弹出的快捷菜单中选择“上移”命令

D．右击，在弹出的快捷菜单中选择“下移”命令

128．下列叙述中，正确的是（　　）。

A．没有标题文字，只有图片或其他对象的幻灯片，在大纲视图中不显示

B．在大纲视图中可以编辑修改幻灯片中对象的位置

C．备注页视图中的幻灯片是一张图片，可以被拖动

D．对应于 4 种视图，PowerPoint 2010 有 4 种母版

129．下列幻灯片元素中，（　　）无法打印输出。

A．幻灯片图片　B．幻灯片动画

C．母版设置的企业标记　D．幻灯片

130．在 PowerPoint 2010 中，若一组幻灯片中的几张暂时不想让观众看见，最好（　　）。

A．隐藏这些幻灯片

B．删除这些幻灯片

C．新建一组不含这些幻灯片的演示文稿

D．自定义放映方式时，取消这些幻灯片

131．在幻灯片母版设置中，可以起到（　　）的作用。

A．统一整套幻灯片的风格　B．统一标题内容

C．统一图片内容　D．统一页码

132．在 PowerPoint 2010 中，快速复制一张同样的幻灯片的组合键是（　　）。

A.【Ctrl+C】　B.【Ctrl+X】　C.【Ctrl+V】　D.【Ctrl+D】

二、判断题

1．插入的分页符不可以删除。（　　）

2．使用“查找”命令查找的内容可以是文本或格式，也可以是它们的任意组合。（　　）

3．在复制文档时，“粘贴”命令只能使用一次。（　　）

4．在文档中，光标所在的行称为当前行，所在的段落称为当前段落。（　　）

5．在 Word 中可以将文档保存为纯文本类型。（　　）

6．在任何视图方式下，窗口中都有标尺、滚动滑块和状态栏。（　　）

7．插入文档中的页码都是从第 1 页开始的。（　　）

8．针对不同的操作对象，右击会弹出不同的快捷菜单。（　　）

9．从状态栏可以查看正在编辑的 Word 2010 文档的页数。（　　）

10．Word 2010 文档文件的扩展名为.txt。（　　）

11．单击“插入”选项卡中的“符号”按钮，一次只能插入一个符号，如果想再插入一个必须重新单击“插入”选项卡中的“符号”按钮。（　　）

12．处理文档时为满足首行缩进的格式，只能按【Space】键使段落前空两个字空。（　　）

13．在文档编辑中，按【Backspace】键可以删除光标前的一个字符。（　　）

14．在文档编辑中，每按一次【Enter】键就产生一个新段落。（　　）

15．使用“查找”与“替换”命令可以查找或替换文档中的任意字符。（　　）

16．在输入 Word 文档过程中，如果要将插入状态改为改写状态，可以单击状态栏中的“改写”按钮。（　　）

17．用 Word 2010 输入文字时，在每行的行尾按【Enter】键来换行。（　　）

18．在 Word 2010 中，艺术字为图形对象而不是普通的文字，可以同时对艺术字添加三维效果或阴影效果。（　　）

19．若想在文本中插入表格，只能选择“表格”下拉列表中的“插入表格”选项或“绘制表格”选项。（　　）

20．对 Word 窗口进行最小化操作后，可在任务栏里找到。（　　）

21．在页眉、页脚中只能输入文字和页码。（　　）

22．插入文档中的页码可以根据用户的需要从某一特定页开始。（　　）

23．利用格式刷功能，可以对文档格式进行快速复制。（　　）

24．如果需要对文档的最后一段进行分栏而不改变整个文档的版面，不应当连同段落符一起选定。（　　）

25．在 Word 2010 中，“页面设置”组在“开始”选项卡中。（　　）

26．按【Delete】键只能删除表格中的内容，不能删除表格的行、列或单元格。（　　）

27．对 Word 2010 中的表格进行单元格合并后，单元格内原有内容也将自动按原来顺序合并至一起。（　　）

28．表格和文本之间不可以相互转换。（　　）

29．在 Word 2010 中的表格中只能在选定行的上方插入行。（　）

30．在 Word 2010 中的表格中不能在选定列的右边插入列。（　）

31．为字符加方框时，可以单击“段落”组中的“外侧框线”按钮，也可以单击“字体”组中的“字符边框”按钮。（　）

32．要使一个文本框中的文本由横排改为竖排，应先选定文本，再单击“页面布局”选项卡“页面设置”组中的“文字方向”按钮。（　）

33．若要同时选中两个图形，就要按住键盘上的【Ctrl】键。（　）

34．按【Shift+Space】组合键可以切换中/英文输入法。（　）

35．利用 Word 2010 中的“插入”选项卡，可以插入表格、列、行和单元格。（　）

36．利用 Word 2010“表格工具”选项卡中的“擦除”功能，可以删除表格的列和行，不能删除表格。（　）

37．文档中图片的亮度和对比度是可以调整的。（　）

38．在 Word 2010 文档中能使用文本框来实现将文本或图片插入文档的特定位置。（　）

39．图形对象的线条及颜色一经绘制后，就不能再改变。（　）

40．图形对象只有在页面视图状态下才能显示出来。（　）

41．由于 Word 2010 具有图文混排功能，因此在文档的任何视图方式都可以直接绘制图形。（　）

42. 在 Word 2010 文档中可以使用绘图功能将文本或图片插入文档的特定位置。（　）

43．公式编辑器是 Word 2010 所包含的一种附属应用程序，它需要通过单击“插入”选项卡中的“对象”按钮来启动。（　）

44．用户可以自己创建样式。（　）

45．样式是系统内置的，用户不可以改变。（　）

46．可以按【Alt+F】组合键打开“文件”菜单。（　）

47．在任何状态下，所有右击弹出的快捷菜单的内容都是相同的。（　）

48．使用“文件”菜单中的“保存”命令和“另存为”命令都可以将文档以原来的文件名存储。（　）

49．动态文字效果不仅用于屏幕观察，也可以打印出来。（　）

50．若要将“用”字复制到一个新位置，只要选定“用”，按住鼠标左键将其拖到新位置即可。（　）

51．将文本转换成为表格，中间必须用逗号、制表符、空格、句号等分割文本。（　）

52．在普通视图方式中也可以显示坐标线。（　）

53．在“插入”选项卡中可以单击“页眉”和“页脚”按钮。（　）

54．在 Word 2010 中，撤销命令只能执行一次。（　）

55．利用替换功能也可以查找和替换排版格式。（　）

56．在 Word 2010 中，不能将靠左的表格整体居中。（　）

57．改变文本的字体、段落等格式，可以通过右击，在弹出的快捷菜单中选择相应的命令来完成。（　）

58．在 Excel 2010 中，可以通过创建公式来快速计算数值。（　）

59．在 Excel 2010 中，只能复制单元格中的数据，不能复制单元格中数据的数据格式。（ ）

60．在 Excel 2010 中，工作表可以重新命名。（ ）

61．在 Excel 2010 的工作簿中，可以改变工作表的数目。（ ）

62．在 Excel 2010 工作表中，每一行、列交汇的位置称为单元格。（ ）

63．在 Excel 2010 中，编辑图表时要先激活图表。（ ）

64．在 Excel 2010 中，可以为图表加上标题。（ ）

65．双击某单元格后，可编辑该单元格中的数据。（ ）

66．在 Excel 2010 中，只能对单元格中的公式进行复制。（ ）

67．在 Excel 2010 中，同一工作簿内的不同工作表可以有相同的名称。（ ）

68．在 Excel 2010 中，调整行高后单元格中的字符大小会改变。（ ）

69．一个工作簿最多只能有 3 个工作表。（ ）

70．在 Excel 2010 中，工作簿文件的默认扩展名为.xlsx。（ ）

71．在 Excel 2010 中输入文字时，默认对齐方式是单元格内靠左对齐。（ ）

72．执行一次排序时，最多只能设置两个排序关键字段。（ ）

73．利用“单元格”组中“插入”下拉列表中的“插入工作表”选项，每次只能插入一个空白工作表。（ ）

74．在 Excel 2010 中，图表标题只能占一行。（ ）

75．在产生图表时，使用者无法控制所产生图表的大小。（ ）

76．在 PowerPoint 2010 中，在幻灯片浏览视图中复制某张幻灯片，可按住【Ctrl】键的同时用鼠标将幻灯片拖放到目标位置。（ ）

77．演示文稿中可以插入图片。（ ）

78．在文本框内不能实现输入竖排文字。（ ）

79．艺术字体不能旋转。（ ）

80．艺术字不能设置阴影效果。（ ）

81．大纲视图可以显示每张幻灯片的图形对象和色彩。（ ）

82．在大纲视图下双击某张幻灯片的图标或顺序号即可进入幻灯片视图方式。（ ）

83．演示文稿的每张幻灯片不一定有备注页。（ ）

84．演示文稿的每张幻灯片都有一张备注页，若没有给备注页输入内容，它可以为空。（ ）

85．最适合用于对演示文稿的幻灯片进行组织、排序、浏览的视图方式是幻灯片浏览视图。（ ）

86．利用 PowerPoint 2010 可以制作出交互式幻灯片。（ ）

87．在 PowerPoint 2010 中，可以为形状图形加入文字。（ ）

88．在 PowerPoint 2010 中，可以对普通文字进行三维效果设置。（ ）

89．在 PowerPoint 2010 中，“开始”选项卡中的“字体”组可对工作区的各种对象进行格式化操作，如改变文字大小、字体、改变对象颜色等。（ ）

90．双击一个演示文稿文件，计算机会自动启动 PowerPoint 软件，并打开这个演示文稿。（ ）

91．在 PowerPoint 2010 中，将一张幻灯片上的内容全部选定的组合键是【Ctrl+A】。 （ ）

92．不可以在幻灯片中插入剪贴画和自定义图像。 （ ）

93．可以在幻灯片中插入声音和影像。 （ ）

94．不可以在幻灯片中插入超链接。 （ ）

95．不可以在幻灯片中插入艺术字。 （ ）

4.3 习题答案

一、选择题

1．C	2．C	3．C	4．C	5．A	6．C	7．B	8．C	9．B
10．B	11．C	12．D	13．C	14．B	15．A	16．B	17．D	18．D
19．C	20．C	21．A	22．A	23．A	24．A	25．B	26．C	27．A
28．B	29．D	30．A	31．C	32．C	33．A	34．B	35．A	36．C
37．C	38．B	39．C	40．B	41．B	42．C	43．C	44．C	45．B
46．A	47．C	48．D	49．D	50．C	51．D	52．B	53．D	54．D
55．D	56．A	57．A	58．C	59．A	60．D	61．C	62．C	63．C
64．C	65．B	66．B	67．B	68．C	69．D	70．D	71．B	72．D
73．A	74．A	75．B	76．C	77．B	78．B	79．A	80．C	81．D
82．C	83．A	84．C	85．A	86．B	87．D	88．C	89．C	90．D
91．A	92．A	93．D	94．A	95．D	96．D	97．A	98．C	99．C
100．B	101．C	102．D	103．B	104．D	105．C	106．A	107．C	108．D
109．A	110．A	111．D	112．B	113．C	114．B	115．C	116．A	117．C
118．B	119．D	120．A	121．D	122．C	123．C	124．C	125．B	126．B
127．B	128．A	129．B	130．A	131．A	132．D			

二、判断题

1．×	2．√	3．×	4．√	5．√	6．×	7．×	8．√	9．√
10．×	11．×	12．×	13．√	14．√	15．√	16．×	17．×	18．√
19．×	20．√	21．×	22．√	23．√	24．√	25．×	26．√	27．√
28．×	29．×	30．×	31．√	32．×	33．×	34．×	35．√	36．×
37．√	38．√	39．×	40．√	41．×	42．×	43．√	44．√	45．×
46．√	47．×	48．√	49．×	50．×	51．√	52．√	53．×	54．×
55．√	56．×	57．√	58．√	59．×	60．√	61．√	62．√	63．√
64．√	65．√	66．×	67．×	68．×	69．×	70．√	71．√	72．×
73．√	74．×	75．×	76．√	77．√	78．×	79．×	80．×	81．×
82．√	83．×	84．√	85．√	86．√	87．√	88．×	89．×	90．√
91．√	92．×	93．√	94．×	95．×				

第5章 Raptor基础

5.1 学习指导

教学内容与要求

掌握程序设计的概念，了解程序设计语言的发展历史，掌握算法验证工具软件 Raptor 的应用。

学习要点

算法验证工具软件 Raptor 为程序和算法的初学者提供了一个平缓自然的阶梯。它使用图形语言来描述算法，有良好的易用性和可移植性，使初学者在不熟悉程序设计语言语法的情况下，也能写出较好的程序。本章的学习要点是算法验证工具软件 Raptor 的实际应用，为下一步深入学习编程奠定一个良好的基础。

学习方法

根据教学内容与要求，认真阅读教材，掌握和理解算法验证工具软件 Raptor 的使用方法。

5.2 习题

程序题

1．比较两个数的大小。输入两个数 *m*、*n*，按先大后小的顺序排序后，输出 *m*、*n* 的值。

示例数据：输入 3 7

　　　　　输出 7>3

2．判断程序。判断整数 *n* 能否被 3 和 5 整除，输出字符串 yes 或 no 表示判断结果。

示例数据：输入 20

　　　　　输出 no

3．求圆的周长和面积。输入圆的半径，计算圆的周长和面积（圆周率取 3.1415）。

示例数据：输入 3

　　　　　输出 Length=18.849，area=28.2735

4．计算分段函数。输入 x，计算 y 值，分段函数如下。

$$y=\begin{cases} x & x \geqslant 0 \\ x^2+1 & x<0 \end{cases}$$

示例数据：输入 1

输出 y is 1

5．求 n 个数的和。输入一个整数 n，计算$[1, n]$中所有整数之和。

示例数据：输入 100

输出 sum is 5050

6．求阶乘。输入正整数 n，计算 $n!$。

示例数据：输入 3

输出 3!=6

7．寻找最大数。利用数组输入 5 个整数，然后找出其中最大数并输出。

示例数据：输入 10 9 18 27 6

输出 the max number is 27

8．求平均数。输入若干依次减 1 的整数，直到输入-1 为止，最后输出除-1 外的所有数的平均值。

示例数据：输入 1 2 3 4 5 6 -1

输出 3.5

9．小猴吃桃问题。小猴有桃若干，当天吃掉一半，又多吃一个；第二天接着吃了剩下的桃子的一半，又多吃一个；以后每天都吃尚存桃子的一半，再多吃一个，到第 7 天早上只剩下 1 个了，问小猴原有多少个桃子。

示例数据：输出 190

10．排序问题。对输入的 6 个无序数从小到大进行排序，输出排序的结果。

示例数据：输入 5 18 12 3 20 15

输出 3 5 12 15 18 20

11．成绩等级问题。输入一个百分制的成绩，输出等级 A、B、C、D、E。90 分及以上为 A，80～89 分为 B，70～79 为 C，60～69 为 D，59 分及以下为 E。

示例数据：输入 70

输出 C

12．整除问题。计算 1～100 中可以被 3 整除，但不可以被 5 整除的所有整数的和 sum，并且统计输出符合条件的整数的个数 count。

示例数据：输出 sum=1368，count=27

13．计算手续费。在某银行办理个人境外汇款手续时，银行要收取一定的手续费，其收费标准如下。

1）汇款额不超过 100 美元，收取 1.5 美元手续费；

2）超过 100 美元但不超过 2000 美元时，按汇款额的 15%收取；

3）超过 2000 美元时，一律收取 300 美元手续费。

需要解决的问题为：王先生向在美国读大学的儿子汇出 x 美元，计算他实际支付的手续费用。

示例数据：输入 2500
输出 300

5.3 习题答案

程序题

1.

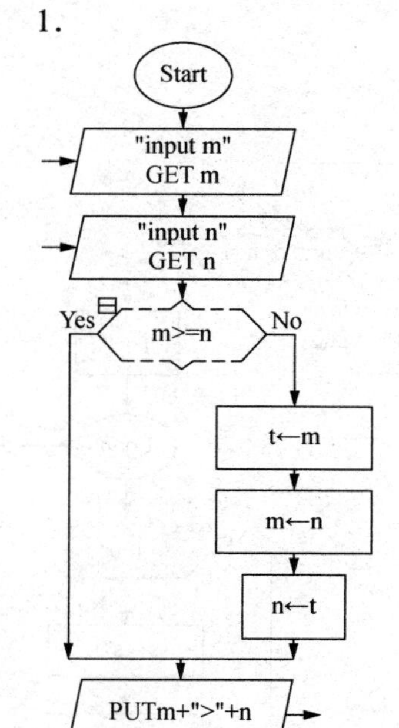

2.

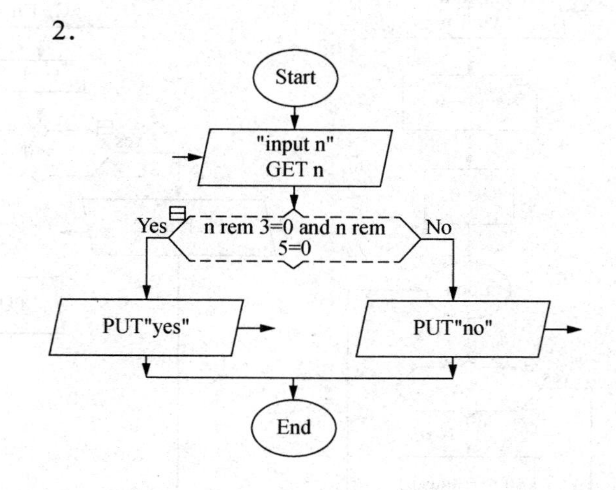

3.

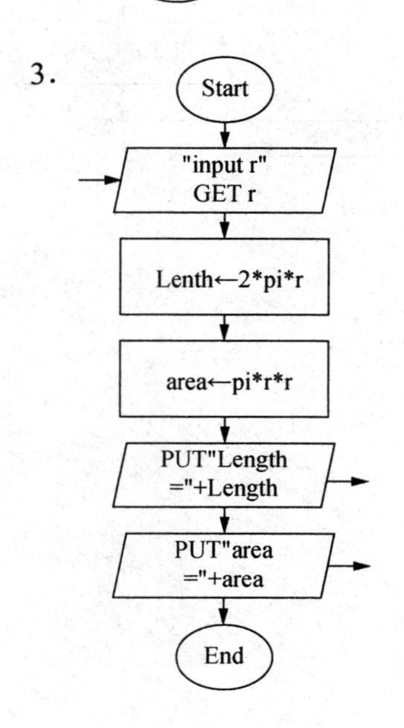

4.

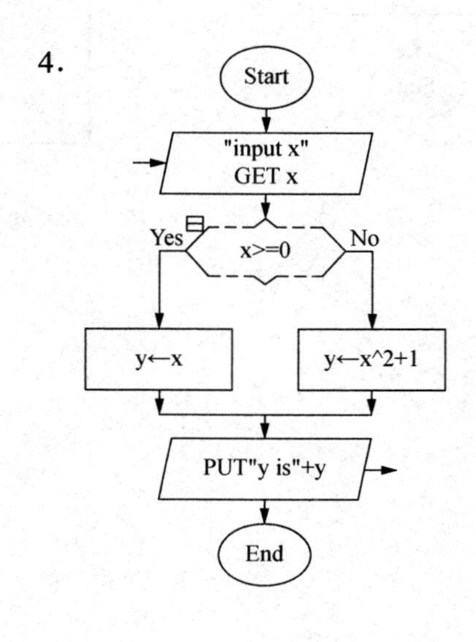

5. 6.

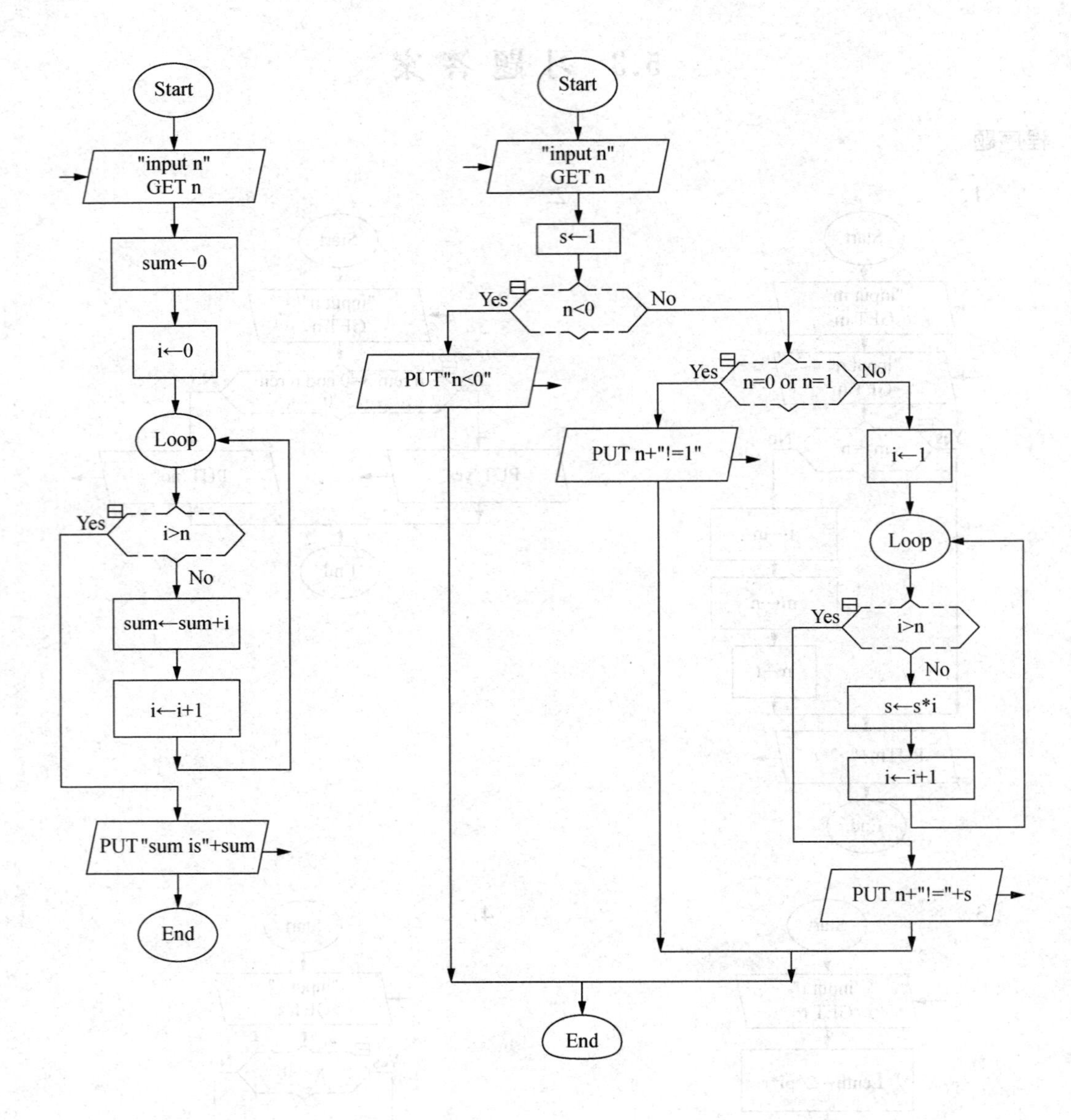
Start
"input n"
GET n
sum←0
i←0
Loop
Yes
i>n
No
sum←sum+i
i←i+1
PUT "sum is"+sum
End
Start
"input n"
GET n
s←1
Yes
n<0
No
PUT"n<0"
Yes
n=0 or n=1
No
PUT n+"!=1"
i←1
Loop
Yes
i>n
No
s←s*i
i←i+1
PUT n+"!="+s
End

7.

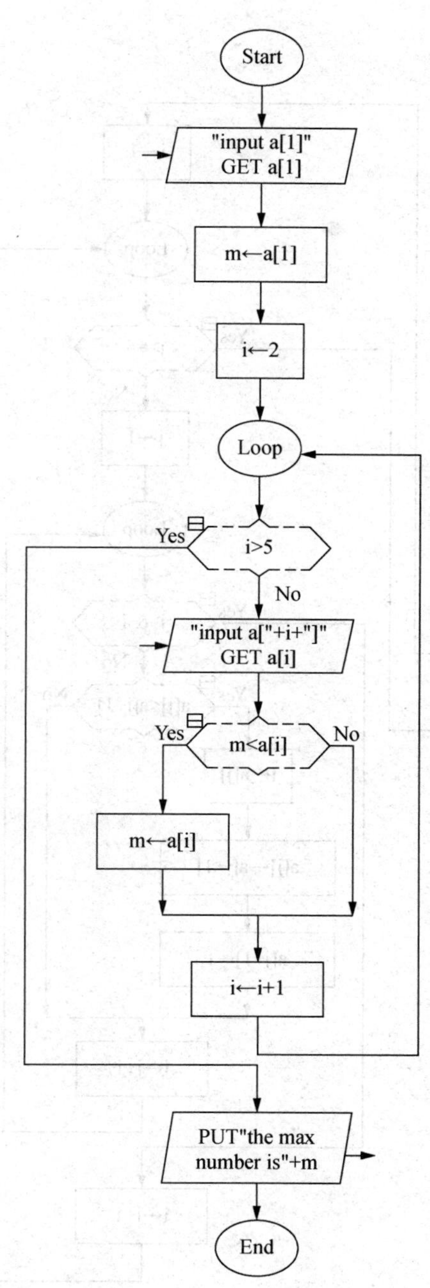
Start
"input a[1]"
GET a[1]
m←a[1]
i←2
Loop
Yes
i>5
No
"input a["+i+"]"
GET a[i]
Yes
m<a[i]
No
m←a[i]
i←i+1
PUT"the max
number is"+m
End

8.

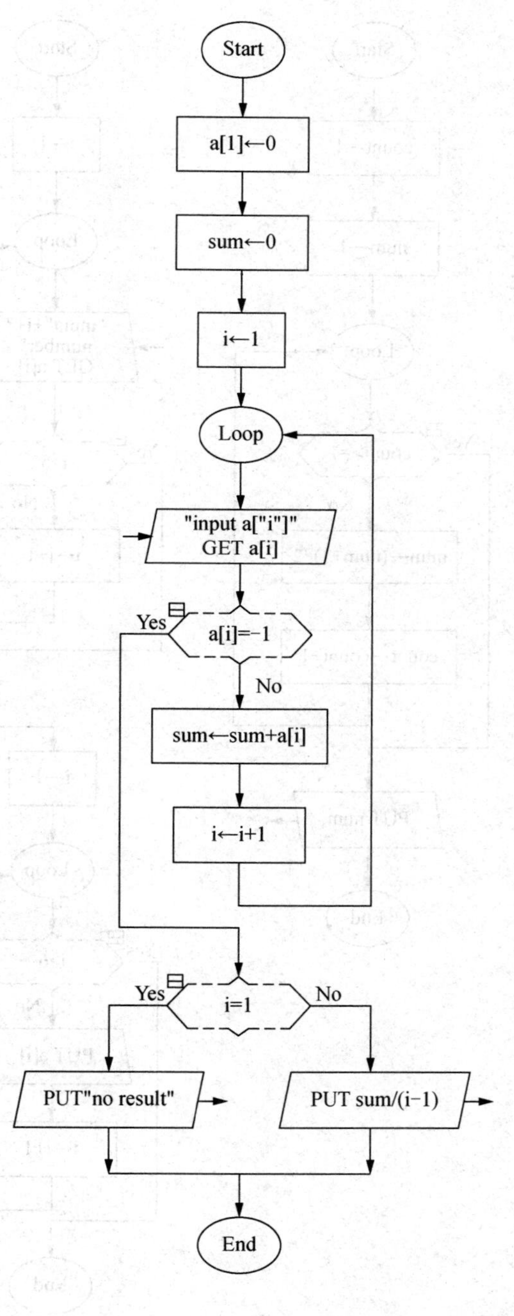
Start
a[1]←0
sum←0
i←1
Loop
"input a["i"]"
GET a[i]
Yes
a[i]=-1
No
sum←sum+a[i]
i←i+1
Yes
i=1
No
PUT"no result"
PUT sum/(i-1)
End

9.

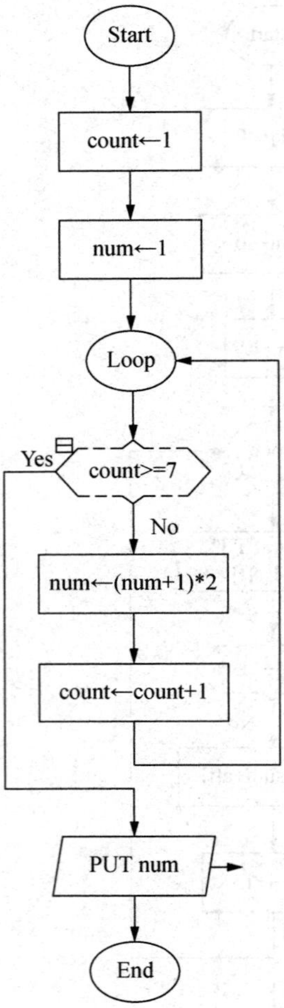
Start
count←1
num←1
Loop
Yes
count>=7
No
num←(num+1)*2
count←count+1
PUT num
End

10.

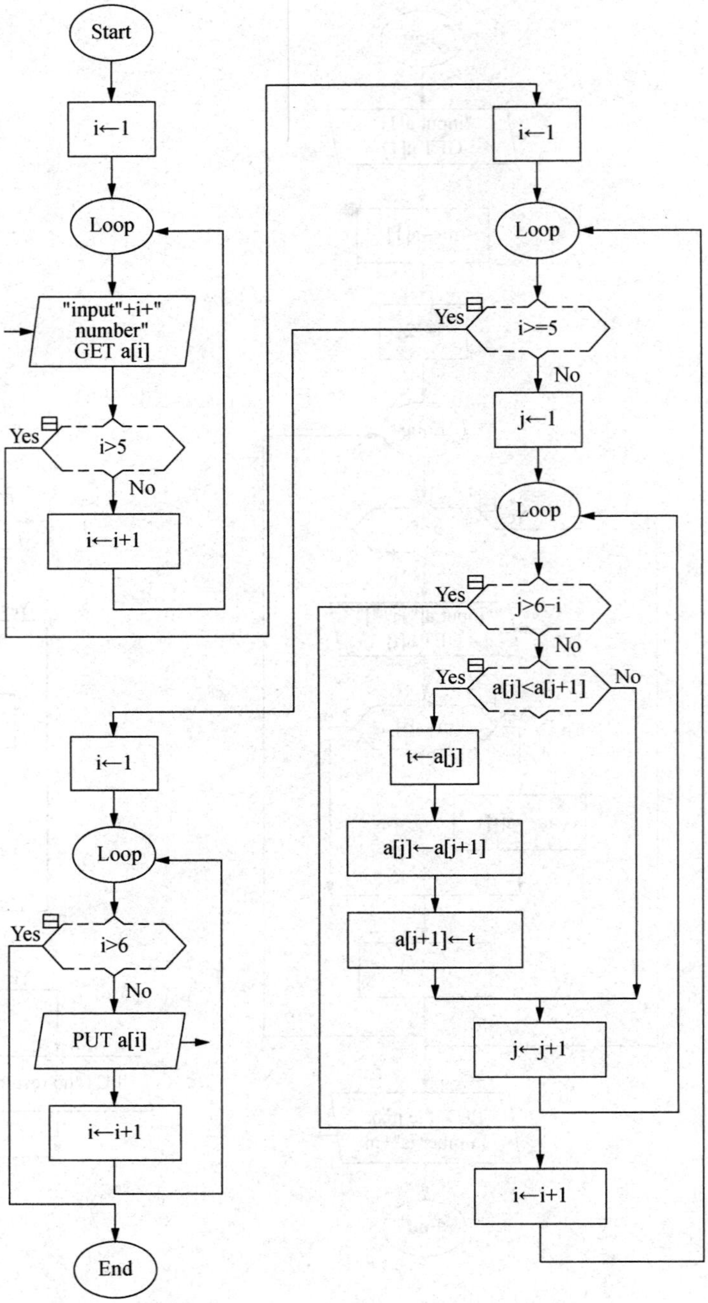
Start
i←1
Loop
"input"+i+"
number"
GET a[i]
Yes
i>5
No
i←i+1
i←1
Loop
Yes
i>6
No
PUT a[i]
i←i+1
End
i←1
Loop
Yes
i>=5
No
j←1
Loop
Yes
j>6−i
No
Yes
a[j]<a[j+1]
No
t←a[j]
a[j]←a[j+1]
a[j+1]←t
j←j+1
i←i+1

11.

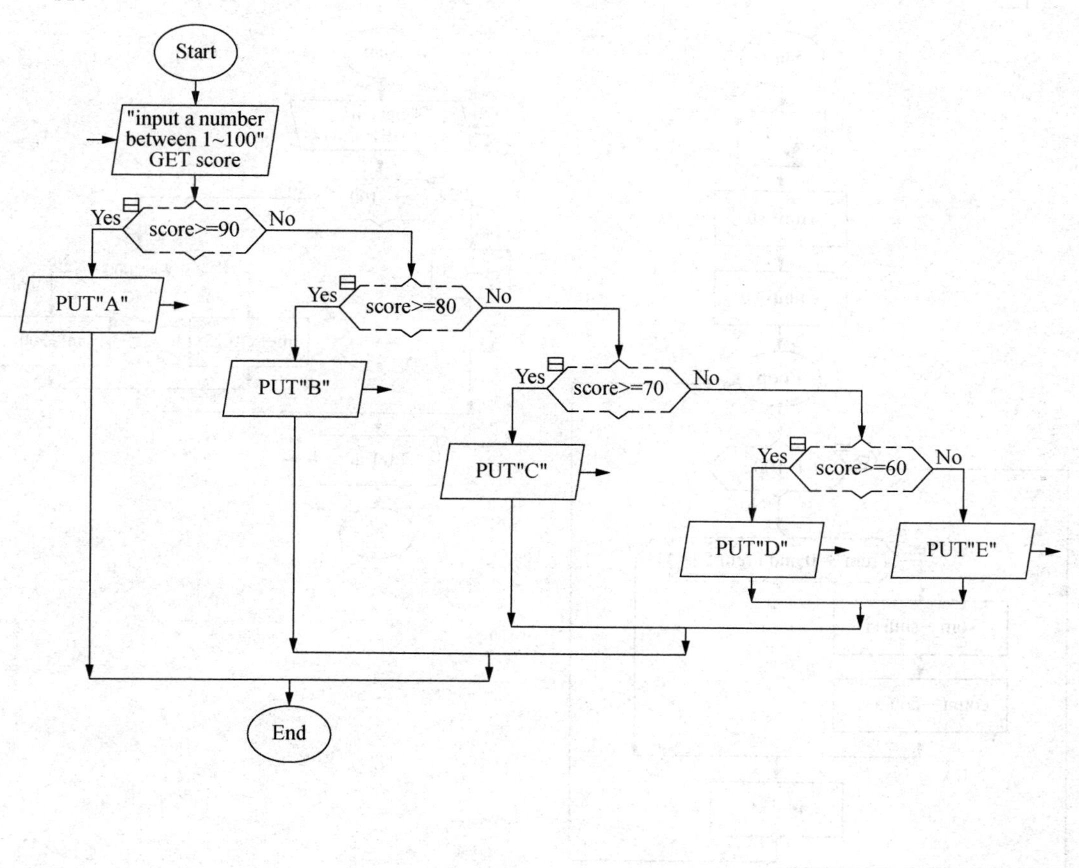
Start
"input a number
between 1~100"
GET score
Yes
score>=90
No
PUT"A"
Yes
score>=80
No
PUT"B"
Yes
score>=70
No
PUT"C"
Yes
score>=60
No
PUT"D"
PUT"E"
End

12.

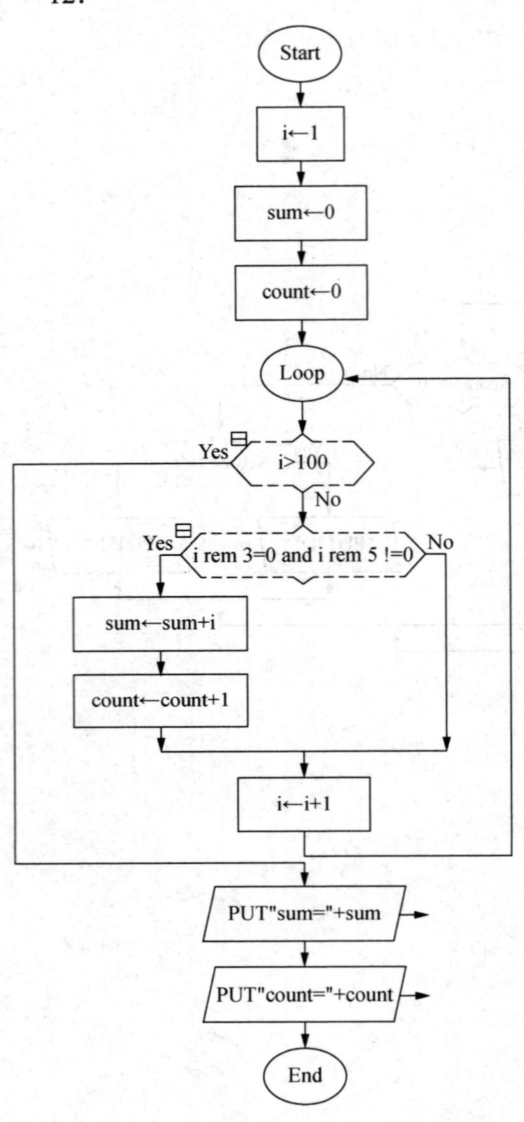
Start
i←1
sum←0
count←0
Loop
Yes
i>100
No
Yes
i rem 3=0 and i rem 5 !=0
No
sum←sum+i
count←count+1
i←i+1
PUT"sum="+sum
PUT"count="+count
End

13.

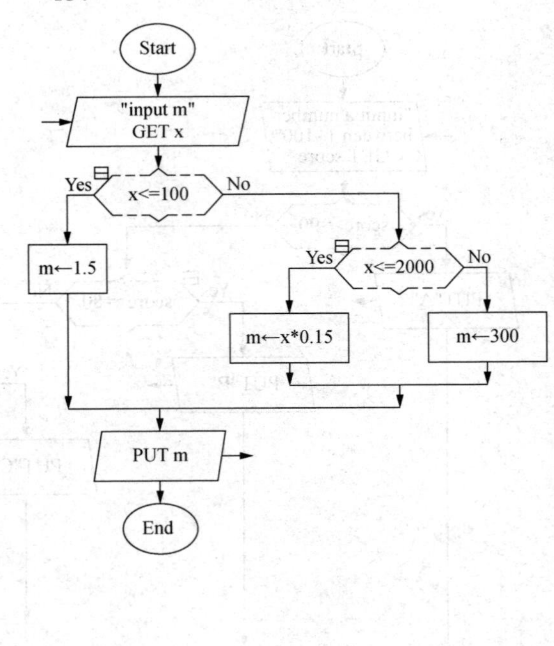
Start
"input m"
GET x
Yes
x<=100
No
m←1.5
Yes
x<=2000
No
m←x*0.15
m←300
PUT m
End

实 验 篇

实验 1 Windows 7 基础操作

一、实验目的

1）观察计算机主机和显示器的外观，熟悉计算机的外貌特征。

2）掌握键盘和鼠标的规范操作。

3）掌握一种常用输入法，提高文字输入速度。

4）熟悉 Windows 7 系统的基本操作。

5）掌握 Windows 7 系统资源管理器中对文件和文件夹的操作。

6）掌握 Windows 7 系统控制面板中常规项目的设置方法。

7）掌握 Windows 7 系统汉字输入法的安装及其使用方法。

8）掌握 Windows 7 系统附件中自带的实用程序的使用方法。

9）了解 Windows 7 系统中画图与计算器工具的使用方法。

二、实验内容及步骤

1. 观察计算机的外观

观察上机实验所使用的计算机，注意主机和显示器所在的位置。在主机箱的面板上找到启动计算机的电源按钮 Power，观察其颜色和外观。如果计算机尚未启动，可按一下电源按钮 Power 启动计算机。

2. 观察计算机的启动过程

观察计算机启动过程中屏幕上显示的信息。在正常的情况下，稍等片刻，计算机将启动后进入 Windows 7 系统或其他操作系统的桌面。

3. 观察计算机操作系统的桌面

观察当前计算机操作系统桌面上出现的内容，指出“计算机”“回收站”等图标及“开始”按钮和任务栏所在的位置。

4. 熟悉鼠标的使用方法

鼠标操作有单击、双击、按住左键拖动、右击等。尝试对桌面上的“计算机”图标对象进行上述鼠标操作，注意观察计算机对不同鼠标操作产生的响应。

5. 键盘打字练习

（1）正确的击键姿势

初学键盘输入时，首先必须注意的是击键的姿势；如果击键姿势不当，就不能做到准确、快速地输入，也容易疲劳。正确的操作姿势如下。

1）身体应保持笔直，稍偏于键盘右方。

2）应将全身重量置于座椅上，座椅调整到便于手指操作的高度，两脚平放。

3）两肘轻轻贴于腋边，手指轻放于基准键位上，手腕平直。人与键盘之间的距离，可通过移动座椅或键盘的位置来调节，要求调节到人能保持正确的击键姿势。

（2）基准键位及其与手指的对应关系

1）基准键位于键盘的第 2 行，共有 8 个键，它们分别是【A】、【S】、【D】、【F】、【J】、【K】、【L】和【;】键，如图 1.1 所示。

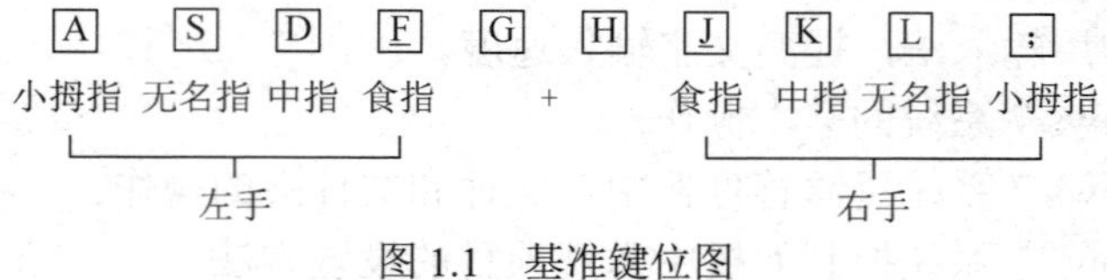

图 1.1 基准键位图

在不打字和打字的间隙，应该使各手指都停留在基准键上方。【F】键和【J】键表面有凸起，方便用户定位这两个键。

2）各个手指负责的键位如图 1.2 所示。

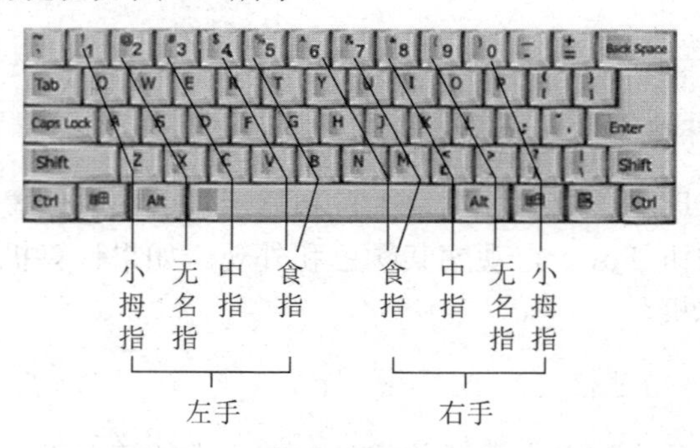

图 1.2 各个手指负责的键位示意图

（3）空格与回车符的输入

使用右手大拇指输入空格符，使用右手的小拇指输入回车符。输入完毕后，相应的手指要返回基准键位。

（4）键盘指法分区

键盘的指法分区如图 1.2 所示，凡斜线范围内的键位，都必须由相应的手指负责管理，这样便于操作和记忆。只有键盘操作方法规范，并加强练习，才能提高打字速度。

6. 键盘指法训练软件的使用

在计算机的 C 盘根目录下找到“键盘指法训练软件.exe”文件，双击该文件，进入键盘指法训练操作界面，如图 1.3 所示。该软件提供了指法姿势教程、打字测试、小键盘专项练习等功能，特别适用于初学打字或想规范掌握输入法的学习者。

图 1.3 键盘指法训练操作界面

7. 金山打字游戏 2010 软件

单击“开始”按钮，在弹出的“开始”菜单中选择“所有程序”命令，在弹出的菜单中选择“金山打字游戏 2010”文件夹中的“金山打字游戏 2010”命令，进入金山打字游戏2010 软件的操作界面，如图 1.4 所示。这款打字软件提供了 5 种有趣的游戏供学习者进行指法练习，使学习者在玩游戏的氛围中掌握打字技巧，提高文字输入速度。每一种游戏的操作技巧是，在限定时间内输入指定字符或单词。只有掌握好眼睛、手指击键的协调运用，才能轻松过关。建议指法比较生疏的学习者每次上课或每天抽出一定时间进行指法练习，坚持长久必能提高键盘输入速度和准确率。

图 1.4 金山打字游戏 2010 软件的操作界面

8. Windows 7 系统的基本操作

（1）熟练掌握鼠标的操作方法

右击或按住鼠标右键拖动都会弹出快捷菜单。按住鼠标右键拖动弹出的快捷菜单，如图 1.5 所示。

（2）进行窗口操作

1）移动窗口。利用鼠标拖动蓝色的窗口标题栏。

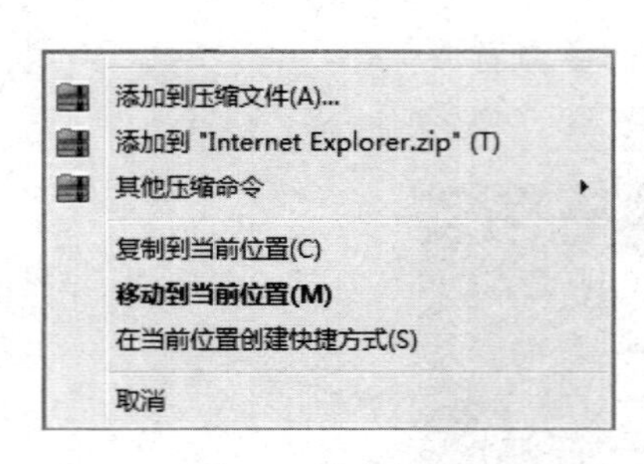

图 1.5 右键拖动

2）将鼠标指针移动到窗口的边界，当指针变成双向箭头时拖动鼠标，适当调整窗口的大小，使滚动滑块出现，然后拖动滚动滑块查看窗口中的内容。

3）分别单击“最小化”按钮、“最大化/还原”按钮、“关闭”按钮将窗口最小化、最大化（还原）、关闭。

（3）排列桌面图标

在桌面非任务栏的空白处右击，在弹出的快捷菜单中选择“查看”命令，在弹出的级联菜单中选择“大图标”命令，观察设置结果。若在快捷菜单中选择“排序方式”级联菜单中的“名称”命令，则所有图标按名称进行排列。

（4）设置桌面背景和屏幕保护程序

1）桌面背景的设置。在桌面非任务栏的空白处右击，在弹出的快捷菜单中选择“个性化”命令，打开如图 1.6 所示的窗口。在此窗口中可以更改桌面的显示效果，包括桌面主题、桌面背景、屏幕保护程序、窗口颜色及一些更高级的设置。

在“个性化”窗口中，单击“桌面背景”超链接，用户可以利用系统自带的背景图片和自定义图片两种方法进行设置。

2）屏幕保护程序的设置。单击“屏幕保护程序”超链接，弹出“屏幕保护程序设置”对话框，如图 1.7 所示，用户可以利用系统自带的屏幕保护程序和自定义图片两种方法进行设置。

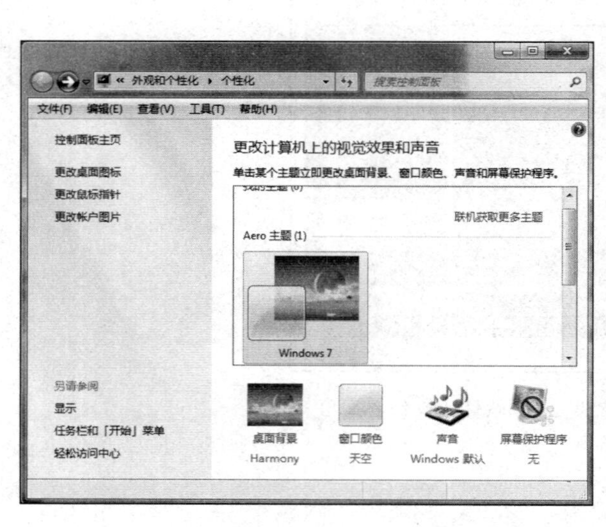

图 1.6 “个性化”窗口

图 1.7 “屏幕保护程序设置”对话框

（5）设置任务栏

在任务栏空白处右击，在弹出的快捷菜单中选择“属性”命令，弹出“任务栏和「开始」菜单属性”对话框，练习自定义任务栏操作。任务栏有 3 个选项卡，读者可自行修改并查看效果，如图1.8所示。

（6）在桌面上创建启动“控制面板”的快捷方式

单击“开始”按钮，在弹出的“开始”菜单中右击“控制面板”命令，在弹出的快捷菜单中选择“在桌面上显示”命令即可。

（7）使用“帮助和支持”

通过“帮助和支持”命令，可获取自己感兴趣的帮助信息。单击“开始”按钮，在弹出的“开始”菜单中选择“帮助和支持”命令，打开其窗口，在“搜索帮助”搜索文本框中输入“快捷键”，然后单击“搜索帮助”按钮，则系统会给出所有与关键字“快捷键”有关的搜索结果。用户可以通过单击这些结果来查看进一步的内容。

（8）设置语言栏

在语言栏上右击，在弹出的快捷菜单中选择“设置”命令，弹出“文本服务和输入语言”对话框，如图1.9所示，在对话框中可以对语言进行设置。

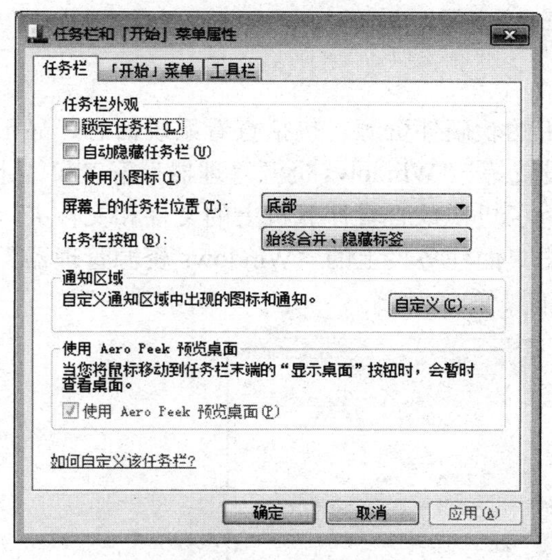

图1.8 “任务栏和「开始」菜单属性”对话框

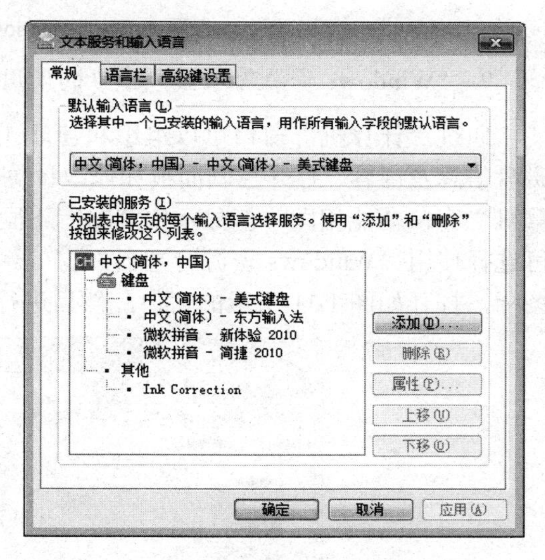

图1.9 “文本服务和输入语言”对话框

（9）使用任务管理器

在任务栏上右击，在弹出的快捷菜单中选择“启动任务管理器”命令，或者按【Ctrl+Alt+Del】组合键，在屏幕中单击“启动任务管理器”按钮，都可以打开“Windows任务管理器”窗口，如图1.10所示。

使用任务管理器的具体操作如下。

1）单击“开始”按钮，在弹出的“开始”菜单中选择“所有程序”命令，在弹出的菜单中选择“附件”文件夹中的“画图”命令，再打开“Windows任务管理器”窗口，查看并记录系统当前进程数。

2）在“Windows任务管理器”窗口的“应用程序”列表框中选中“画图”程序，单击“结束任务”按钮，即可终止“画图”程序的运行。

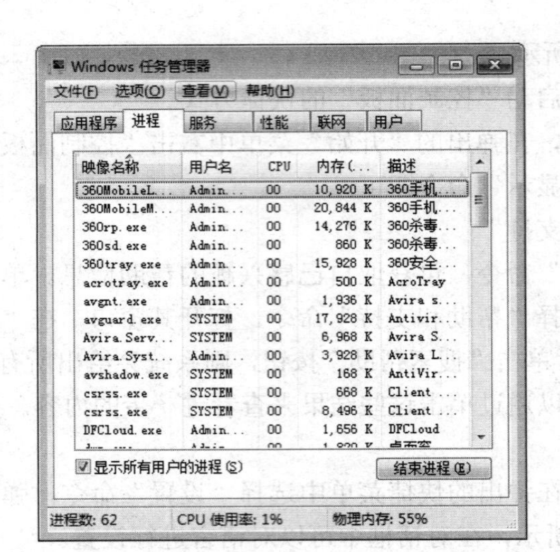

图 1.10 “Windows 任务管理器”窗口

9. “Windows 资源管理器”窗口的使用

通过“计算机”窗口可以组织和管理计算机的软硬件资源，包括查看系统信息、显示磁盘信息及内容、打开控制面板和修改计算机设置等。“Windows 资源管理器”窗口和“计算机”窗口功能相同，但显示内容略有不同。为了更快地查看计算机上的文件和文件夹，可选择使用“Windows 资源管理器”窗口。单击桌面任务栏上的“Windows 资源管理器”图标，打开如图 1.11 所示的窗口，然后进行以下操作。

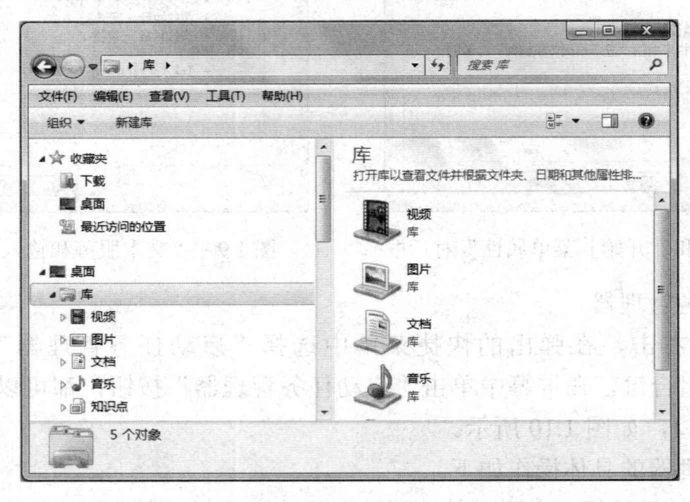

图 1.11 “Windows 资源管理器”窗口

1）观察“Windows 资源管理器”窗口的组成。

2）改变文件和文件夹的显示方式及排序方式，观察相应的变化。（提示：单击“查看”菜单，选择合适的命令即可。）

3）查看文件和文件夹的属性。在“Windows 资源管理器”窗口左侧选择“本地磁盘(C:)”选项，则在窗口右侧会显示 C 盘中包含的内容，如图 1.12 所示；在名为“Program Files”

文件夹上右击，然后在弹出的快捷菜单中选择“属性”命令，查看这个文件夹的属性，如图 1.13 所示。

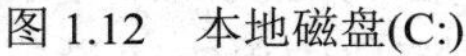
图 1.12　本地磁盘(C:)

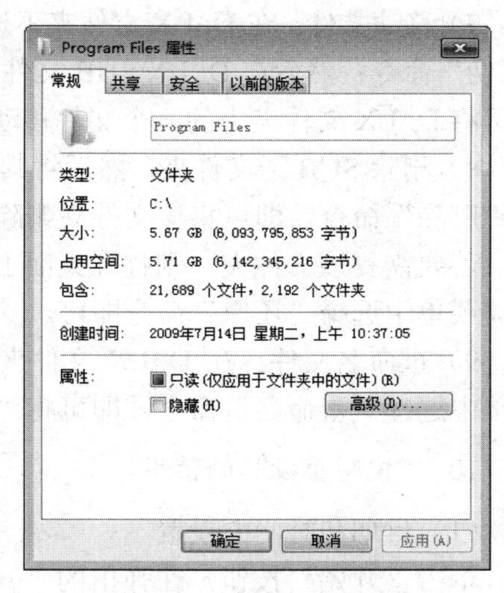

图 1.13　查看文件夹属性

4）创建文件夹。在“Windows 资源管理器”窗口左侧选择“本地磁盘(D:)”选项，则在窗口右侧显示 D 盘中包含的内容，选择“文件”菜单中的“新建”命令，在弹出的级联菜单中选择“文件夹”命令，并将新建的文件夹命名为“LX”。然后参考上述步骤，在“LX”文件夹下建立名为“SUB”的子文件夹，如图 1.14 所示。

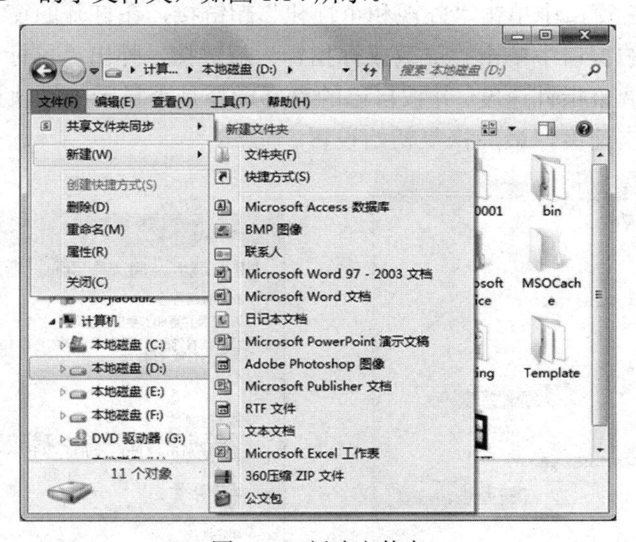

图 1.14　新建文件夹

5）创建文件。在“Windows 资源管理器”中打开“LX”文件夹，然后选择“文件”菜单中的“新建”命令，在弹出的级联菜单中选择“文本文档”命令，并将新建的文本文档命名为“我的文件”。

注意：如果文件显示了扩展名，不要删除其扩展名。

6）复制文件。选中 C:\Windows 文件夹中任意 4 个类型为“文本文件”的文件，右击，在弹出的快捷菜单中选择“复制”命令；然后在 D:\LX 文件夹下右击，在弹出的快捷菜单中选择“粘贴”命令，即可完成文件的复制操作。

7）移动文件。在 D:\LX 文件夹下选择一个文本文件，右击，在弹出的快捷菜单中选择“剪切”命令；然后在 D:\LX\SUB 文件夹下右击，在弹出的快捷菜单中选择“粘贴”命令，即可将 D:\LX 文件夹中的一个文件移动到 SUB 子文件夹中。

8）删除 SUB 子文件夹，然后将其恢复。右击 SUB 子文件夹，在弹出的快捷菜单中选择“删除”命令，即可将该文件夹删除。

若要恢复该文件夹，则打开桌面上的回收站，找到已删除的文件夹，右击，在弹出的快捷菜单中选择“还原”命令即可。

9）重命名文件。在 D:\LX 文件夹下选中“我的文件.txt”文件，右击，在弹出的快捷菜单中选择“重命名”命令，即可将“我的文件.txt”文件重命名为“mydocument.txt”。

10. “控制面板”的使用

（1）日期和时间的设置

单击“开始”按钮，在弹出的“开始”菜单中选择“控制面板”命令，打开“控制面板”窗口，单击“时钟、语言和区域”超链接，在打开的窗口中单击“设置时间和日期”超链接，弹出如图 1.15 所示的“日期和时间”对话框。选择相应项目进行修改，更改完毕后单击“确定”按钮。

（2）鼠标的设置

在“控制面板”窗口中单击“外观和个性化”超链接，在打开的窗口中单击“个性化”超链接，再在打开的窗口中单击“更改鼠标指针”超链接，弹出“鼠标 属性”对话框，如图 1.16 所示；适当调整指针速度，并按自己的喜好选择是否显示指针轨迹及调整指针形状，然后测试鼠标的双击速度，最后恢复初始设置。

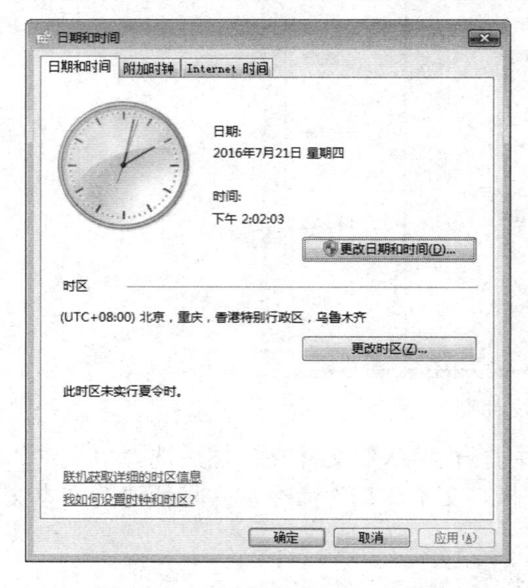

图 1.15 “日期和时间”对话框

图 1.16 “鼠标 属性”对话框

（3）系统属性的查看

在“控制面板”窗口中单击“系统和安全”超链接，打开“系统和安全”窗口，单击“系统”超链接，可以显示当前计算机的基本信息，如图1.17所示。单击“高级系统设置”超链接，弹出“系统属性”对话框，如图1.18所示；单击“硬件”选项卡中的“设备管理器”按钮，在弹出的“设备管理器”对话框中可以查看所有硬件信息。

注意：*初学者不宜修改系统属性。*

图1.17 查看计算机的基本信息

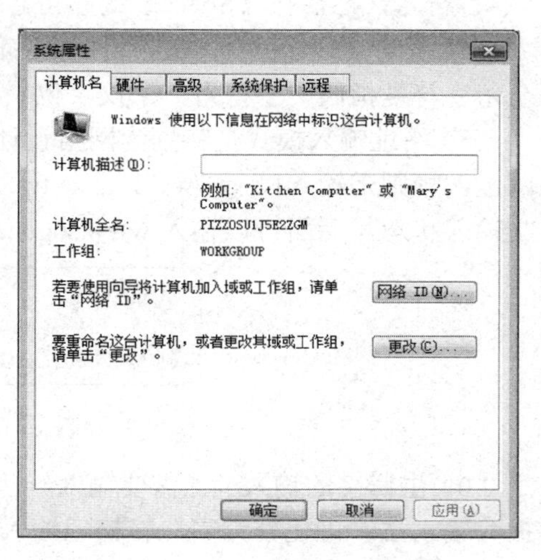

图1.18 “系统属性”对话框

11. 汉字输入法的安装及使用

汉字输入方法是以拼音为基础的输入方法。这里以搜狗中文输入法为例，介绍其使用方法。单击屏幕右下角的语言栏上的“中文”图标，选择搜狗中文输入法，其状态栏如图1.19所示。其中，状态栏中各项分别代表“中/英文”“全/半角”“中/英文标点”“输入方式”“皮肤盒子”“工具箱”。

图1.19 搜狗中文输入法

下面列出搜狗中文输入法的一些使用方法。

1）全拼输入是拼音输入法中最基本的输入方式。只要按【Ctrl+Shift】组合键切换到搜狗输入法，在输入窗口输入拼音即可，如图1.20所示。按【Enter】键，即可输入第一个词。默认的翻页键是【，】和【。】。

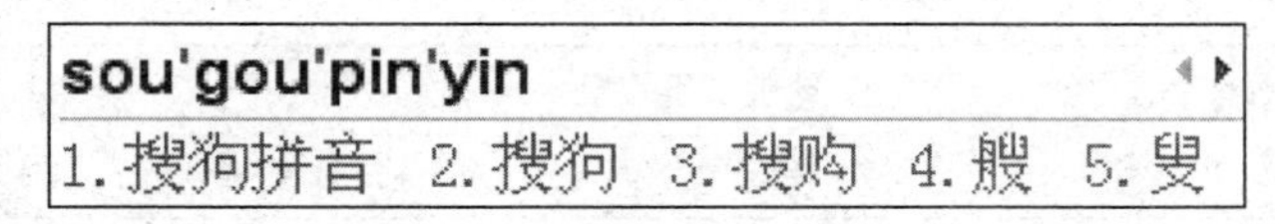

图1.20 搜狗全拼输入

2）简拼是通过输入声母或声母的首字母来进行输入的一种方式，有效利用简拼可以大大提高输入的效率。搜狗输入法现在支持声母简拼和声母的首字母简拼。例如，若要输入“计算机”，只需要输入计算机的简拼“jsj”即可。

3）中英文输入状态切换。输入法默认是按【Shift】键在中文输入状态和英文输入状态之间进行切换。单击状态栏上面的“中”字图标也可以切换输入状态。

除切换到英文输入状态输入英文外，搜狗输入法也支持回车输入英文和V模式输入英文。在输入较短的英文时使用能省去切换到英文输入状态的麻烦。具体使用方法如下。

① 回车输入英文：在中文输入状态下输入英文，然后按【Enter】键即可。

② V模式输入英文：先输入“V”，然后再输入需要输入的英文，可以包含@、+、*、/、-等符号，然后按【Space】键即可。

4）全角半角切换。英文字母、数字和键盘上出现的其他非控制字符有全角和半角之分，全角字符是指西文字符占一个汉字位。单击“全/半角”按钮，满月为全角，半月为半角。

5）网址输入模式是特别为网络设计的便捷功能，在中文输入状态下即可输入大多数的网址。规则是输入以 www、http:、ftp:、telnet:、mailto:等开头的字母时，自动识别进入英文输入状态，后面可以输入 www.sogou.com 和 ftp://sogou.com 类型的网址，如图 1.21 所示。

www.
更多网址、邮箱
www.taobao.com

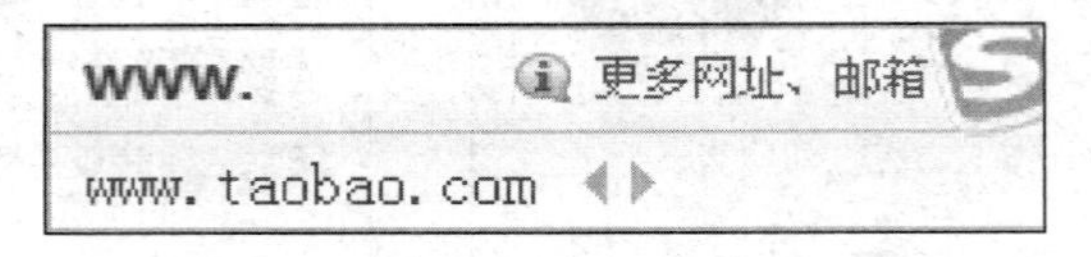

图 1.21　搜狗网址输入模式

6）生僻字的输入。当需要输入一些不知道读音的生僻字时，搜狗输入法提供了便捷的拆分输入法，可化繁为简，轻松地输入生僻的汉字，即直接输入生僻字的组成部分的拼音即可，如图 1.22 和图 1.23 所示。

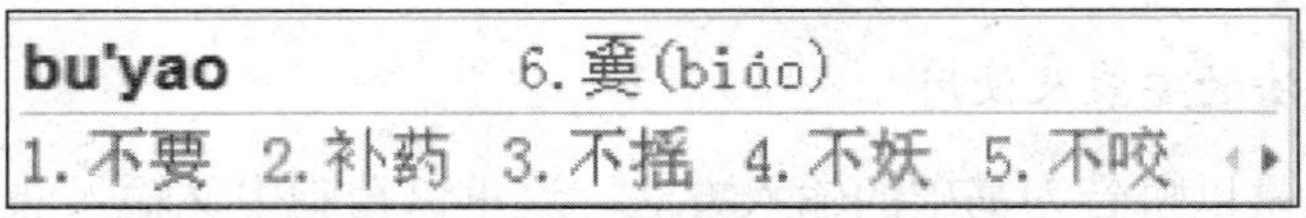
bu'yao
6.嫑(biáo)
1.不要 2.补药 3.不摇 4.不妖 5.不咬

图 1.22　生僻汉字“嫑”的输入

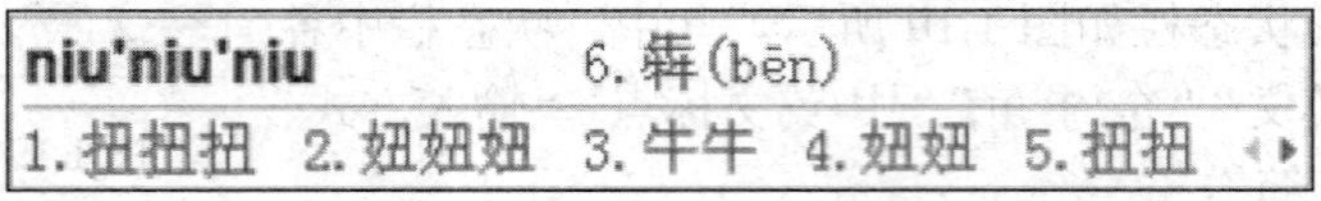
niu'niu'niu
6.犇(bēn)
1.扭扭扭 2.妞妞妞 3.牛牛 4.妞妞 5.扭扭

图 1.23　生僻汉字“犇”的输入

7）快速输入表情及其他特殊符号。搜狗输入法提供了丰富的表情、特殊符号库及字符画，不仅可在候选项上进行选择，还可以单击上方的提示，进入表情&符号输入专用面板，随意选择喜欢的表情、符号、字符画，如图 1.24 所示。

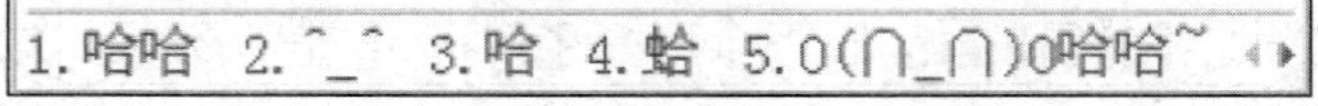
ha'ha
6.更多搜狗表情...
1.哈哈 2.^_^ 3.哈 4.蛤 5.O(∩_∩)O哈哈~

图 1.24　快速输入表情

8）显示天气预报。搜狗输入法结合输入法的特点，附带一些极为实用的功能。例如，输入“天气”“今天天气”“天气预报”等相关词汇时，会显示相应的天气信息，如图 1.25 所示。

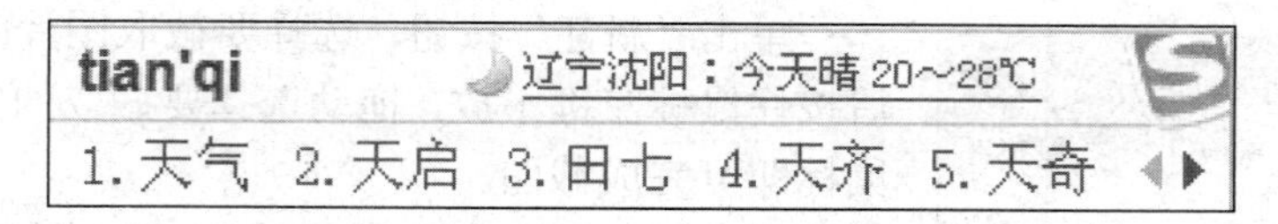

图 1.25　显示天气预报

9）显示节日、节气信息。与天气查询功能类似，当用户输入中秋节、春节等传统节日或二十四节气时，搜狗输入法会显示对应的日期和星期，如图 1.26 所示。另外，若输入“去年春节”或“明年腊八”，它也能推算出对应的信息。

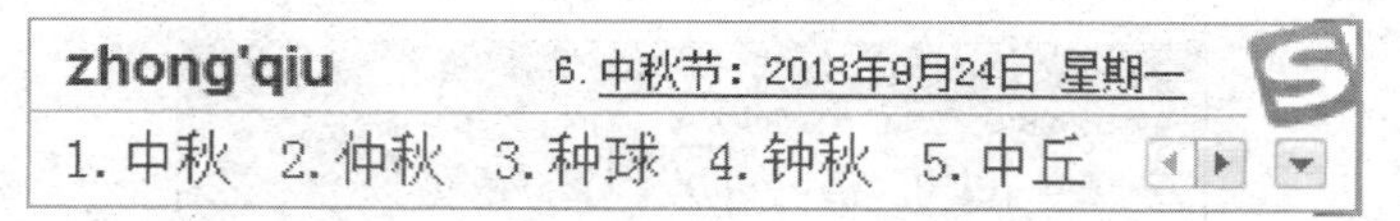

图 1.26　显示节日信息

12. Windows 7 系统“附件”中实用程序的使用

（1）写字板的使用

单击“开始”按钮，在弹出的“开始”菜单中选择“所有程序”命令，在弹出的菜单中选择“附件”文件夹中的“写字板”命令，打开“写字板”窗口，输入如图 1.27 所示的文字，并完成下列操作。

> 王经理：
> 附上文档，如有疑问，请来电。
> 开放式工作环境，可任意加挂软件。
> 虽然全能影像工作室细心地包含了不同功能的应用软件，然而你仍旧可以任意地加挂你惯用的特定软件。这些老朋友的加入，使您在使用全能影像工作室时可以立即上手，不必担心会因为学习软件而影响您的工作效率，而开放式工作环境的概念也赋予全能影像工作室对未来的软件开发无限的包容能力。

图 1.27　输入文字

1）在信的末尾插入日期和时间。

2）在信的任意位置插入一幅图画。选择“主页”菜单中的“图片”命令，在弹出的“选择图片”对话框中选择一幅图片。

3）将“王经理”3 个字改为宋体、三号红色粗体字。

4）选择“文件”菜单中的“保存”命令，在弹出的“保存为”对话框中设置文件名为“LETTER”，并将文件保存在“我的文档”文件夹中。

（2）截图工具的使用

Windows 7 系统自带的截图工具用于帮助用户截取屏幕上的图像，并且可以对截取的图像进行编辑。

1）新建截图。单击“开始”按钮，在弹出的“开始”菜单中选择“所有程序”命令，在弹出的菜单中选择“附件”文件夹中的“截图工具”命令，打开如图 1.28 所示的截图工具窗口。

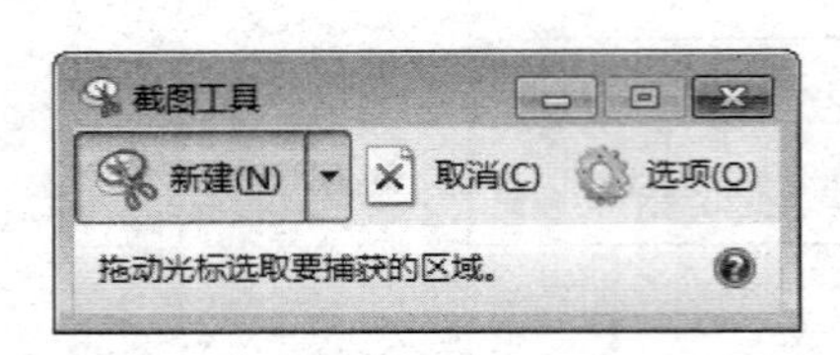

图 1.28 “截图工具”窗口

单击“新建”按钮，选择要截取图片的起始位置，然后按住鼠标左键不放，拖动选择要截取的图像区域，释放鼠标即可完成截图。

2）编辑截图。截图工具带有简单的图像编辑功能，如图 1.29 所示。单击“复制”按钮，可以复制图像；单击“笔”按钮，可以使用画笔功能绘制图形或书写文字；单击“荧光笔”按钮，可以绘制和书写具有荧光效果的图形和文字；单击“橡皮擦”按钮，可以擦除用笔和荧光笔绘制的图形。

图 1.29 编辑截图窗口

3）保存截图。若要将截取的图片保存到计算机中，可选择“文件”菜单中的“另存为”命令，在弹出的“另存为”对话框中输入文件名，再单击“保存”按钮即可。

（3）画图工具的使用

单击“开始”按钮，在弹出的“开始”菜单中选择“所有程序”命令，在弹出的菜单中选择“附件”文件夹中的“画图”命令，启动 Windows 画图程序绘制一幅图像，并通过“文件”菜单中的“保存”命令将该图像保存到本地硬盘中。

（4）计算器的使用

计算器分为标准计算器和科学计算器两种，标准计算器可以完成日常工作中简单的算术运算，科学计算器可以完成较为复杂的科学运算，如函数运算等。

单击“开始”按钮，在弹出的“开始”菜单中选择“所有程序”命令，在弹出的菜单中选择“附件”文件夹中的“计算器”命令，即可弹出“计算器”对话框，系统默认为标准计算器。

选择“查看”菜单中的“科学型”命令，即可打开科学型计算器的界面。科学型计算器可以进行一些函数的运算，使用时要先确定运算的单位，在数字区输入数值，然后选择函数运算符，再单击“=”按钮，即可得到结果。

使用计算器可以进行四则运算、混合计算、立方运算、数制转换、统计运算及日期计算等。将以下运算结果记录下来，并写在实验报告上。

1）选择“查看”菜单中的“科学型”命令，打开科学型计算器的界面，其效果如图 1.30 所示，然后进行以下计算。

四则运算：计算(56+42−21.4)×13÷2.5 的值。

立方运算：计算 26^3 的值。

混合计算：计算 $35.6\times128.5+2\sin\frac{4\pi}{3}-\ln5$ 的值。

2）选择“查看”菜单中的“程序员”命令，打开程序员计算器的界面，其效果如图 1.31 所示，然后进行二进制、八进制、十进制、十六进制之间的任意转换。例如，将十进制数 69 转换为二进制数，首先在计算器中输入 69，然后选中“二进制”单选按钮，计算器就会输出对应的二进制数。

图 1.30　科学型计算器

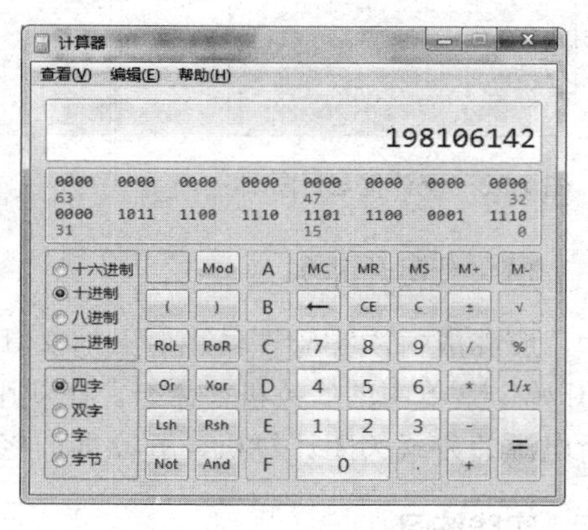

图 1.31　程序员计算器

利用计算器对下列各数进行数制转换。

$(192)_{10}$=(　　　　　　$)_2$=(　　　　　　$)_8$=(　　　　　　$)_{16}$。

$(AF4)_{16}$=(　　　　　　$)_2$=(　　　　　　$)_{10}$。

$(11000101)_2$=(　　　　　　$)_{10}$。

$(198106142)_{10}$=(　　　　　　$)_{16}$。

$(725416)_8$=(　　　　　　$)_2$。

3）选择“查看”菜单中的“统计信息”命令，打开统计信息计算器的界面，其效果如图 1.32 所示，然后进行以下计算。

统计运算：计算 11、12、13、14 和 15 的总和、平均值和总体标准偏差。

计算步骤如下。

① 求和：输入 11，单击“Add”按钮，将输入的数字添加到统计框中；按照同样方法依次将 12、13、14 和 15 添加到统计框中；单击“Σx”按钮，即可计算 5 个数值的总和。

② 求平均值：单击“$\overline{x}$”按钮，即可求得 5 个数的平均值。

③ 求总体标准偏差：单击“σ_{n-1}”按钮，即可计算这 5 个数的总体标准偏差。

4）选择“查看”菜单中的“日期计算”命令，打开日期计算计算器的界面，其效果如图 1.33 所示，然后进行以下计算。

计算 2016 年 9 月 7 日～2016 年 10 月 21 日间隔的天数。

图 1.32　统计信息计算器

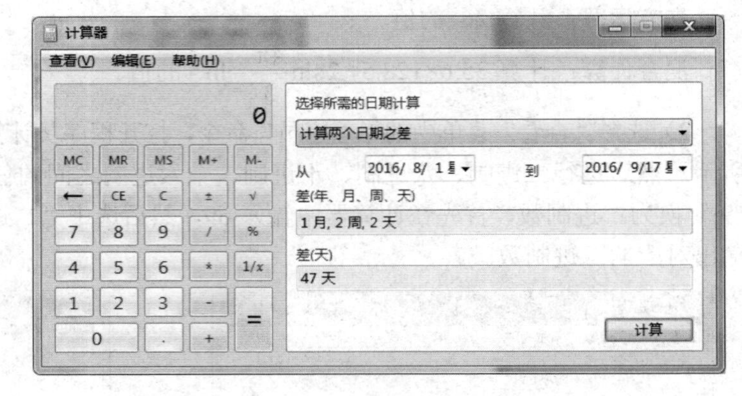

图 1.33　日期计算计算器

13. 关闭计算机

应养成每次实验课结束时及时关闭计算机的良好习惯。关闭计算机的正确方法是选择“开始”菜单中的“关机”命令。在使用计算机的过程中，若出现紧急情况，可通过直接切断电源的方式关闭计算机，并立即向老师报告。

三、实践练习

1. 修改 Windows 系统的设置

1）将桌面图标的排序方式变更为“按项目类型”排列。

2）将 C 盘根文件夹中的文件和文件夹的查看方式改为“详细信息”。

3）修改桌面背景图片。可选用“纯色”或者计算机中的某一幅图片。

4）将计算机的“视觉效果和声音”选项变更为使用“Windows 经典”主题。

5）将 Windows 控制面板的查看方式更改为“大图标”。

6）改变屏幕保护程序为“三维文字”，设置显示文字为“计算机的世界”，旋转类型为“滚动”，等待时间为“1 分钟”，并选中“在恢复时显示登录界面”复选框。

7）设置语言栏“停靠于任务栏”，且“在非活动时，以透明状态显示语言栏”。

2. 文件操作

1）在 C 盘建立一个文件夹，命名为“stu_[xx]”。其中，xx 代表你的学号。例如，你的学号是 123456，则文件夹的名字为“stu_[123456]”。

2）在“stu_[xx]”文件夹中建立两个子文件夹，分别命名为“兴趣”“成就”。

3）在“兴趣”文件夹中建立一个写字板文件，命名为“古诗.rtf”。

4）在“成就”文件夹中建立一个记事本文件，命名为“宋词.txt”。

5）将“成就”文件夹中的文件“宋词.txt”复制到“兴趣”文件夹中。

6）删除“成就”文件夹中的文件“宋词.txt”。

7）使用记事本程序打开“兴趣”文件夹中的文件“宋词.txt”，并在文件中增加文字。其中，字体设置为四号、楷体。可选用系统中的任意一种输入法。输入的内容如图1.34所示。

水调歌头·明月几时有
明月几时有？
把酒问青天。
不知天上宫阙，今夕是何年。
我欲乘风归去，又恐琼楼玉宇，高处不胜寒。
起舞弄清影，何似在人间。
转朱阁，低绮户，照无眠。
不应有恨，何事长向别时圆？
人有悲欢离合，月有阴晴圆缺，此事古难全。
但愿人长久，千里共婵娟。

图1.34　宋词

8）使用写字板程序打开“兴趣”文件夹中的文件“古诗.rtf”。将文字添加到文件中并保存文件，然后修改其格式。效果如图1.35所示。

古风·黄河走东溟

李白

黄河走东溟，白日落西海。
逝川与流光，飘忽不相待。
春容舍我去，秋发已衰改。
人生非寒松，年貌岂长在。
吾当乘云螭，吸景驻光彩。

图1.35　古诗

3. 计算公式的值

利用Windows的计算器程序，计算$15+\frac{\ln 42}{5}\times\sqrt[4]{81}+\sin e$的值。

实验 2
Word 2010 基本操作

一、实验目的

1）掌握新建、保存和打开 Word 文档的方法。
2）熟练掌握文档的基本编辑操作，包括插入、删除、修改、复制和移动内容等。
3）熟练掌握文档编辑中的快速编辑、文本的校对与替换。
4）了解文档的不同视图。
5）掌握字符和段落的格式设置方法。
6）掌握项目符号、编号和分栏等操作方法。
7）掌握页面排版的基本方法。
8）掌握特殊符号的插入方法。

二、实验内容及步骤

1. 观察 Word 2010 的工作界面

启动 Word 2010，认识其工作界面和各个组成部分。

单击“开始”按钮，在弹出的“开始”菜单中选择“所有程序”命令，在弹出的菜单中选择“Microsoft Office”文件夹中的“Microsoft Word 2010”命令，启动 Word 2010 应用程序，工作界面如图 2.1 所示。当新建一个文档后，在文档的开始位置将出现一个闪烁的光标，又称为插入点。在 Word 文档中输入的文本，都将在插入点处出现。

2. 编辑文档

任选一种输入法输入如图 2.2 所示的文字，将文件命名为“珍惜.docx”，并保存在 D 盘。按照下述步骤对文档进行排版。

1）选择输入法。使用【Ctrl+Space】组合键在中文输入法和英文输入法之间进行切换，使用【Ctrl+Shift】组合键在各个输入法之间依次进行切换，使用【Ctrl+ . 】组合键进行中西文标点的切换。

注意：输入汉字时要使用中文标点。

2）在文本编辑区输入文本后，单击快速访问工具栏中的“保存”按钮，或者选择“文件”菜单中的“保存”命令保存文件，首次保存文件时弹出“另存为”对话框，如图 2.3 所示。选择保存路径为 D 盘，输入文件名“珍惜.docx”，然后单击“保存”按钮即可。在输入和编辑文本的过程中应随时存盘，再次保存文件时，则不会再弹出“另存为”对话框。也可以使用【Ctrl+S】组合键存盘。

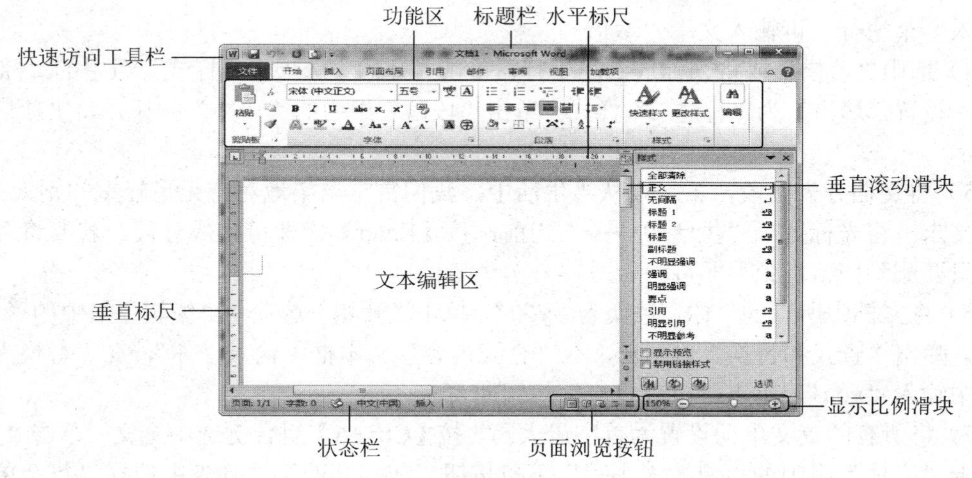

图 2.1　Word 2010 的工作界面

你有过这样的经历吗？某一天你的母亲帮你洗衣服时，不小心揉皱了你的衣领。不巧，上班时你多嘴的同事因此奚落了你，为此你对着母亲生了半天的气；女孩子也许还有这样的兴致，小心地伺候花草，为小宠物科学配食，却无暇顾及亲人的“胃”；更不用说，众人眼里文静的你，在家也会“河东狮吼”。生活中，我们常常温柔地对待无足轻重的别人，对小花、小草、小动物尚能有一片爱惜与宽容之情，却刻薄了生命中至亲至爱的人。学心理学的朋友曾对我说过这样一种现象，整天在外乐呵呵的人，对自己的家人往往脾气很坏。对此定论，我当时不以为然，甚至觉得毫无道理。可细究起来，却发现这句话里晃着真理的影子。每个人都有自己遭遇挫折后的心理调节系统，而挫折容忍力低的人，也就容易找“替罪羊”来消解不满。我们很多人不都有这样一种想法：因为是自己人，所以才不遮不挡，如果错了，他们也会原谅我们。于是，家庭成为许多人的情感垃圾站，把自己在外受的委屈“理所当然”地转嫁给家人或朋友。即使后来醒悟，也只是有一点点不好意思，殊不知有时对你爱得越深的人，被你也伤得越深。珍惜多好。因为珍惜，我们不再随意发泄，当再次受伤后，我们学会冷静梳理，然后理智地倾诉。因为珍惜，我们总是用一个感恩的心凝视这个世界并超越世俗的斤斤计较与恩怨相报。因为珍惜，我们找回自信。其实爱你的、关心你的人好多，那曾经不小心落在红尘中的微笑，重新绽放在心灵深处。因为珍惜，我们爱得更深，给的更多。因为珍惜，我们冲破了“唯有被爱才是幸福”的定论，爱是一种能力，而珍惜是爱的翅膀。这个世界并不缺少关爱，这个世界少的是会飞的爱——珍惜。

图 2.2　示例文字 1

图 2.3　“另存为”对话框

3）在文档最前面插入一行标题“珍惜”。将光标放在文档最前面，按【Enter】键，即可插入一个空行，再输入文本“珍惜”。

4）选中“珍惜”或将光标放到第 1 行，单击“开始”选项卡“样式”组中的“标题 2”按钮，设置“珍惜”为“标题 2”样式；单击“段落”组中的“居中”按钮，将“珍惜”居中显示。

5）将文档分为两段，第二段从“生活中，我们常常温柔地对待无足轻重的别人……”直到文末。将光标置于“生活中……”句前，按【Enter】键即可完成分段。若要将两段合并，只要删除段落标记↵即可。

6）将文档中所有的“你”替换为“you”。单击“开始”选项卡“编辑”组中的“替换”按钮，弹出“查找和替换”对话框，在“查找内容”文本框中输入“你”，在“替换为”文本框中输入“you”，单击“全部替换”按钮即可。

7）将所有的英文单词设置为首字母大写。按【Ctrl+A】组合键选中全文，单击“开始”选项卡“字体”组中的“更改大小写”下拉按钮，在打开的下拉列表中选择“每个单词首字母大写”选项即可，如图 2.4 所示。

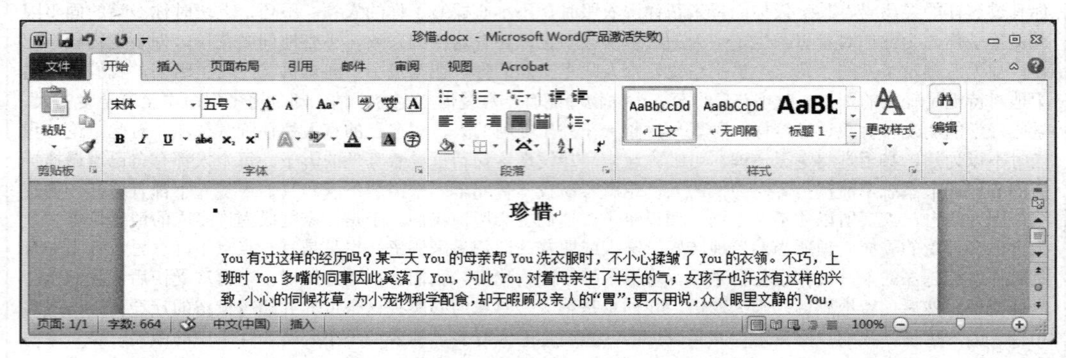

图 2.4　每个单词首字母大写

8）将所有英文字母设置为蓝色。单击“开始”选项卡“编辑”组中的“替换”按钮，弹出“查找和替换”对话框，先将光标定位在“查找内容”文本框，单击“更多”按钮，在打开的新界面中单击“特殊格式”下拉按钮，在打开的下拉列表中选择“任意字母”选项，这时在“查找内容”文本框显示“^$”符号，表示任意字母；然后将光标定位在“替换为”文本框，单击“格式”下拉按钮，在打开的下拉列表中选择“字体”选项，在弹出的“替换字体”对话框中设置字体颜色为蓝色即可，应保持“替换为”文本框中是空的，表示只替换格式。

9）将文档以原名保存到 D 盘。单击“视图”选项卡“文档视图”组中的各个按钮，分别以页面、阅读版式、Web 版式、大纲和草稿等视图方式显示文档，观察各种视图的不同显示效果。

10）设置字体和段落格式。将正文首行缩进 2 字符，字号设置为小四号，中文字体设置为华文行楷，所有英文字体设置为 Arial Black，行间距设置为固定值 18 磅。单击“开始”选项卡“字体”组右下角的对话框启动按钮，弹出“字体”对话框，如图 2.5 所示，设置字号为四号，中文字体为华文行楷、西文字体为 Arial Black。再单击“开始”选项卡的“段落”组右下角的快速启动按钮，弹出“段落”对话框，如图 2.6 所示，设置特殊格式为首行缩进，磅值为 2 字符，设置行距为固定值 18 磅。

注意：若先设置中文字体，再设置英文字体，则英文字体只对英文有效，中文保留原来的字体格式。

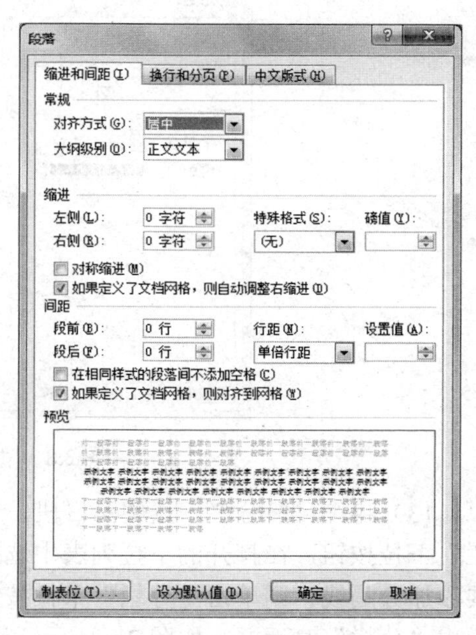

图 2.5　“字体”对话框　　　　图 2.6　“段落”对话框

11）进行页面设置。选择“页面布局”选项卡，“页面设置”组包括“纸张大小”“页边距”“纸张方向”等下拉按钮，设置纸张大小为 B5（JIS），页边距均为 2 厘米。单击“页面背景”组中的“页面边框”按钮，弹出“边框和底纹”对话框，单击“艺术型”下拉按钮，在打开的下拉列表中选择需要的艺术型边框，如图 2.7 所示。

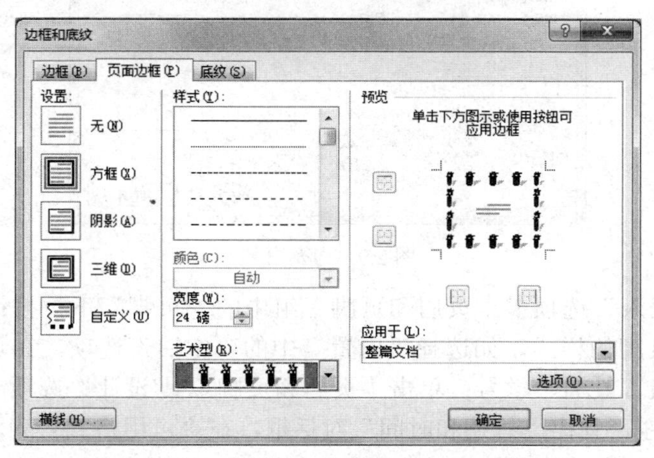

图 2.7　“边框和底纹”对话框 1

12）将第二段添加 25%红色底纹。选中第二段，单击“页面布局”选项卡“页面背景”组中的“页面边框”按钮，弹出“边框和底纹”对话框，切换到“底纹”选项卡，如图 2.8

所示，在“样式”下拉列表中选择“25%”选项，在“颜色”下拉列表中选择红色，在“应用于”下拉列表中选择“段落”选项，单击“确定”按钮。

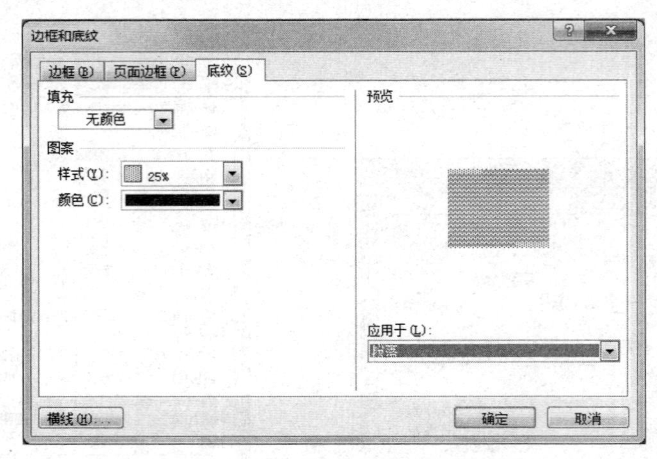

图 2.8　“边框和底纹”对话框 2

13）将第二段分栏。选中第二段，单击“页面布局”选项卡“页面设置”组中的“分栏”下拉按钮，在打开的下拉列表中选择“两栏”选项，即可将选定段落分为两栏；如果要添加分隔线，则单击“分栏”下拉按钮，在打开的下拉列表中选择“更多分栏”选项，弹出“分栏”对话框，如图 2.9 所示，选中“分隔线”复选框即可。

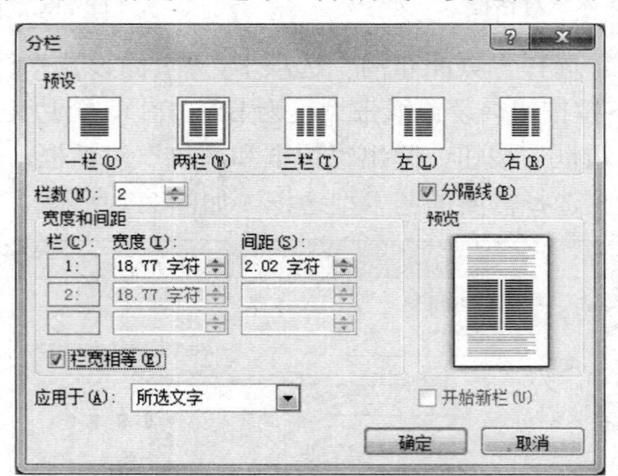

图 2.9　段落分栏

14）单击“插入”选项卡“页眉和页脚”组中的“页脚”下拉按钮，在打开的下拉列表中选择一种页脚的样式，如选择“内置”中的“空白”选项。在页脚处的“键入文字”位置输入班级、姓名、学号；单击“页眉和页脚工具|设计”选项卡“插入”组中的“日期和时间”按钮，弹出“日期和时间”对话框，在“可用格式”列表框中选择一种日期和时间的样式，选中右下角的“自动更新”复选框，设置字体为宋体、小四，单击“确定”按钮即完成页脚的设置；单击“关闭”组中的“关闭页眉和页脚”按钮，回到正文的编辑状态。

15）设置第二段首字下沉的效果。将光标定位在第二段，单击“插入”选项卡“文本”

组中的“首字下沉”下拉按钮，在打开的下拉列表中选择“首字下沉选项”，在弹出的“首字下沉”对话框中将第二段设置为首字下沉，并适当调整下沉行数。

16）添加水印。单击“页面布局”选项卡“页面背景”组中的“水印”下拉按钮，在打开的下拉列表中选择“自定义水印”选项，在弹出的“水印”对话框中选中“文字水印”单选按钮，设置“文字”为非常机密，“字体”为楷体，“字号”为 44，“颜色”为绿色，“版式”为斜式，单击“确定”按钮，即可为文档添加水印。

文档最终排版效果如图 2.10 所示。

珍惜

You有过这样的经历吗？某一天You的母亲帮You洗衣服时，不小心揉皱了You的衣领。不巧，上班时You多嘴的同事因此笑话了You，为此You对着母亲生了半天的气；女孩子也许还有这样的兴致，小心的伺候花草，为小宠物科学配食，却无暇顾及亲人的“胃”；更不用说，众人眼里文静的You，在家也会“河东狮吼”。

生活中，我们常常谈亲地对待无足轻重的别人，对小花小草小动物都能有一片爱惜与宽容，却忘掉剥夺了生命中至亲至爱的人。学心理学的朋友曾对我说过这样一种现象，整天在外呵呵的人，对自己的家人往往脾气很坏。对此定论，我当时不以为然，甚至觉得毫无道理。可细究起来，却发现这句话里也有真理的影子。每个人都有自己的遭遇挫折后的心理调节系统，而挫折容忍力低的人，也就容易找“替罪羊”来消解不满。我们很多人不都有这样一种想法：因为是自己人，所以才不造不拘，错了，他们也会原谅我们。于是，家是成为许多人的情感垃圾站，把自己在外受的委屈“理所当然”地转嫁给家人或朋友。即使后来醒悟，也只是有一点点不好意思，殊不知有时对You爱得越深的人，被You也伤得越深。珍惜多好。因为珍惜，我们不再随意发泄，当再次受伤后，我们学会冷静整理，然后理智地倾诉。因为珍惜，我们总是用一个感恩的心凝视这个世界并超越世俗的斤斤计较与患得患失。因为珍惜，我们找回自信。其实爱You的、关心You的人好多，那曾经不小心遗落在红尘中的微笑，重新绽放在心灵深处。因为珍惜，我们爱得更深，给的更多。因为珍惜，我们冲出了“唯有被爱才是幸福”的偏见，爱是一种能力，而珍惜是爱的翅膀。这个世界并不缺少美爱，这个世界少的是会飞的爱——珍惜。

计算机1601，王小明，1234567890，2018年5月9日。

图 2.10　文档样例 1

3. 制作问卷调查表

在 D 盘中新建一个名为“大学生问卷调查表.docx”的文档，输入如图 2.11 所示文本内容。按照下述步骤对文档进行排版。

1）任选一种中文输入法，在第 1 行输入标题“大学生问卷调查表”，单击“开始”选项卡“样式”组中的“标题 3”按钮，并使其居中。在第 2 行输入正文内容，每输入一行问题，按【Shift+Enter】组合键插入一个分行符，然后在下一行输入问题选项。使用同样的方法，输入所有问题及选项。设置正文字体为仿宋体，字号小五号，加粗。

2）在文末适当的位置输入日期。单击“插入”选项卡“文本”组中的“日期和时间”按钮，弹出“日期和时间”对话框，如图 2.12 所示。在“可用格式”列表框中选择一种日期格式，即可在文档末尾插入当前日期，并设置右缩进10字符。

大学生问卷调查表
感谢你抽出宝贵时间，填写这份问卷调查表，你的意见将为我们学校的改进工作做出很大贡献。
你现在所在的大学是你理想中的大学吗？
是不是超出意料
你选择就读的理由是？
理想没有其他选择糊里糊涂考上了
你对目前在学校的学习、生活的节奏和方式还适应吗？
适应不适应勉强可以
你对未来四年的大学生活有过规划吗？
有没有有，但不详细
如今已是大学生的你会如何看待大学？
学习场所展示自我的舞台文化资源丰富的小社会
为丰富校园生活，你会积极参加各项活动及社会实践吗？
会适当参加不会
在面对比你优秀的同学时你会：
有自卑感并远离他们无所谓，轻视他们取彼之长补己之短
你现在有明确的学习计划吗？
有没有尚在考虑中
大学学习生活看似轻松，可实际上竞争激烈，你会怎么学习？
延续高中学习方法和态度科学利用时间学习用不着多么认真，及格就行
在学习生活中你有信心可以调整好心态面对挫折吗？
有没有遇到挫折时，希望有人能伸出援手
在大学里，你学习英语的动机是什么？
兴趣所向过四、六级将来好就业形势所迫
你对自己现在学习的专业满意吗？
满意不满意不知道
你有创办自己的公司或者企业的意向吗？
有没想过不知道

图 2.11　示例文字 2

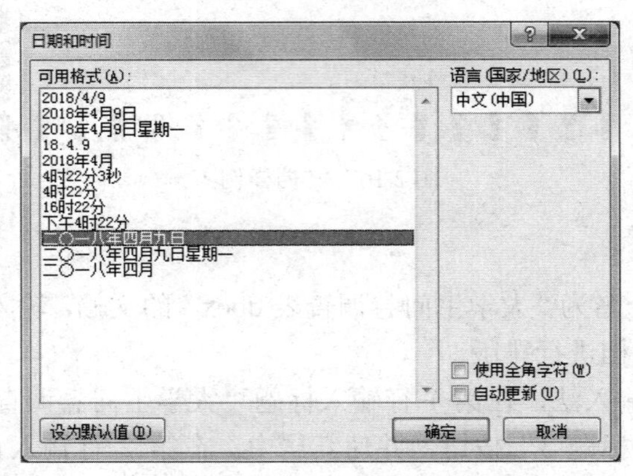

图 2.12　“日期和时间”对话框

3）将光标定位到正文第3行文本“是”之前，单击“插入”选项卡“符号”组中的“符号”下拉按钮，在打开的下拉列表中选择“其他符号”选项，弹出“符号”对话框，

如图 2.13 所示。在“字体”下拉列表框中选择“Wingdings”选项，选择空心圆形符号，单击“插入”按钮。使用同样的方法，在文本中插入相同的符号。

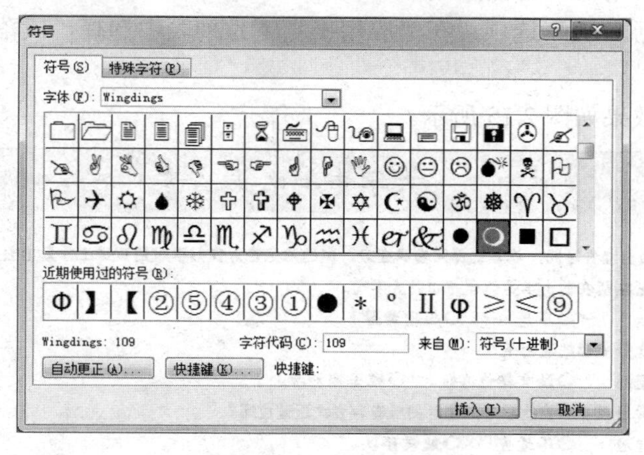

图 2.13　“符号”对话框

4）将光标定位到正文第 10 行句末，在“字体”下拉列表框中选择“Wingdings 2”选项，选择星形符号，单击“插入”按钮。使用同样的方法，在文本中插入相同的符号。

5）使用项目符号和编号。选中从正文第 2 行开始至文末的全部文字，单击“开始”选项卡“段落”组中的“编号”下拉按钮，在打开的下拉列表中选择“编号库”中第 1 行第 2 列的格式，对选中的段落进行编号，如图 2.14 所示。

图 2.14　使用项目符号和编号

6）选中第一段，单击“页面布局”选项卡“页面背景”组中的“页面边框”按钮，弹出“边框与底纹”对话框，选择“底纹”选项卡，在“填充”颜色面板中选择“蓝色，强调文字颜色 1，淡色 60%”选项，在“应用于”下拉列表中选择“段落”选项，单击“确定”按钮即可。

文档最终排版效果如图 2.15 所示。

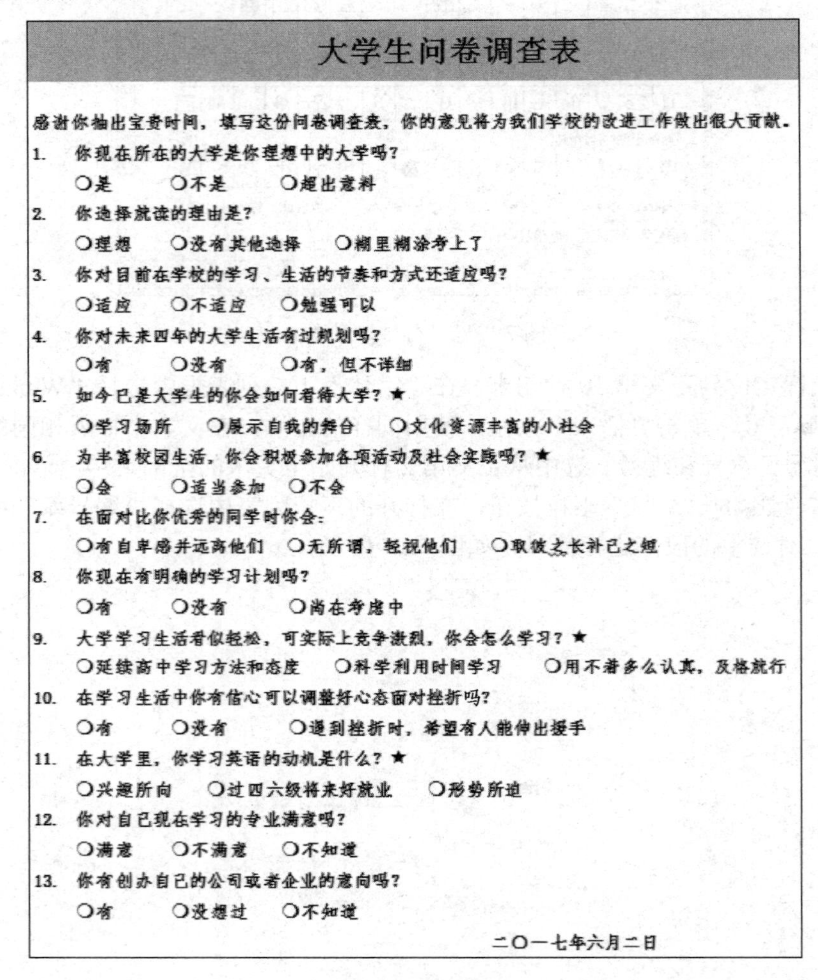

大学生问卷调查表

感谢你抽出宝贵时间，填写这份问卷调查表，你的意见将为我们学校的改进工作做出很大贡献。

1. 你现在所在的大学是你理想中的大学吗？

❍是 ❍不是 ❍超出意料

2. 你选择就读的理由是？

❍理想 ❍没有其他选择 ❍糊里糊涂考上了

3. 你对目前在学校的学习、生活的节奏和方式还适应吗？

❍适应 ❍不适应 ❍勉强可以

4. 你对未来四年的大学生活有过规划吗？

❍有 ❍没有 ❍有，但不详细

5. 如今已是大学生的你会如何看待大学？★

❍学习场所 ❍展示自我的舞台 ❍文化资源丰富的小社会

6. 为丰富校园生活，你会积极参加各项活动及社会实践吗？★

❍会 ❍适当参加 ❍不会

7. 在面对比你优秀的同学时你会：

❍有自卑感并远离他们 ❍无所谓，轻视他们 ❍取彼之长补己之短

8. 你现在有明确的学习计划吗？

❍有 ❍没有 ❍尚在考虑中

9. 大学学习生活看似轻松，可实际上竞争激烈，你会怎么学习？★

❍延续高中学习方法和态度 ❍科学利用时间学习 ❍用不着多么认真，及格就行

10. 在学习生活中你有信心可以调整好心态面对挫折吗？

❍有 ❍没有 ❍遇到挫折时，希望有人能伸出援手

11. 在大学里，你学习英语的动机是什么？★

❍兴趣所向 ❍过四六级将来好就业 ❍形势所迫

12. 你对自己现在学习的专业满意吗？

❍满意 ❍不满意 ❍不知道

13. 你有创办自己的公司或者企业的意向吗？

❍有 ❍没想过 ❍不知道

二〇一七年六月二日

图 2.15 文档样例 2

三、实践练习

1）在 Word 2010 中输入如图 2.16 所示的内容（正文为五号字），并将文档以“W1.DOC”为名（保存类型为“Word 文档”）保存在 E 盘中以自己所在系、班级、学号所建立的文件夹中。

要求：

① 第一段：楷体、二号、斜体、加字符底纹。

② 第二段：黑体、三号。

③ 第三段：加粗、加下划线。

④ 段落缩进：第二段、第三段首行缩进两个汉字。

⑤ 第二段与第一段的段前间距为2行，与第三段的段后间距为2行。

> 什么是PHP？PHP，一个嵌套的缩写名称，是英文“超文本预处理语言”（Hypertext Preprocessor）的缩写。
>
> PHP是一种HTML内嵌式的语言，PHP与微软的ASP颇有几分相似，都是一种在服务器端执行的“嵌入HTML文档的脚本语言”，语言的风格类似于C语言，现在被很多的网站编程人员广泛地运用。
>
> PHP独特的语法混合了C、Java、Perl以及PHP自创的新语法。

图2.16 示例文字3

文档最终排版效果如图2.17所示。

> *什么是PHP？PHP，一个嵌套的缩写名称，是英文“超文本预处理语言”（HypertextPreprocessor）的缩写。*
>
> **PHP是一种HTML内嵌式的语言，PHP与微软的ASP颇有几分相似，都是一种在服务器端执行的“嵌入HTML文档的脚本语言”，语言的风格类似于C语言，现在被很多的网站编程人员广泛地运用。**
>
> **PHP独特的语法混合了C、Java、Perl以及PHP自创的新语法。**

图2.17 文档样例3

2）在Word 2010中输入如图2.18所示的内容（正文为五号字），并将文档以“W2.DOC”为名（保存类型为“Word文档”）保存在E盘中以自己所在系、班级、学号所建立的文件夹中。

> WordStar是一个较早产生并已十分普及的文字处理系统，风行于20世纪80年代，汉化的WordStar在我国曾非常流行。1989年，香港金山公司WPS（Word Processing System），是完全针对汉字处理重新开发设计的，在当时我国的软件市场上独占鳌头。

图2.18 示例文字4

要求：

① 在本段的前面插入一行标题：文字处理软件的发展。

② 将标题“文字处理软件的发展”居中，并将标题中的“文字处理”设置为红色，字符间距设置为加宽6磅，位置为提升6磅，加上着重号；将标题中的“软件的发展”的字号设置为二号，然后为标题添加15%的底纹及2.25磅的阴影边框。

③ 将文字“汉”标记为带圈字符。

④ 在词语“独占鳌头”上方标注拼音。

文档最终排版效果如图 2.19 所示。

文 字 处 理 **软件的发展**

WordStar 是一个较早产生并已十分普及的文字处理系统，风行于 20 世纪 80 年代，㊗汉化的 WordStar 在我国曾非常流行。1989 年，香港金山公司 WPS（Word Processing System），是完全针对汉字处理重新开发设计的，在当时我国的软件市场上独占鳌头（dú zhàn áo tóu）。

图 2.19 文档样例 4

3）在 Word 2010 中输入如图 2.20 所示的内容（正文为五号字），并将文档以“W3.DOC”为名（保存类型为“Word 文档”）保存在 E 盘中以自己所在系、班级、学号所建立的文件夹中。

随着计算机技术与信息技术的飞速发展及广泛应用，对于人才培养基地的高等院校来说，计算机基础教育已经成为各学科发展的基石之一。它既是文化基础教育，又是人才素质教育，更是强有力的技术基础教育。

图 2.20 示例文字 5

要求：

① 将“对于人才培养基地的高等院校来说”的背景设置为 20%的灰色。

② 将“随着计算机技术与信息技术的飞速发展及广泛应用”加上红色边框，并设字号为三号。

③ 将“又是人才素质教育”的字体设置为红色。

④ 将“它既是文化基础教育”加下划线，并设置为斜体字和加粗。

⑤ 将“更是强有力的技术基础教育”加着重号。

文档最终排版效果如图 2.21 所示。

随着计算机技术与信息技术的飞速发展及广泛应用，对于人才培养基地的高等院校来说，计算机基础教育已经成为各学科发展的基石之一。***<u>它既是文化基础教育</u>***，又是人才素质教育，更是强有力的技术基础教育。

图 2.21 文档样例 5

4）在 Word 2010 中输入如图 2.22 的内容（正文为五号字），并将文档以“W4.DOC”为名（保存类型为“Word 文档”）保存在 E 盘中以自己所在系、班级、学号所建立的文件夹中。

要求：

① 将“正在形成一种相辅相成的关系”的背景设置为 30%的灰色。

最近，计算机与生态的关系日益受到人们的重视，正在形成一种相辅相成的关系。以前，无论是计算机制造商还是使用计算机的用户都过多地认为计算机消耗大量能源是理所当然的事，谁也没有把它当成一个问题来考虑。

图 2.22 示例文字 6

② 将“无论”的字号设置为二号并给其加边框。
③ 将“当成一个问题”的字体设置为蓝色。
④ 将“相辅相成”设置为斜体、加粗，并加下划线。
⑤ 将“消耗大量能源”加着重号。
⑥ 将整个段落的行距设置为 2 倍行距。
⑦ 将文档的页面设置为左边界为 3 厘米，右边界为 2.5 厘米，上、下边界各为 2.5 厘米。
⑧ 将文档第一段开头的“最”字设置为首字下沉 2 行。
文档最终排版效果如图 2.23 所示。

近,计算机与生态的关系日益受到人们的重视，正在形成一种*相辅相成*的关系。

以前，无论是计算机制造商还是使用计算机的用户都过多地认为计算

机消耗大量能源是理所当然的事，谁也没有把它当成一个问题来考虑。

图 2.23 文档样例 6

5）新建一个 Word 文档，然后输入如图 2.24 所示的内容（注意分段输入）。

人文地铁提升沈阳城市品质

有人说，公共交通工具是“文化沙漠”，它只记录着人们每日的匆匆而过。然而，在沈阳地铁的建设理念当中，人文地铁，则是其发展的根本核心之一！在沈阳地铁建设者的眼中，地铁可以摆脱公共交通工具的属性，成为展示城市公共艺术的窗口。因此，沈阳地铁文化从无到有，从简陋到丰富，从小众过渡到大众，将逐渐承载起一个城市的品质。

那么，沈阳的人文地铁该如何定义？沈阳是一座拥有几千年历史的名城，是新中国的工业长子，是东北经济振兴的龙头，每一张沈阳的城市名片，都毋庸置疑地要在地铁的文化理念中得以展现。当人们乘坐飞快的地铁在地下穿梭于城市之中时，不该忽略地上的繁荣与精彩。因此，地铁需要将市民带入一个崭新的文化空间。

图 2.24 示例文字 7

利用所学知识点对上面的文章进行排版，完成效果如图 2.25 所示。

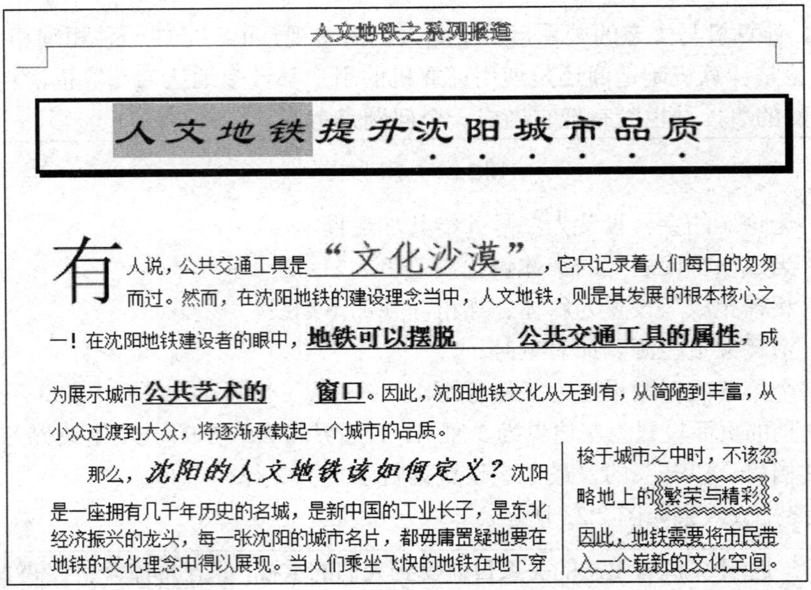

人文地铁之系列报道

人文地铁提升沈阳城市品质

有人说，公共交通工具是“文化沙漠”，它只记录着人们每日的匆匆而过。然而，在沈阳地铁的建设理念当中，人文地铁，则是其发展的根本核心之一！在沈阳地铁建设者的眼中，**地铁可以摆脱　　公共交通工具的属性**，成为展示城市**公共艺术的　　窗口**。因此，沈阳地铁文化从无到有，从简陋到丰富，从小众过渡到大众，将逐渐承载起一个城市的品质。

那么，***沈阳的人文地铁该如何定义？***沈阳是一座拥有几千年历史的名城，是新中国的工业长子，是东北经济振兴的龙头，每一张沈阳的城市名片，都毋庸置疑地要在地铁的文化理念中得以展现。当人们乘坐飞快的地铁在地下穿梭于城市之中时，不该忽略地上的繁荣与精彩。因此，地铁需要将市民带入一个崭新的文化空间。

图 2.25　文档样例 7

实验 3 Word 2010 表格制作

一、实验目的

1）掌握表格的建立和编辑方法。
2）掌握表格的格式化方法。
3）掌握表格的合并与拆分方法。
4）掌握表格样式的使用方法。
5）掌握特殊表格的制作方法。

二、实验内容及步骤

1. 创建和编辑一个学生成绩表

1）单击“插入”选项卡“表格”组中的“表格”下拉按钮，在打开的下拉列表中选择“插入表格”选项，弹出“插入表格”对话框。设置“行数”为 5，“列数”为 6，如图 3.1 所示。单击“确定”按钮，完成建立表格操作。将其保存到 D 盘中的 Word 文件夹中，设置文件名为“学生成绩表.docx”。

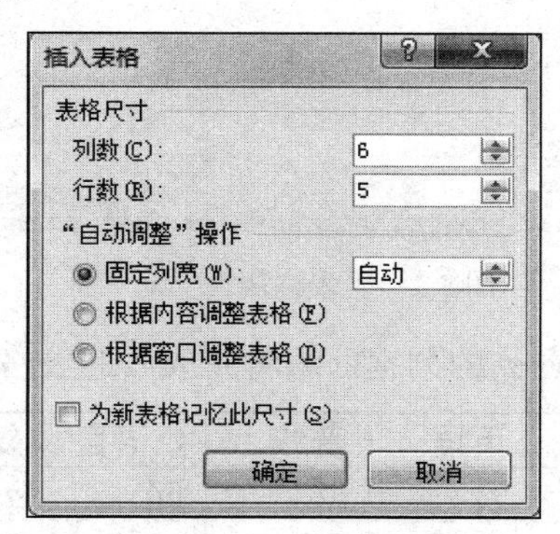

图 3.1 “插入表格”对话框

2）单击单元格，在表格中输入相应的内容，如图 3.2 所示。

姓名	高等数学	英语	普物	C 语言	德育
王明皓	90	91	88	64	72
张朋	80	86	75	69	76
李霞	90	73	56	76	65
孙艳红	78	69	67	74	84

图 3.2 学生成绩表

3）插入行和列。在表格右侧插入 2 列，列标题分别为“平均分”和“总分”。将光标置于“德育”所在列的任一单元格中，Word 2010 中的选项卡区中会出现“表格工具”选项卡。单击“表格工具|布局”选项卡“行和列”组中的“在右侧插入”按钮，在出现的新列中输入列标题为“平均分”。使用相同的方法插入“总分”列。

4）在表格下侧插入 1 行，行标题为“各科最高分”。将光标置于表格的最后 1 行中，单击“表格工具|布局”选项卡“行和列”组中的“在下方插入”按钮，在出现的新行中输入行标题为“各科最高分”。

5）调整行高和列宽。将表格第 1 行的行高调整为最小值 1.2 厘米，将表格“平均分”列的列宽调整为 2.0 厘米。选中表格第 1 行，单击“表格工具|布局”选项卡“表”组中的“属性”按钮，弹出“表格属性”对话框，在对话框的“行”选项卡中选中“指定高度”复选框，并修改高度为 1.2 厘米，如图 3.3 所示。采用相同的方法修改“平均分”列的列宽为 2.0 厘米。

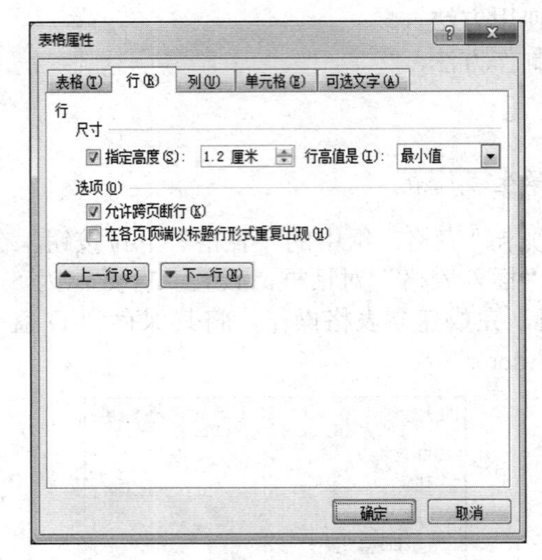

图 3.3 “表格属性”对话框

6）拖动鼠标，适当调整各列的列宽，编辑完成后的表格如图 3.4 所示。

姓名	高等数学	英语	普物	C 语言	德育	平均分	总分
王明皓	90	91	88	64	72		
张朋	80	86	75	69	76		
李霞	90	73	56	76	65		
孙艳红	78	69	67	74	84		
各科最高分							

图 3.4 表格样例 1

7）格式化表格。使用“表格工具”选项卡的“设计”选项卡可以方便地进行表格的格式化操作。将光标置于表格中，即可显示“表格工具”选项卡，其中包含常用的表格操作工具。单击“表格工具|布局”选项卡“对齐方式”组中的“水平居中”按钮，即可将单元

格中的内容设置为水平居中和垂直居中。图 3.5 所示为部分表格工具。

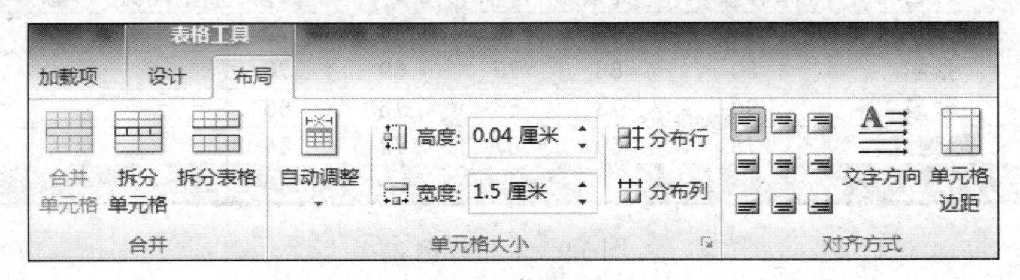

图 3.5　部分表格工具

在“开始”选项卡中，将表格最后 1 行的文字格式设置为加粗、倾斜，将表格中所有单元格内容设置为水平居中、垂直居中。

8）设置表格外框线为蓝色、1.5 磅的实线，内框线为 0.5 磅虚线。选中整个表格后，出现“表格工具”选项卡，选择“设计”选项卡，在“绘制边框”组中设置线条线宽 1.5 磅、颜色为蓝色，如图 3.6 所示。再单击“表格样式”组中“边框”下拉按钮，在打开的下拉列表中选择“外侧框线”选项。使用相同的方法设置内框线为 0.5 磅虚线。

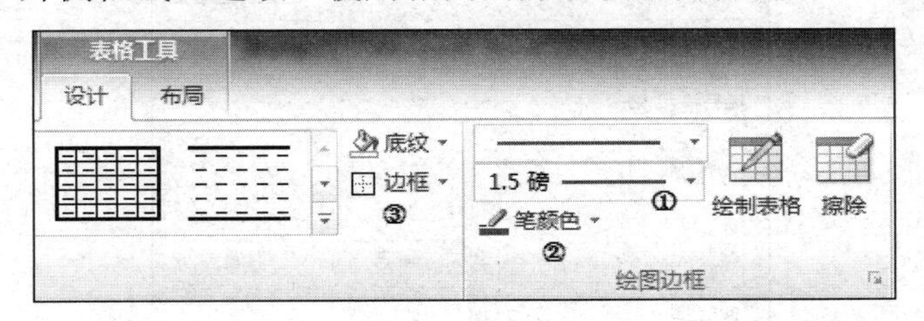

图 3.6　设置表格外框线

9）设置表格底纹。选中表格第 1 行后，单击“表格工具|设计”选项卡“表格样式”组中的“底纹”下拉按钮，在打开的下拉列表中选择“白色，背景 1，深色 15%”选项，如图 3.7 所示，使用同样的方法设置最后 1 行为紫色，强调文字颜色 4，淡色 40%。

10）将表格中的数据排序。首先按照“高等数学”成绩从高到低排序，然后按照“普物”成绩从高到低进行排序。将光标置于表格中，单击“表格工具|布局”选项卡“数据”组中的“排序”按钮，弹出“排序”对话框，设置排序关键字和类型，如图 3.8 所示。单击“确定”按钮，完成排序操作，结果如图 3.9 所示。

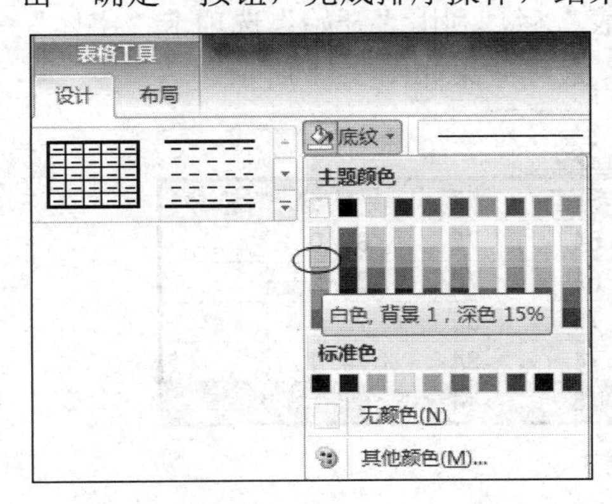

图 3.7　设置底纹

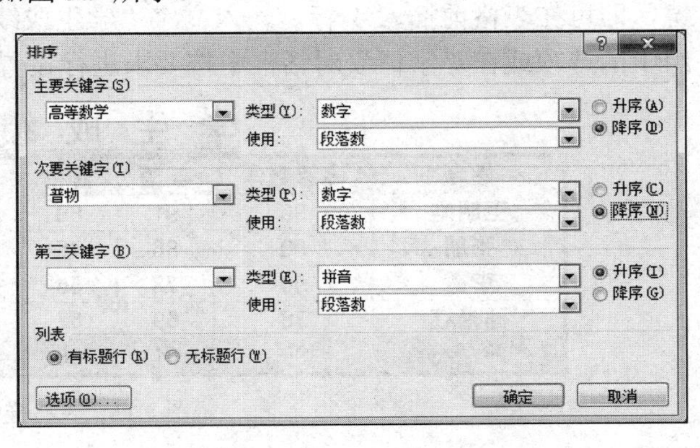

图 3.8　“排序”对话框

姓名	高等数学	英语	普物	C 语言	德育	平均分	总分
王明皓	90	91	88	64	72		
张朋	80	86	75	69	76		
李霞	90	73	56	76	65		
孙艳红	78	69	67	74	84		
各科最高分							

图 3.9　表格样例 2

11）计算每个学生的平均分（保留 1 位小数）及各科最高分。将光标置于第 1 个要计算平均分的单元格中，单击“表格工具|布局”选项卡“数据”组中的“公式”按钮，弹出“公式”对话框。将光标定位于“公式”文本框中的“=”后面，在“粘贴函数”下拉列表中选择“AVERAGE”选项，删去“公式”文本框中的“()SUM”，保留原来的“(LEFT)”，在“编号格式”文本框中输入“0.0”，以保证平均分为 1 位小数，如图 3.10 所示。单击“确定”按钮，完成平均分的计算。使用类似的方法，可以计算其他行的平均分。

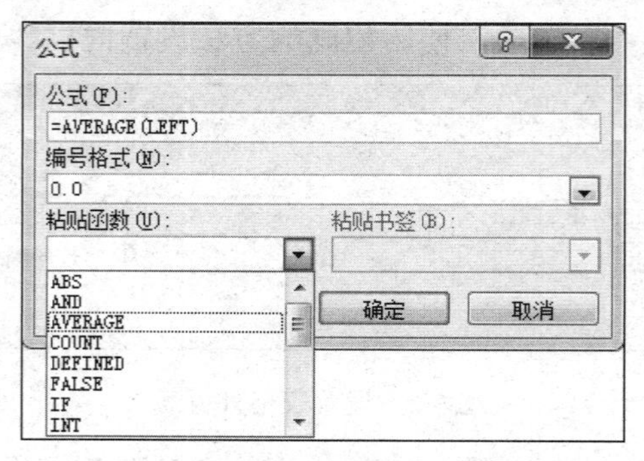

图 3.10　“公式”对话框 1

计算各科最高分时，应在“粘贴函数”下拉列表中选择“MAX”函数，操作过程和上面类似。

12）为表格增加标题行“学生成绩表”，格式为黑体、加粗、小三号字、居中、双下划线，字符间距加宽为 4 磅。

如果表格位于文档的第 1 行，可以将光标置于表格左上角的单元格中，然后按【Enter】键，即可在表格前插入 1 行。输入文字“学生成绩表”后，利用“开始”选项卡“字体”组中的选项或在“字体”对话框中按要求进行设置。最终效果如图 3.11 所示。

学 生 成 绩 表

姓名	高等数学	英语	普物	C 语言	德育	平均分	总分
王明皓	90	91	88	64	72	81.0	
张朋	80	86	75	69	76	77.2	
李霞	90	73	56	76	65	72.0	
孙艳红	78	69	67	74	84	74.4	
各科最高分	90	91	88	76	84		

图 3.11　表格样例 3

2. 制作试卷头表格

1）插入一个 6 行 12 列的表格，并输入标题“《课程名》试题（A）”，如图 3.12 所示。

《课程名》试题（A）

图 3.12　6 行 12 列表格

2）单元格合并与拆分。选中第 1 行中前 4 个单元格，单击“表格工具|布局”选项卡“合并”组中的“合并单元格”按钮，将 4 个单元格合并为一个单元格。使用相同的方法，将第 5～7 个单元格合并为一个单元格，将第 8～10 个单元格合并为一个单元格，将第 11 和第 12 个单元格合并为一个单元格。

同样，将第 2 行中前 4 个单元格合并为一个单元格，将第 5～12 个单元格合并为一个单元格。将第 3 行中前 4 个单元格合并为一个单元格，将第 5～8 个单元格合并为一个单元格，将第 9～12 个单元格合并为一个单元格。将第 4 行中前两个单元格合并为一个单元格，将第 3～12 个单元格合并为一个单元格。同时将第 5 行和第 6 行的第一个单元格合并为一个单元格。合并后的表格如图 3.13 所示。

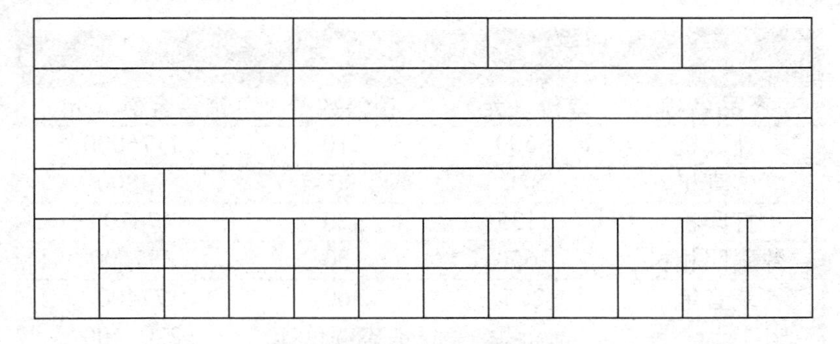

图 3.13　合并单元格后的样张

3）设置表格外边框。选定表格，单击“表格工具|设计”选项卡“表格样式”组中的“边框”下拉按钮，在打开的下拉列表中选择“边框和底纹”选项，弹出“边框和底纹”对话框，如图 3.14 所示。设置表格外边框的“宽度”为 1.5 磅，“颜色”为黑色，“样式”为实线，在“应用于”下拉列表中选择“表格”选项。

4）输入如图 3.15 试卷头样例中的文字，并适当调整各单元格的大小。表格最终效果如图 3.15 所示。

图 3.14 “边框和底纹”对话框

《课程名》试题 （A）

开课学院(系)：XXXXX 学院		适用学期：2016-2017（1）			考试时间：XX 分钟			共（X）页			
课 程 号：xxxxxxxx		本套试题发放答题纸 X 张，草纸 X 张。答案写在：题签/答题纸上									
考试类别：一级/二级		考试性质：考试/考查				考试方式：闭卷/开卷					
适用班级：											
平时成绩占 XX% 卷面成绩占 XX%	卷面总分	一	二	三	四	五	六	七	八	九	十
	合计 100 分										

图 3.15 试卷头样例

3. 制作一份产品销售表

表格效果如图 3.16 所示。

产品销售表			
产品名称	单价（元）	销售数量	销售金额（元）
计算机	5600	210	1176000
传真机	820	90	73800
打印机	1135	420	476700
数码照相机	2650	150	397500
录音笔	215	360	77400
		销售额总计	2201400

图 3.16 “产品销售表”样例

1）新建一个文档，将其命名为“产品销售表.docx”，并输入数据。设置第 1 行标题为楷体、三号、加粗；第 2 行表头格式为黑体、五号。

2）将光标定位到 D3 单元格中，单击“表格工具|布局”选项卡“数据”组中的“公式”按钮，弹出“公式”对话框，在“公式”文本框中输入“=PRODUCT(B3:C3)”，如图 3.17 所示，单击“确定”按钮。此时，单元格 D3 中显示单元格 B3 和 C3 中数据相乘的结果。

使用类似的方法，计算出其他产品的销售金额。

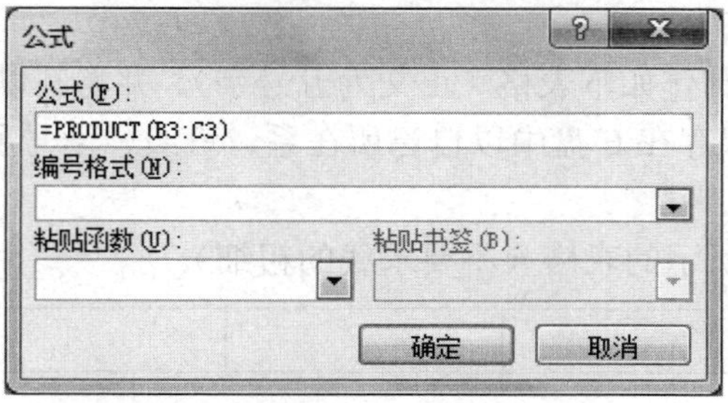

图 3.17 “公式”对话框 2

3）将光标定位到单元格 D8 中，单击“表格工具|布局”选项卡“数据”组中的“公式”按钮，弹出“公式”对话框。在“公式”文本框中输入“=SUM(D3:D7)”，单击“确定”按钮。此时，单元格 D8 中显示销售额总计的数据。

4）表格自动套用格式。选定表格，单击“表格工具|设计”选项卡“表格样式”组中的“中等深浅底纹 1-强调文字颜色 1”选项，表格效果如图 3.16 所示。

5）将表格转换为文本。选中表格，单击“表格工具 | 布局”选项卡“数据”组中的“转换为文本”按钮，弹出“表格转换成文本”对话框。在对话框中选择将原表格中的单元格文本转换成文字后的文本分隔符，如图 3.18 所示，并单击“确定”按钮。

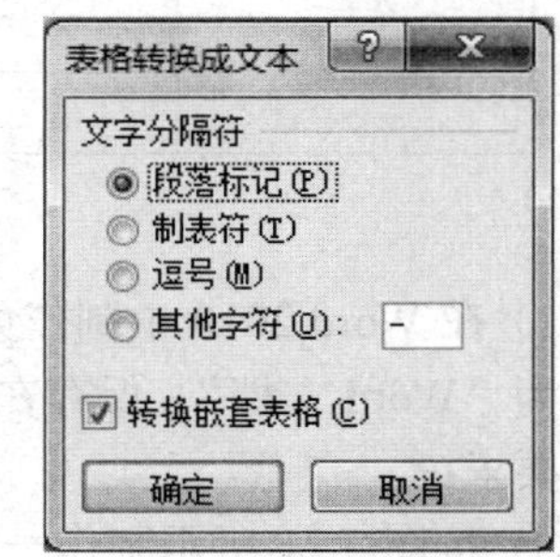

图 3.18 “表格转换成文本”对话框

将“产品销售表”转换成文本后的效果如图 3.19 所示。

产品销售表

产品名称	单价（元）	销售数量	销售金额（元）
计算机	5600	210	1176000
传真机	820	90	73800
打印机	1135	420	476700
数码照相机	2650	150	397500
录音笔	215	360	77400
		销售额总计	2201400

图 3.19 表格转换成文本后的效果

在 Word 中可以将表格转换成文本，也可以将文本转换为表格。将文本转换为表格时，应首先将要进行转换的文本格式化，即将文本中的每一行用段落标记隔开，每一列用分隔符（如逗号、空格、制表符等）分开，否则系统不能正确识别表格的行列分隔，从而导致不能正确转换。

三、实践练习

1）在 Word 2010 中制作如下表格（正文为五号字），并将其以“W5.docx”为名（保存类型为“Word 文档”）保存在 E 盘中以自己所在系、班级、学号所建立的文件夹中。

要求：

绘制一个如图 3.20 所示的表格（不要求线的粗细）。

<table>
<tr><td colspan="2"></td><td colspan="2"></td><td colspan="3"></td><td></td></tr>
<tr><td></td><td></td><td></td><td colspan="2"></td><td colspan="2"></td><td></td></tr>
<tr><td></td><td></td><td colspan="2"></td><td colspan="3"></td><td></td></tr>
<tr><td></td><td></td><td colspan="2"></td><td colspan="3"></td><td></td></tr>
<tr><td></td><td colspan="6"></td><td></td></tr>
<tr><td></td><td></td><td colspan="2"></td><td colspan="3"></td><td></td></tr>
<tr><td></td><td></td><td colspan="4"></td><td colspan="2"></td></tr>
</table>

图 3.20　表格样张 1

2）在 Word 2010 中制作如下表格（正文为五号字），并将其以“W6.docx”为名（保存类型为“Word 文档”）保存在 E 盘中以自己所在系、班级、学号所建立的文件夹中。

要求：

① 按图 3.21 所示制作一个表格。

学生成绩单				
姓名	高等数学	大学英语	计算机	总分
王志平	78	76	80	
卢明	93	67	72	
胡龙	86	73	65	
赵炎	90	74	90	
姜昆	68	88	95	

图 3.21　学生成绩单

② 将“学生成绩单”设置为粗体、居中，并设置字体为一号。

③ 在表格的末尾添加一行，行标题为“总分”。

④ 计算每个人的“总分”。

⑤ 利用表格工具，为表格设置一种格式。

⑥ 调整表格的边框线及底纹。利用“绘制表格”功能在表格右下角单元格画一条斜线。

⑦ 根据表格中的所有学生的“总分”，在当前文档中创建一个三维饼图，设置图表标题为“学生成绩表”，并将标题设置为 20 号、红色字体，为图表添加边框（黑色，线宽为 1.5 磅），设置饼图格式为“显示数值”。

最终效果如图 3.22 和图 3.23 所示。

学生成绩单				
姓名	高等数学	大学英语	计算机	总分
王志平	78	76	80	234
卢明	93	67	72	232
胡龙	86	73	65	224
赵炎	90	74	90	254
姜昆	68	88	95	251
总分	415	378	402	

图 3.22 表格样张 2

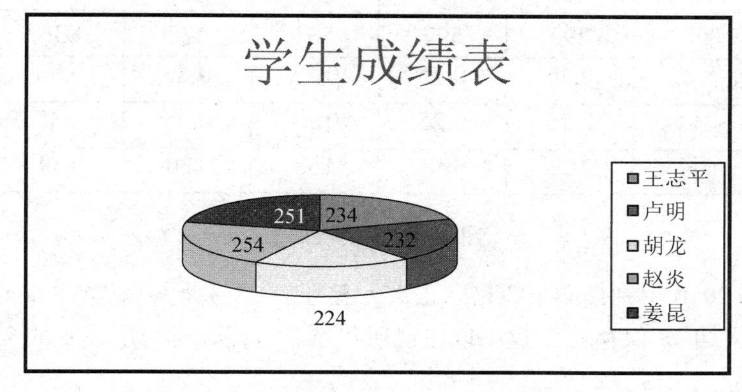

图 3.23 图表样张

3）在 Word 2010 中制作如下表格（正文为五号字），并将其以“W7.docx”为名（保存类型为“Word 文档”）保存在 E 盘中以自己所在系、班级、学号所建立的文件夹中。

要求：

① 按图 3.24 所示绘制一个表格。

两年间的现金流通量							
年份		1997			1998		
季度		Q1	Q2	Q3	Q1	Q2	Q3
成本	数量	99	199	168	105	209	200
	单价	3	3	3	4	4	4
	总计	297	597	504	420	836	800
利润	原料价格	0.75	0.75	0.75	0.85	0.85	0.85
	劳动力价格	0.25	0.25	0.25	0.35	0.35	0.35
	成本价格	102	148	168	120	169	150

图 3.24 两年间的现金流通量

② 为表格添加边框。

③ 表格中的第 1 行加蓝色底纹。

④ 表格中的内容都居中对齐。

⑤ 将“成本”与“利润”两个词设为红色斜体字。

最终效果如图 3.25 所示。

<table>
<tr><th colspan="8">两年间的现金流通量</th></tr>
<tr><td colspan="2">年份</td><td colspan="3">1997</td><td colspan="3">1998</td></tr>
<tr><td colspan="2">季度</td><td>Q1</td><td>Q2</td><td>Q3</td><td>Q1</td><td>Q2</td><td>Q3</td></tr>
<tr><td rowspan="3">成本</td><td>数量</td><td>99</td><td>199</td><td>168</td><td>105</td><td>209</td><td>200</td></tr>
<tr><td>单价</td><td>3</td><td>3</td><td>3</td><td>4</td><td>4</td><td>4</td></tr>
<tr><td>总计</td><td>297</td><td>597</td><td>504</td><td>420</td><td>836</td><td>800</td></tr>
<tr><td rowspan="3">利润</td><td>原料价格</td><td>0.75</td><td>0.75</td><td>0.75</td><td>0.85</td><td>0.85</td><td>0.85</td></tr>
<tr><td>劳动力价格</td><td>0.25</td><td>0.25</td><td>0.25</td><td>0.35</td><td>0.35</td><td>0.35</td></tr>
<tr><td>成本价格</td><td>102</td><td>148</td><td>168</td><td>120</td><td>169</td><td>150</td></tr>
</table>

图 3.25　表格样张 3

4）在 Word 2010 中制作如下表格（正文为五号字），并将其以“W8.docx”为名（保存类型为“Word 文档”）保存在 E 盘中以自己所在系、班级、学号所建立的文件夹中。

要求：

① 按图 3.26 所示绘制一个表格。

南方公司电话费汇总表

部门	办公室	3 月份	4 月份	5 月份
经理室	401	89.00	120.00	87.00
技术科	301	89.00	120.00	73.50
生产科	302	100.00	87.00	89.00
财务科	303	120.00	67.50	67.00
销售科	202	117.00	120.00	117.00
一车间	101	60.00	117.00	83.50
二车间	102	90.50	89.00	120.00

图 3.26　南方公司电话费汇总表

② 在最后 1 列的右侧增加 1 列，并在其第 1 行单元格中输入文字“合计”。

③ 在最后一列第 2～8 行单元格中输入相应行电话费的总和（必须用公式实现，直接输入数字无效）。

5）利用学过的 Word 知识制作如图 3.27 所示的表格（文字必须完全一致，照片任选）。

个人简历表

姓名	宋小英	性别	女	
年龄	22	民族	蒙古族	
学历	大学本科	籍贯	内蒙古突泉县	
培养方式	国家统招	联系电话	159123456	
身体状况	良好	电子邮箱	xiao_ying@hot.com	
英语水平	国家四级	通信地址	沈阳经济技术开发区11号街	

求职资格			
✧　曾任班级学生干部，具有团队合作精神 ✧　扎实的知识体系结构和渴求更多知识的进取心 ✧　对计算机的浓厚兴趣与对计算机工作的热爱			
项目开发经验			
1.　用C实现学生管理系统。 2.　组装焊接61板单片机，实现报时功能。 3.　2017年9月3日—9月10日在沈阳赛斯特信息技术培训学校参加JSP项目实习。			
所学课程与专业技能			
主修课程	软件工程、面向对象分析、算法设计与分析等		
基础课程	C语言/C++、离散数学、数据结构、操作系统、微机原理与体系结构、编译原理、数据库原理及应用、计算机网络系统集成、计算机专业外语等		
选修课程	现代企业管理、WTO基础知识、Java、DELPHI、电子商务、广告学等		
教育经历			
2014年-2018年	沈阳化工大学	计算机科学与技术专业	本科
曾获奖励	✧　2016—2017　获得国家励志奖学金 ✧　2015—2016　获得省级二等奖学金 ✧　2014至今　多次获得“百佳千优”奖学金		
2011—2014年	内蒙古第一中学	担任学习委员	高中
培训经历			
2017年8月	达尔文日语初级培训		
2017年12月	吉大软件测试培训（JAVA-275、JAVA-314、VB.net、C#.net、Oracle以及软件测试相关课程）		
自我评价			
在校期间获得多项奖学金，荣获“三好学生”等称号。工作认真，具有很强的组织和协调能力、乐于助人，生活简朴。基础知识扎实，专业知识全面，有很强的适应、动手和自学能力。			

图3.27　个人简历表样例

实验 4　Word 2010 图文混排

一、实验目的

1）熟练掌握图片的插入、编辑和格式设置方法。

2）了解绘制简单图形的方法及其格式设置方法。

3）掌握设置艺术字和文本效果的方法。

4）掌握设置 SmartArt 图形的方法。

5）掌握公式编辑器的使用方法。

6）掌握图文混排和页面排版的方法。

二、实验内容及步骤

1. 制作“短诗欣赏”文档

制作如图 4.1 所示的文档，其中包括自选图形、文本、图片和艺术字的格式设置。

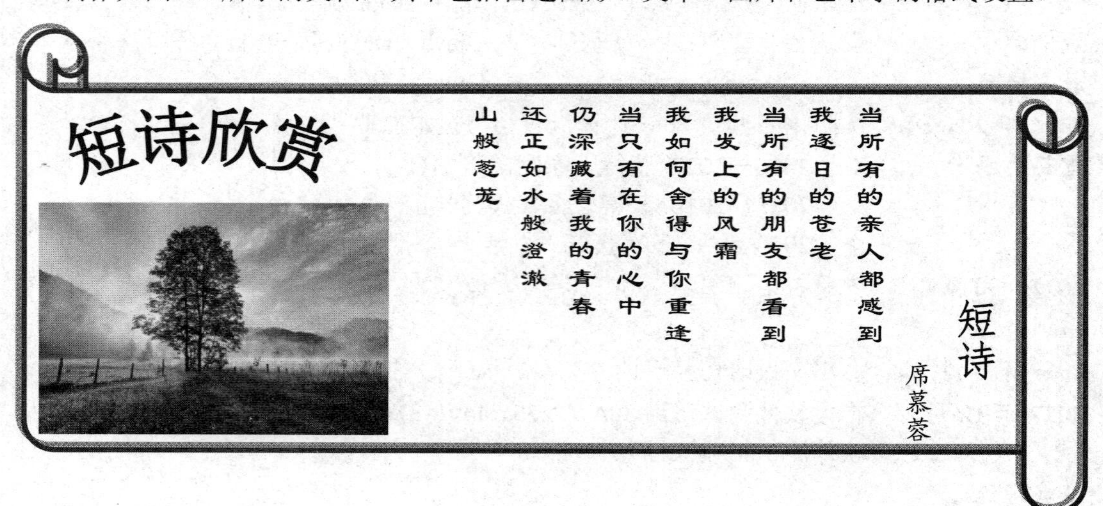

图 4.1　文档样例 1

1）选择“文件”菜单中“新建”命令中的“空白文档”，单击“创建”按钮。

2）单击“插入”选项卡“插图”组中的“形状”按钮，在打开的下拉列表中选择“星与旗帜”组中的“横卷形”选项，在文档空白处单击即可插入自选图形；右击自选图形，

在弹出的快捷菜单中选择“设置形状格式”命令，弹出“设置形状格式”对话框，在“填充”选项中选中“无填充”单选按钮；选中自选图形后，单击“绘图工具|格式”选项卡“排列”组中的“旋转”下拉按钮，在打开的下拉列表中选择“水平翻转”选项；单击“绘图工具|格式”选项卡“形状样式”组中的“形状效果”下拉按钮，在打开的下拉列表中选择一种效果设置自选图形的阴影效果。设置后如图 4.2 所示。

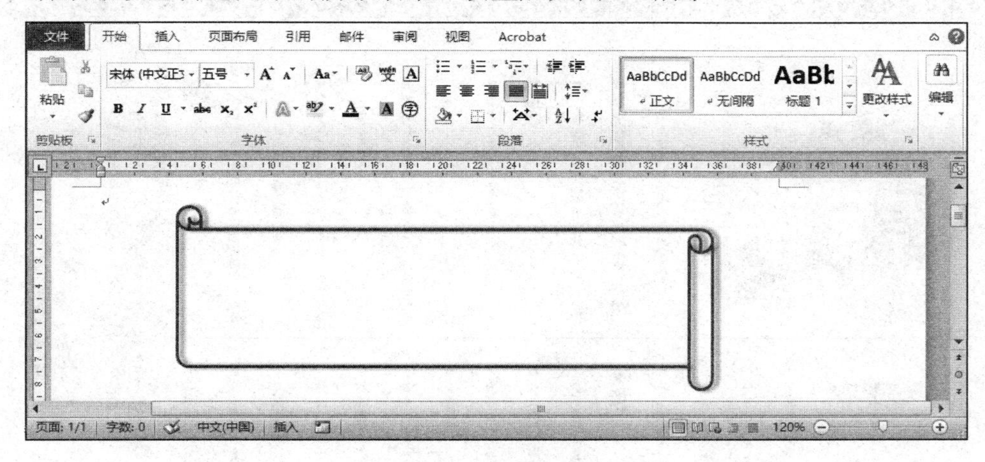

图 4.2　插入形状

3）输入文字。右击自选图形，在弹出的快捷菜单中选择“添加文字”命令，然后在其中输入图 4.1 所示的文字。单击“绘图工具|格式”选项卡“文本”组中的“文字方向”下拉按钮，在打开的下拉列表中选择“垂直”选项，则文字变为竖排。设置“短诗”为仿宋、三号，“席慕蓉”为楷体、5 号，其他文字为隶书、5 号。设置行距为最小值、20 磅。

4）插入图片。单击“插入”选项卡“插图”组中的“图片”按钮，插入一张图片。在“图片工具|格式”选项卡“图片样式”组中的样式预览列表框中，选择图片样式为“柔化边缘椭圆”，在“排列”组中单击“自动换行”下拉按钮，在打开的下拉列表中选择“四周型环绕”选项。

5）插入艺术字。单击“插入”选项卡“文本”组中的“艺术字”下拉按钮，在打开的下拉列表中选择一种样式，在弹出的文本框中输入文字“短诗欣赏”。单击“绘图工具|格式”选项卡，在“排列”组中单击“自动换行”下拉按钮，在打开的下拉列表中选择“四周型环绕”选项；在“艺术字样式”组中单击“文字效果”下拉按钮，在打开的下拉列表中选择“转换”选项，在“跟随路径”组内选择“上弯弧”样式。按住【Ctrl】键，依次选中艺术字“短诗欣赏”和“横卷形”图形，然后右击，在弹出的快捷菜单中选择“组合”命令，将两个对象组合在一起。

6）设置文本效果。选中文字，单击“开始”选项卡“字体”组中的“文本效果”下拉按钮，在打开的下拉列表中选择适当的样式，即完成文本效果的设置。

文档最终排版效果如图 4.1 所示。

2. 制作“人生格言”文档

制作如图 4.3 所示的文档，其中包括文本格式、项目符号、分栏及插入图片和艺术字等操作。

图 4.3 文档样例 2

1）输入如图 4.4 所示的文字。设置字体为仿宋、五号、加粗，字体颜色为标准色深蓝。设置“励志”为黑体、四号、加粗。

2）使用格式刷。选中“励志”文本，单击“开始”选项卡“剪贴板”组中的“格式刷”按钮，将“梦想”“爱情”“友情”设置成与“励志”相同的格式。

3）设置首字下沉。将光标置于第一段，单击“插入”选项卡“文本”组中的“首字下沉”下拉按钮，在打开的下拉列表中选择“首字下沉选项”选项，弹出“首字下沉”对话框，在“位置”组中选择“下沉”选项，设置“字体”为隶书，“下沉行数”为 2。

4）设置文字底纹。选中第一段文字，单击“开始”选项卡“段落”组中的“边框和底纹”下拉按钮，在打开的下拉列表中选择“边框和底纹”选项，弹出“边框和底纹”对话框。在“底纹”选项卡中设置填充的底纹为标准色浅蓝，在“应用于”下拉列表中选择“文字”选项，如图 4.5 所示。注意与添加段落底纹的区别。

5）设置项目符号。单击“开始”选项卡“段落”组中的“项目符号”下拉按钮，在“项目符号库”中选择合适的项目符号，为每一段文字添加项目符号。

有一位很有智慧的长者说过：今天每一个家长都会说，『孩子，我要你赢！』但是，却很少有家长教导说，“孩子，你该怎么输！输的原因怎么检讨出来！怎么原地爬起来！怎样渡过人生的各种难关！”

励志

在真实的生命里，每桩伟业都由信心开始，满怀信心跨出第一步。

觉得自己做得到和做不到，其实只在一念之间

将自己当“傻瓜”，不懂就问，你会学的更多

想象力比知识更重要

梦想

当你能飞的时候就不要放弃飞

当你能梦的时候就不要放弃梦

当你能爱的时候就不要放弃爱

爱情

爱一个人，要了解也要开解；要道歉也要道谢；要认错也要改错；要体贴也要体谅；

是接受而不是忍受；是宽容而不是纵容；是支持而不是支配；

是难忘而不是遗忘；是为对方默默祈求而不向对方诸多要求。

可以浪漫，但不要浪费，不要随便牵手，更不要随便放手。

友情

真正的朋友，不把友谊挂在口头上，他们并不为了友谊而相互要求点什么，而是彼此为对方做一切办得到的事。

友谊也像花朵，好好培养，可以开得更心花怒放，可是一旦任性或者不幸从根本上破坏了友谊，这朵花心上盛开的花，可以立刻萎颓凋谢的。

图4.4　文档文本

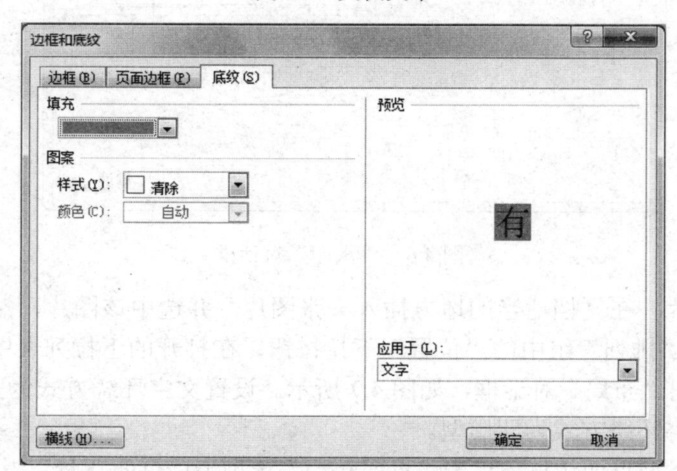

图4.5　“底纹”选项卡

6）文档分栏。选中从第二段开始的所有文本，单击“页面布局”选项卡“页面设置”组中的“分栏”下拉按钮，在打开的下拉列表中选择“更多分栏”选项，弹出“分栏”对话框。在“预设”组中选择“两栏”选项，在“宽度和间距”组中设置“间距”为2字符，在“应用于”下拉列表中选择“所选文字”选项，完成第一次分栏。将光标置于“爱情”处，再次打开“分栏”对话框，在“应用于”下拉列表中选择“插入点之后”选项，选中“分隔线”复选框和“开始新栏”复选框，完成第二次分栏。

7）设置段落。将第二段之后的各个段落行间距均设置为2倍行距，每一个项目列表段落均设置左缩进1字符，悬挂缩进1字符。

8）单击“页面布局”选项卡“页面设置”组中的“文字方向”下拉按钮，在打开的下拉列表中选择“垂直”选项，设置文字方向为垂直方向排版。

9）插入艺术字。单击“插入”选项卡“文本”组中的“艺术字”下拉按钮，在打开的下拉列表中选择“渐变填充-蓝色，强调文字颜色1”选项；在弹出的文本框中输入文本“人生格言”，设置字体为仿宋、40号、加粗。选择“绘图工具|格式”选项卡，在“文本”组中设置文字方向为垂直。在“艺术字样式”组中设置文字颜色为标准色蓝色。

10）添加文字水印。单击“页面布局”选项卡“页面背景”组中的“水印”下拉按钮，在打开的下拉列表中选择“自定义水印”选项，弹出“水印”对话框，如图4.6所示。选中“文字水印”单选按钮，输入文字“人生格言”，设置字体为隶书，字号为120，斜式版式。

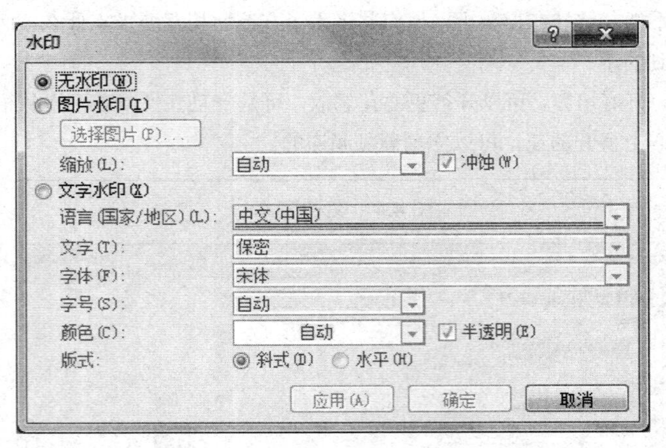

图4.6 “水印”对话框

11）插入图片。在文档适当的地方插入一张图片，并选中该图片，然后单击“绘图工具|格式”选项卡“排列”组中的“位置”下拉按钮，在打开的下拉列表中选择“其他布局选项”选项，弹出“布局”对话框，如图4.7所示。设置文字环绕方式为紧密型；插入第2张图片，设置文字环绕方式为四周型。

12）设置艺术型页面边框。单击“页面布局”选项卡“页面背景”组中的“页面边框”按钮，弹出“边框和底纹”对话框，在艺术型列表框中选择一种艺术型边框即可。

文档最终排版效果如图4.3所示。

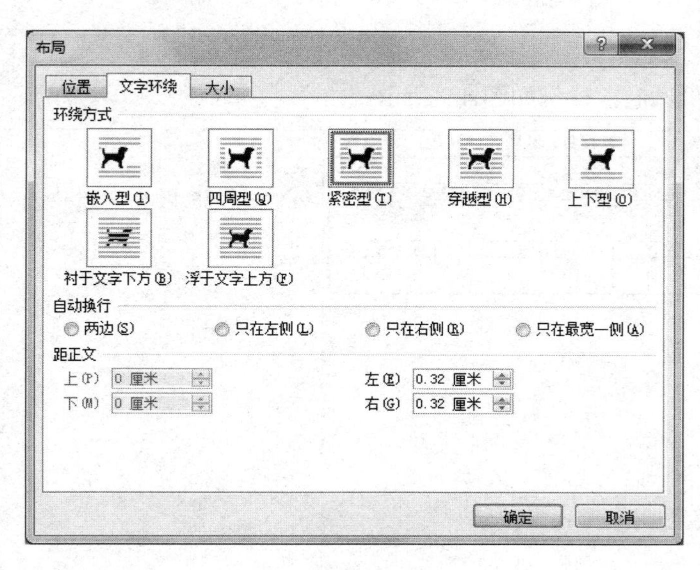

图 4.7 “布局”对话框

3. 制作 SmartArt 图形

制作“计算机解决实际问题的步骤”的 SmartArt 图形，如图 4.8 所示。

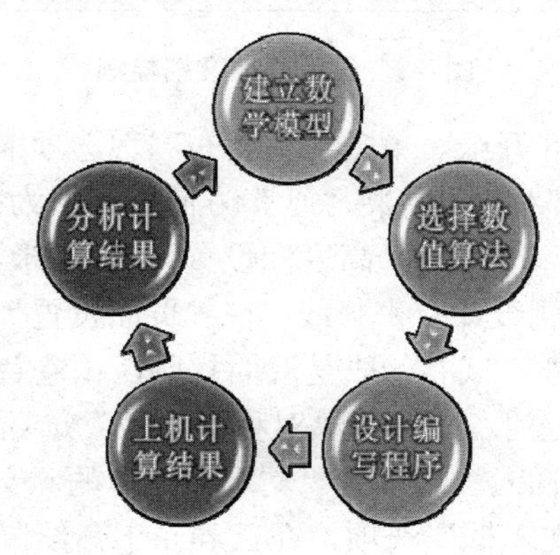

图 4.8 “计算机解决实际问题的步骤”SmartArt 图形

1）单击“插入”选项卡“插图”组中的“SmartArt”按钮，弹出“选择 SmartArt 图形”对话框，选择“循环”选项卡，在右侧的列表框中选择“基本循环”选项，单击“确定”按钮即可在文档的光标位置插入 SmartArt 图形。

2）在“SmartArt 工具|设计”选项卡“SmartArt 样式”组中选择“卡通”样式，并单击“更改颜色”下拉按钮，在打开的下拉列表中选择“彩色范围-强调文字颜色 3 至 4”选项。

3）分别在 SmartArt 图形中的“文本”处输入图 4.8 所示的文字，设置艺术字格式。在“SmartArt 工具|格式”选项卡“艺术字样式”组中单击“艺术字”下拉按钮，在打开的下拉列表中选择“渐变填充-橙色，强调文字颜色 6，内部阴影”选项。

4. 制作试卷

制作完成一份试卷，样例如图 4.9 所示。

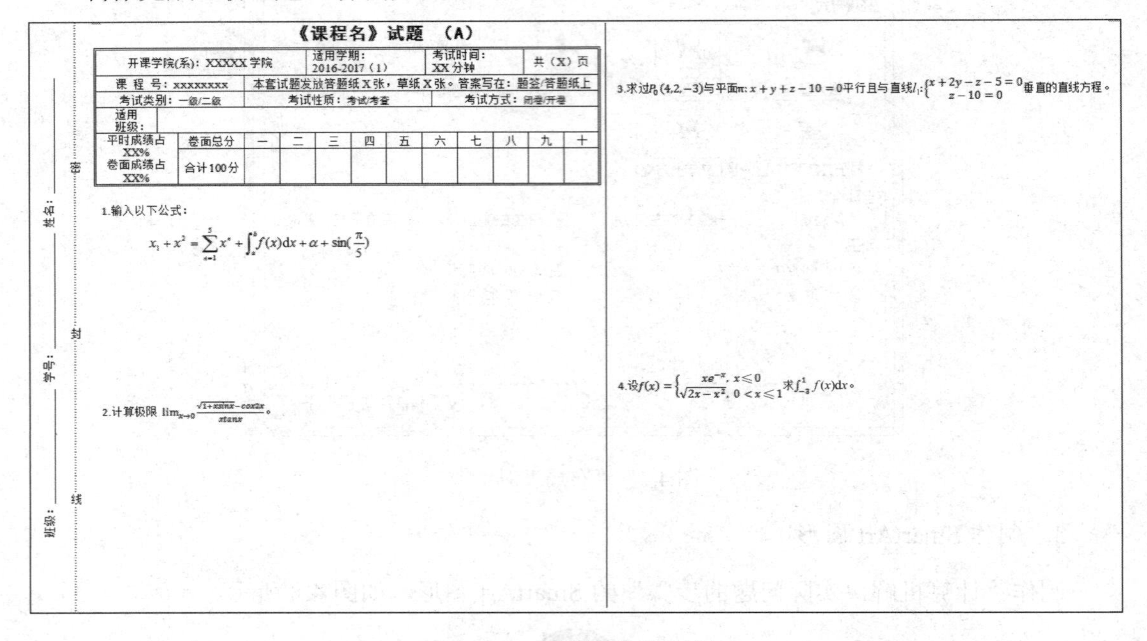

《课程名》试题 （A）

开课学院(系)：XXXXX 学院		适用学期：2016-2017（1）				考试时间：XX 分钟			共（X）页	
课 程 号：xxxxxxxx		本套试题发放答题纸 X 张，草纸 X 张。答案写在：题签/答题纸上								
考试类别：一级/二级		考试性质：考试/考查					考试方式：闭卷/开卷			
适用班级：										
平时成绩占 XX% 卷面成绩占 XX%	卷面总分	一	二	三	四	五	六	七	八	九	十
	合计100分										

1.输入以下公式：

$$x_1 + x^2 = \sum_{n=1}^{5} x^n + \int_a^b f(x)\mathrm{d}x + \alpha + \sin(\frac{\pi}{5})$$

2.计算极限 $\lim_{x\to 0}\frac{\sqrt{1+x\sin x}-\cos 2x}{x\tan x}$。

3.求过$P_0(4,2,-3)$与平面π: $x+y+z-10=0$平行且与直线l_1: $\begin{cases} x+2y-z-5=0 \\ z-10=0 \end{cases}$垂直的直线方程。

4.设$f(x)=\begin{cases} xe^{-x}, x\leqslant 0 \\ \sqrt{2x-x^2}, 0<x\leqslant 1 \end{cases}$求$\int_{-3}^{1} f(x)\mathrm{d}x$。

图 4.9 试卷模板文档样例

1）试卷一般是横向的，8 开纸。单击“页面布局”选项卡“页面设置”组中的对话框启动按钮，弹出“页面设置”对话框，将“纸张方向”设置为横向，“纸张大小”设置为自定义大小，“宽度”设置为 37.8 厘米，“高度”设置为 26 厘米。

2）设置页边距。试卷左侧设计有密封线，在“页面设置”对话框中设置左边距为 3 厘米，其余边距为 2 厘米。此外，试卷一般是双面打印，试卷背面也有密封线。因此在“页码范围”组中的“多页”下拉列表中选择“对称页边距”选项。

3）制作密封线。单击“插入”选项卡“文本”组中的“文本框”下拉按钮，在打开的下拉列表中选择“绘制竖排文本框”选项，在试卷左下角绘制一个长方形文本框。单击该文本框，单击“绘图工具|格式”选项卡“文本”组中的“文字方向”下拉按钮，在打开的下拉列表中选择“将所有文字旋转 270 度”选项，在文本框内输入“班级：学号：姓名：”。下划线的输入方法：首先输入若干空格，然后选中空格，最后单击“下划线”按钮即可。选中竖排文本框，单击“形状样式”组中的“形状轮廓”下拉按钮，在打开的下拉列表中选择“无轮廓”选项，可取消竖排文本框外围的轮廓线。再绘制一个竖排文本框，输入文字“密封线”。密封线 3 个字之间的“……”可以通过制表位来设置。单击“开始”选项卡“段落”组中的对话框启动按钮，弹出“段落”对话框，单击左下角的“制表位”按钮，弹出“制表位”对话框。在“制表位位置”文本框中输入“10 字符”，在“前导符”组中选择“5……”选项，单击“设置”按钮，将在制表位列表框中看到一个制表位“10 字符”，用同样方法设置“20 字符”“30 字符”“40 字符”，单击“确定”按钮。然后在“密封线”的字间通过按【Tab】键输入制表符实现。参照前面的方法取消该文本框的外围轮廓。最后，

按住【Ctrl】键，同时选中两个文本框，单击“绘图工具|格式”选项卡“排列”组中的“组合”下拉按钮，在打开的下拉列表中选择“组合”选项，即可完成两个文本框的组合。

4）制作试卷头。输入标题文字，并设置字体为黑体、三号、加粗。在标题下方插入一个6行12列的表格，调整表格格式，输入表格文字，具体操作参考实验3内容2。最终完成的试卷头如图4.10所示。

《课程名》试题　（A）

<table>
<tr><td colspan="4">开课学院(系)：XXXXX学院</td><td colspan="3">适用学期：
2016-2017（1）</td><td colspan="3">考试时间：
XX分钟</td><td colspan="2">共（X）页</td></tr>
<tr><td colspan="2">课 程 号：xxxxxxxx</td><td colspan="10">本套试题发放答题纸X张，草纸X张。答案写在：题签/答题纸上</td></tr>
<tr><td colspan="2">考试类别：一级/二级</td><td colspan="5">考试性质：考试/考查</td><td colspan="5">考试方式：闭卷/开卷</td></tr>
<tr><td>适用
班级：</td><td colspan="11"></td></tr>
<tr><td rowspan="2">平时成绩占
XX%
卷面成绩占
XX%</td><td>卷面总分</td><td>一</td><td>二</td><td>三</td><td>四</td><td>五</td><td>六</td><td>七</td><td>八</td><td>九</td><td>十</td></tr>
<tr><td>合计100分</td><td></td><td></td><td></td><td></td><td></td><td></td><td></td><td></td><td></td><td></td></tr>
</table>

图4.10　试卷头样例

5）插入页脚。单击“插入”选项卡“页眉和页脚”组中的“页脚”下拉按钮，在打开的下拉列表中选择“编辑页脚”选项。在光标处输入“第　页，共　页”，单击“页眉和页脚|格式”选项卡“页眉和页脚”组中的“页码”下拉按钮，在打开的下拉列表中选择“设置页码格式”选项，弹出“页码格式”对话框，在“编码格式”下拉列表中选择“1，2，3，…”选项，在“页码编号”组中将“起始页码”设为“1”。设置完毕，将光标定位到“第”和“页”中间的空白处，然后在“页码”下拉列表中选择“当前位置”下的“普通数字”选项。将光标定位到“共”和“页”之间的空白处，单击“页眉和页脚|格式”选项卡“插入”组中的“文档部件”下拉按钮，在打开的下拉列表中选择“域”选项，弹出“域”对话框。在“域名”列表框中选择“NumPages”选项，在“格式”下拉列表中选择“1，2，3，…”选项，在“数字格式”中选择“0”，单击“确定”按钮即完成页脚设置。

6）设置分栏。单击“页面布局”选项卡“页面设置”组中的“分栏”下拉按钮，在打开的下拉列表中选择“更多分栏”选项。弹出“分栏”对话框，在“预设”组中选择“两栏”选项，在“应用于”下拉列表中选择“整篇文档”选项，选中“分隔线”复选框，即可完成分栏。

7）生成试卷模板。如果经常制作试卷，可以将上述制作的试卷公共部分另存为一个模板文件，以后可以利用模板快速制作一份试卷。选择“文件”菜单中的“另存为”命令，在弹出的对话框中设置“保存类型”为“Word模板”，模板文件名为“试卷模板.dotx”，单击“保存”按钮，即保存为模板文件，模板文件的扩展名为.dotx。利用模板文件制作试卷，直接双击“试卷模板.dotx”文件就可以生成一个新的Word文档。

8）使用公式编辑器。单击“插入”选项卡“符号”组中的“公式”按钮，在打开的下拉列表中有一些常用公式，可以直接选用。如果要输入的公式在“内置”公式中没有，可以自己编辑公式。在文档中输入如图4.11所示的内容。

1．输入以下公式：$x_1+x^2=\sum_{n=1}^{5}x^n+\int_a^b f(x)\mathrm{d}x+\alpha+\sin\left(\frac{\pi}{5}\right)$。

2．计算极限 $\lim_{x\to0}\frac{\sqrt{1+x\sin x}-\cos 2x}{x\tan x}$。

3．求过 $P_0(4,2,-3)$ 与平面π：$x+y+z-10=0$ 平行且与直线 $l_1:\begin{cases}x+2y-z-5=0\\z-10=0\end{cases}$ 垂直的直线方程。

4．设 $f(x)=\begin{cases}xe^{-x},x\leqslant0\\\sqrt{2x-x^2},0<x\leqslant1\end{cases}$ 求 $\int_{-3}^{1}f(x)\mathrm{d}x$。

图 4.11　公式

文档最终排版效果如图 4.9 所示。

三、实践练习

1）在 Word 2010 中输入以下内容（正文保持为五号字），并将其以“W9.docx”为名（保存类型为“Word 文档”）保存在 E 盘中以自己所在系、班级、学号所建立的文件夹中。

① 在文档中添加 H_2O、A^2 两个式子。

② 在文档中添加如下公式。

$$\int_a^x g(x)f(t)\mathrm{d}t=g(x)f(x)+g(x)\int_a^x f(t)\mathrm{d}t$$

2）制作一份本学期、本班的课程表。

提示：制作一份 11 行 8 列的表格，然后将星期一至星期日添到标题列中，将第 1 节到第 10 节添到标题行中，最后将课程名称输入各个单元格中。可根据具体情况适当地增减行数和列数。

3）在 Word 2010 中绘制如图 4.12 所示的图形。

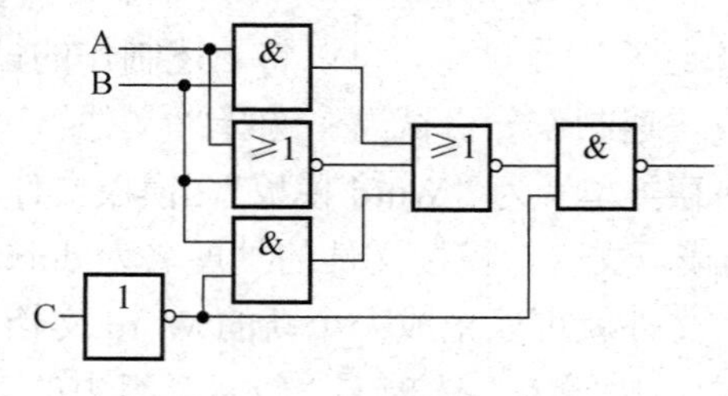

图 4.12　绘图制作的样张

4）在 Word 2010 中绘制如图 4.13 所示的贺卡。

图 4.13 Word 贺卡效果

提示：这个效果中的图形都是用绘图工具绘制的，使用的都是基本形状。背景可选用两种颜色的渐变效果。

5）制作一份校园宣传海报。使用校园风景作为背景；将校训或名人名言放在海报上方正中位置；使用图书馆、主楼或实验楼作为主要景色，放在左侧；将对校园的介绍文字放在下方右侧。

6）用文本框、绘图工具和艺术字工具及对象的组合等功能完成如图 4.14 和图 4.15 所示的效果图。

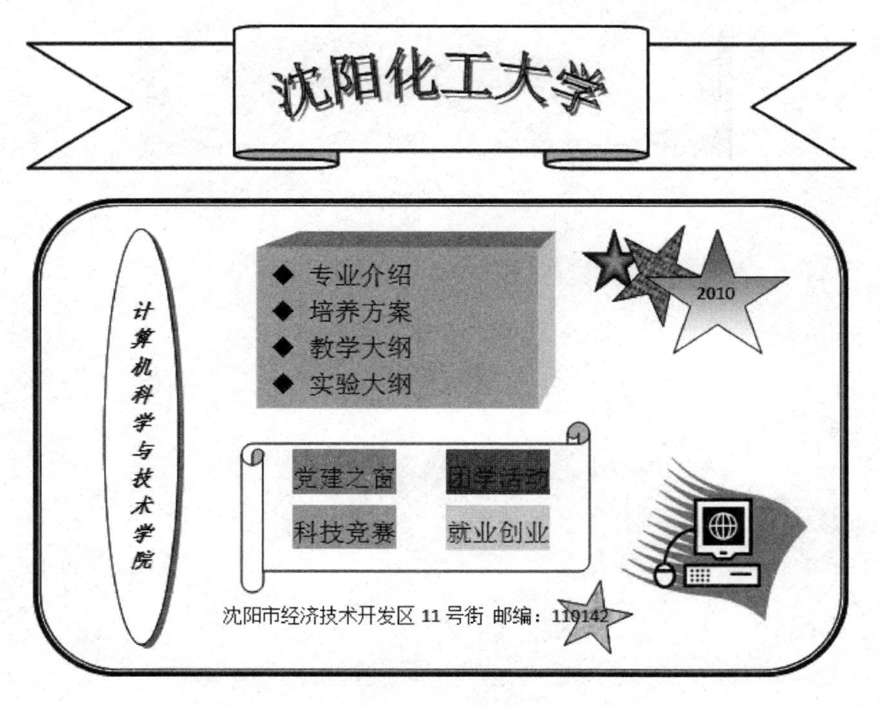

图 4.14 绘图效果样例 1

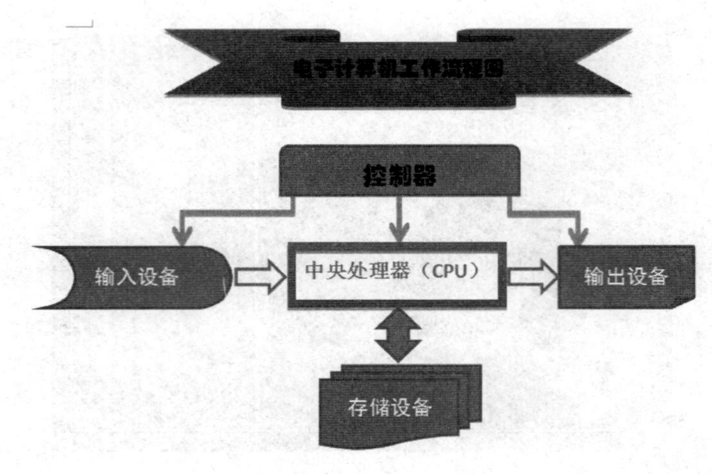

图 4.15　绘图效果样例 2

7）使用 Word 2010 的模板制作一份奖状，内容是表彰李明同学在校计算机大赛中荣获二等奖，如图 4.16 所示。

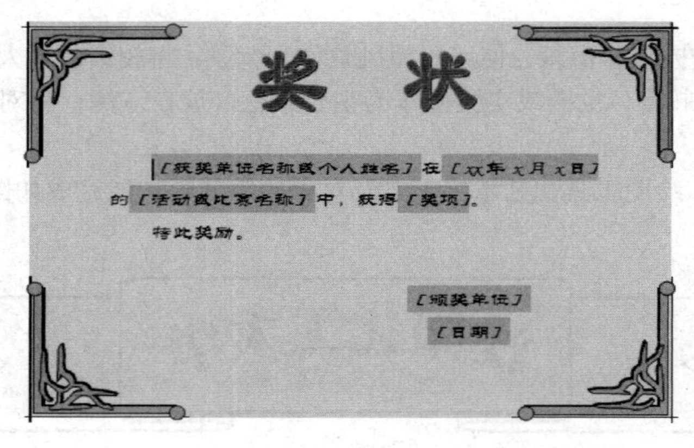

图 4.16　奖状模板

实验 5 Word 2010 长文档制作

一、实验目的

1）掌握样式的创建与使用方法。

2）了解多级列表的建立方法。

3）掌握设置页眉页脚的方法。

4）掌握生成目录的方法。

5）掌握为图片和表格设置题注的方法。

6）了解脚注或尾注的使用方法。

7）了解参考文献的标准格式。

8）了解大纲视图的使用方法。

二、实验内容及步骤

在日常工作学习中经常要撰写长文档，如工作报告、宣传手册、毕业论文、书稿等。长文档的特点是纲目结构复杂、内容较多，通常都要几十页甚至数百页。本实验利用 Word 2010 对一篇毕业论文进行排版，使其符合大学本科毕业论文规范。

毕业论文设计除了要编写论文的正文内容外，一般还包括封面、摘要、目录、致谢和参考文献等。论文的各组成部分的字体、字形、字号和间距、段落格式的要求各不相同，但论文排版的总体要求是得体大方、重点突出，能很好地表现论文内容，使人赏心悦目。

打开“毕业论文格式设计.docx”文档，依次进行如下操作。

1. 设置段落格式

段落是论文的基本组成部分。正文段落的排版分为文字设置与段落设置。

格式要求：正文文字为宋体、小四；全文段落缩进，左缩进 0 字符，右缩进 0 字符；特殊格式为首行缩进 2 字符；段前间距为 0 行，段后间距为 0 行；行间距为 1.5 倍行距；两端对齐。

（1）文字设置

将正文文字设为宋体、小四。选中文字，单击“开始”选项卡“字体”组的对话框启动按钮，弹出“字体”对话框。在“字体”对话框中将“中文字体”设置为宋体，西文字体设置为 Times New Roman，字号设置为小四，单击“确定”按钮即可。

另外，论文中一些文字需要设置为粗体、斜体、带下划线的字体，可以直接在“字体”

对话框中进行设置，也可以利用“字体”组中的按钮进行设置。当段落中出现数学公式时，可能需要将某些符号设置为下标或上标，可以通过“字体”组中的“下标”“上标”按钮进行设置，也可以在“字体”对话框中选中“上标”与“下标”复选框。

（2）段落设置

1）段落的文本对齐方式。Word 2010 提供了 5 种文本对齐方式：文本左对齐、文本右对齐、居中、两端对齐、分散对齐。毕业论文的正文段落通常设置为两端对齐，选中段落，单击“开始”选项卡“段落”组中的“两端对齐”按钮即可。

2）段落的间距设置。单击“开始”选项卡“段落”组的对话框启动按钮，弹出“段落”对话框。段落间距分为“段前”与“段后”，一般使用“行”或“磅”对段间距进行度量。将段间距设为“段前”0 行和“段后”0 行。行距是指段落中行与行之间的距离，将行距设为“1.5 倍行距”。若将段落的行距设置为“多倍行距”，则可以通过设定“设置值”来调整段落中的行距。在某些特殊情况下，行距还可以设置成某个固定数值，如 18 磅。

中文论文必须遵循段落首行缩进 2 字符的规范。在“段落”对话框的“特殊格式”下拉列表中选择“首行缩进”选项，并在“磅值”数值选择框中选择“2 字符”，即可完成该项的设置工作。

2. 设置标题样式

论文中标题样式采取三级标题样式，即一级标题（选择“标题 1”样式，并修改为黑体、三号、加粗、居中、段前 1 行、段后 1 行）、二级标题（选择“标题 2”样式，并修改为楷体、三号、加粗、左对齐、段前 1 行、段后 1 行）、三级标题（选择“标题 3”样式，并修改为宋体、四号、加粗、左对齐、段前 0.5 行、段后 0.5 行）。

1）样式的应用。选中标题“一、绪论”，单击“开始”选项卡“样式”组中的对话框启动按钮，打开“样式”窗格，如图 5.1 所示。

2）样式的修改。单击“标题 1”后面的下拉按钮，在打开的下拉列表中选择“修改”选项，弹出“修改样式”对话框，如图 5.2 所示。在“样式基准”下拉列表中选择“无样式”选项，格式设置为黑体、三号、加粗、居中，单击“格式”下拉按钮，在打开的下拉列表中选择“段落”选项，弹出“段落”对话框，设置间距为“段前”1 行、“段后”1 行，单击“确定”按钮。

3）格式化的用法。当设置完成一个“一级标题”后，可用格式刷来完成其他一级标题的格式化。格式刷的用法：先选中设置好的标题“绪论”，再单击“开始”选项卡“剪贴板”组中的“格式刷”按钮，鼠标指针右侧会出现一个小刷子，此时即可用这个小刷子来格式化其他的一级标题。在单击“格式刷”按钮时，单击一次，格式刷可用一次；若是双击，则格式刷可用多次，但用完之后，必须再次单击一次“格式刷”按钮，才能退出格式刷功能。

使用格式刷将各章标题（“文献综述”“方案设计与论证”“设计与实现”“结果与评价”“结论”“致谢”）全部设置为“一级标题”样式。

4）使用以上方法，设置二级标题、三级标题。标题样式如下：二级标题应用“标题 2”样式，字体为楷体、三号、加粗、左对齐，段前 1 行、段后 1 行；三级标题应用“标题 3”样式，字体为宋体、四号、加粗、左对齐，段前 0.5 行、段后 0.5 行。

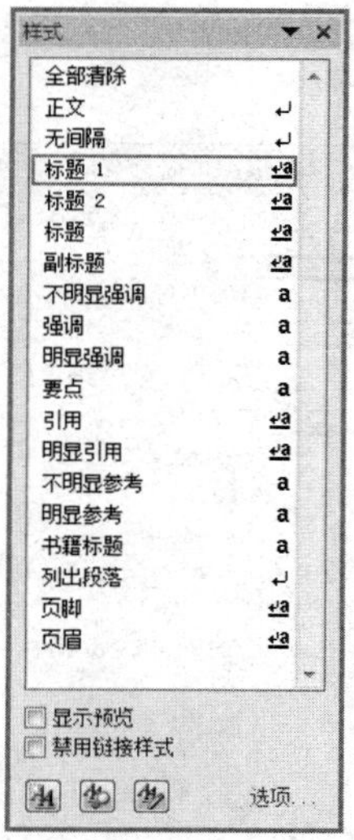

图 5.1 “样式”窗格

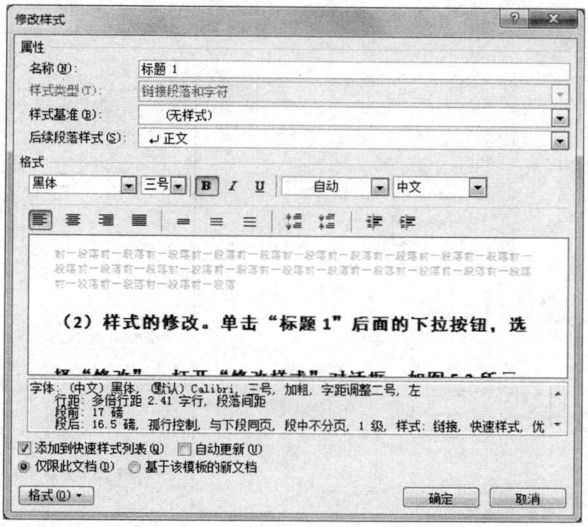

图 5.2 “修改样式”对话框

3. 设置标题多级编号

论文章节标题中包含多级编号，如“一”“1.1”“1.1.1”等。修改论文时可能要经常调整章节标题的先后顺序，如果采用手动输入编号的方法，则一旦改变章节标题的位置，就需要手动修改相关章节标题的编号，这就使得排版效率降低，且容易出错。如果创建多级编号并将其应用到各级标题上，每一级章节标题的编号都由 Word 自动维护，即使任意调整章节标题的位置，或者添加新标题及删除原标题，编号都会按顺序自动排序，可以大大提高排版效率。

在完成各章标题样式设置后，即可为各级节标题设置对应的编号格式。这里要设置以下形式的多级标题编号。

1）章标题：一级标题，编号格式为“一、”。

2）节标题：二级标题，编号格式为“1.1”。

3）小节标题：三级标题，编号格式为“1.1.1”。

单击“开始”选项卡“段落”组中的“多级列表”下拉按钮，在打开的下拉列表中选择“定义新的多级列表”选项，如图 5.3 所示，弹出“定义新多级列表”对话框，单击“更多”按钮，展开对话框以便实现更多选项，如图 5.4 所示。

在“单击要修改的级别”列表框中选择“1”选项，表示当前正在设置第 1 级编号格式。在“此级别的编号样式”下拉列表中选择“一，二，三（简）…”选项后，则在“输入编号的格式”文本框中显示“一、”，设置编号对齐方式为“居中”。按照相同的方法设置第 2 级编号的格式为“1.1”，第 3 级编号的格式为“1.1.1”。设置第 2 级和第 3 级编号时需要选中“正规形式编号”复选框，然后单击“设置所有级别”按钮，弹出“设置所有级别”对话框，将“每一级的附加缩进量”设置为“0 厘米”。单击两次“确定”按钮，关闭所有对话框。

选中论文中要设置多级编号的所有标题，然后选择新建的多级编号，Word 2010 会根据选中的章节标题级别自动为它们设置相应级别的编号，如图 5.5 所示。

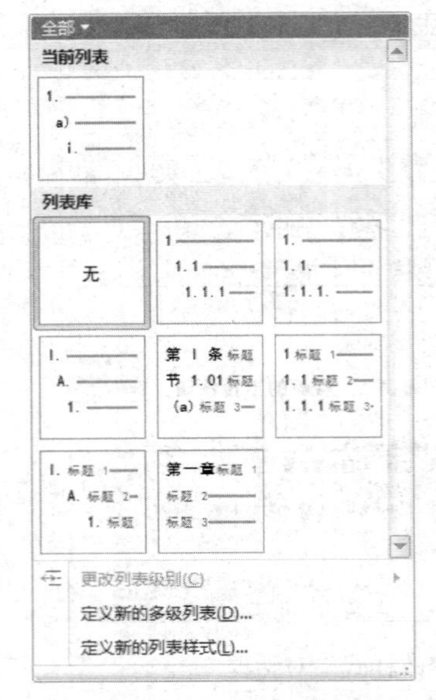

图 5.3 “多级列表”下拉列表

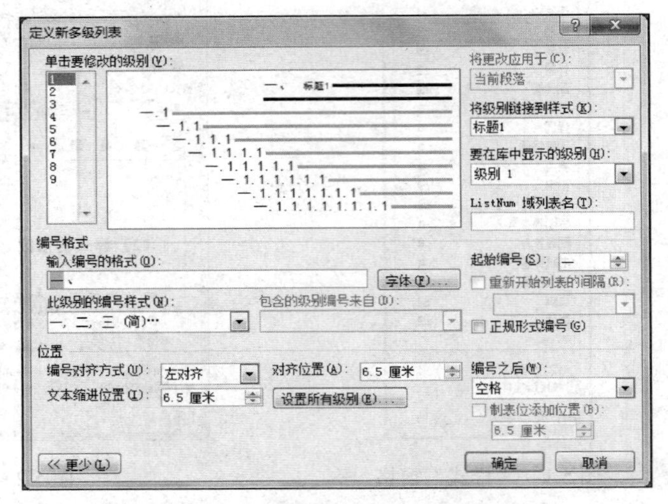

图 5.4 “定义新多级列表”对话框

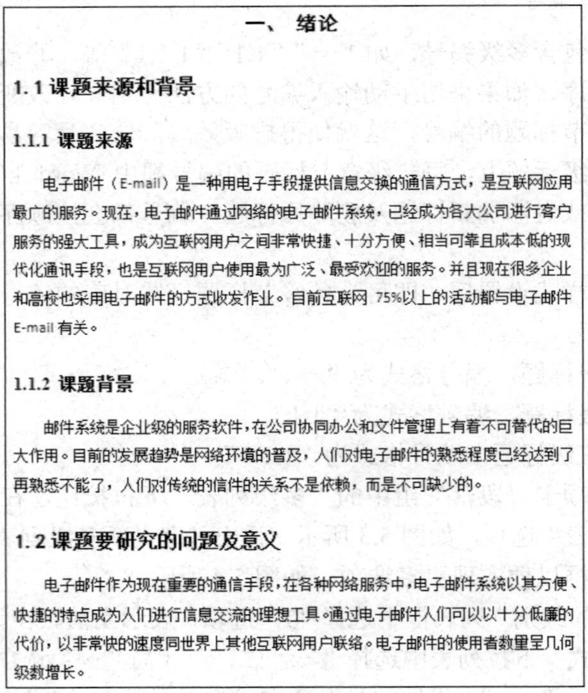

一、 绪论

1.1 课题来源和背景

1.1.1 课题来源

电子邮件（E-mail）是一种用电子手段提供信息交换的通信方式，是互联网应用最广的服务。现在，电子邮件通过网络的电子邮件系统，已经成为各大公司进行客户服务的强大工具，成为互联网用户之间非常快捷、十分方便、相当可靠且成本低的现代化通讯手段，也是互联网用户使用最为广泛、最受欢迎的服务。并且现在很多企业和高校也采用电子邮件的方式收发作业。目前互联网 75%以上的活动都与电子邮件 E-mail 有关。

1.1.2 课题背景

邮件系统是企业级的服务软件，在公司协同办公和文件管理上有着不可替代的巨大作用。目前的发展趋势是网络环境的普及，人们对电子邮件的熟悉程度已经达到了再熟悉不能了，人们对传统的信件的关系不是依赖，而是不可缺少的。

1.2 课题要研究的问题及意义

电子邮件作为现在重要的通信手段，在各种网络服务中，电子邮件系统以其方便、快捷的特点成为人们进行信息交流的理想工具。通过电子邮件人们可以以十分低廉的代价，以非常快的速度同世界上其他互联网用户联络。电子邮件的使用者数量呈几何级数增长。

图 5.5 设置多级编号样例

4. 设置页眉和页脚

一般来说，论文的页眉位置要设置标记，页脚位置要设置页码，但是封面不需要页眉和页脚，可以利用分节符将它与其他页分开。在设置完分节符后，就可以在同一文档中设置不同样式的页码。例如，目录页码格式是“i，ii，iii…”形式，中、英文摘要页使用“Ⅰ，

Ⅱ，Ⅲ…”形式，正文使用“1，2，3…”形式等。

（1）插入分节符

将光标移动到封面的最后，单击“页面布局”选项卡“页面设置”组中的“分隔符”下拉按钮，在打开的下拉列表中选择“下一页”选项，如图5.6所示，即可在封面后插入分节符。在每个需要分节的地方（每一章结尾处）都按以上步骤插入一个（下一页）分节符。

（2）设置首页不同及奇偶页不同

1）双面打印。将论文的偶数页页眉设置为“沈阳化工大学学士学位论文”，小五号、宋体、居中；奇数页页眉设置为章名，小五号、宋体、居中。先设置奇偶页不同，再分别设置相应的页眉。设置页脚插入的页码时，奇数页在右下角，偶数页在左下角。

单击“页面布局”选项卡“页面设置”组中的对话框启动按钮，弹出“页面设置”对话框，在“版式”选项卡“页眉和页脚”组中选中“奇偶页不同”复选框，如图5.7所示。如果论文封面不包含页眉和页脚，则选中“首页不同”复选框。

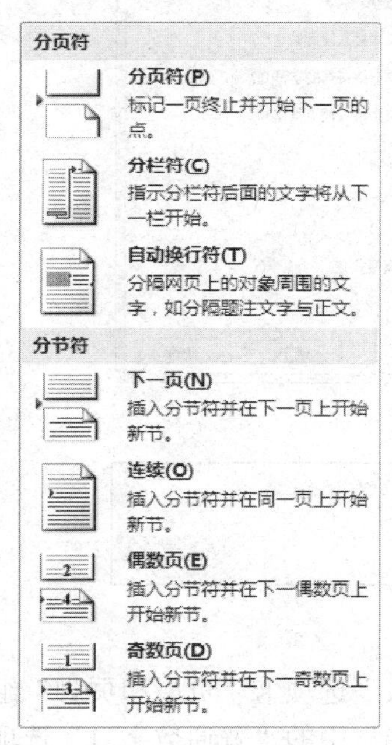

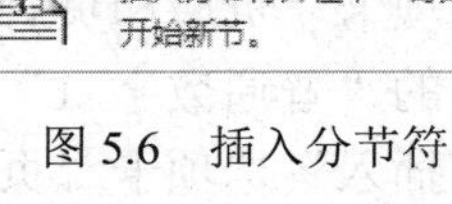
图5.6 插入分节符

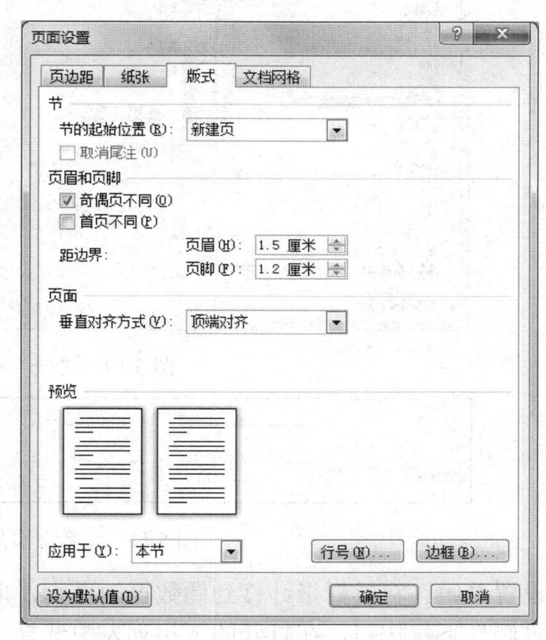

图5.7 设置“奇偶页不同”

单击“插入”选项卡“页眉和页脚”组中的“页眉”下拉按钮，在打开的下拉列表中选择“编辑页眉”选项，出现如图5.8所示的页眉编辑窗口。

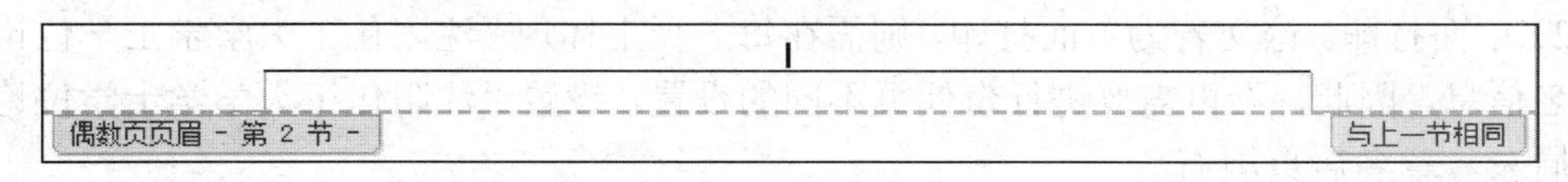

图5.8 双面打印页眉编辑窗口

将光标移动到页眉位置，单击“页眉和页脚工具|设计”选项卡“导航”组中的“链接到前一条页眉”按钮，即可取消“与上一节相同”，这样只有正文部分才设置页眉。在页眉线上方输入“沈阳化工大学学士学位论文”，如图5.9所示。

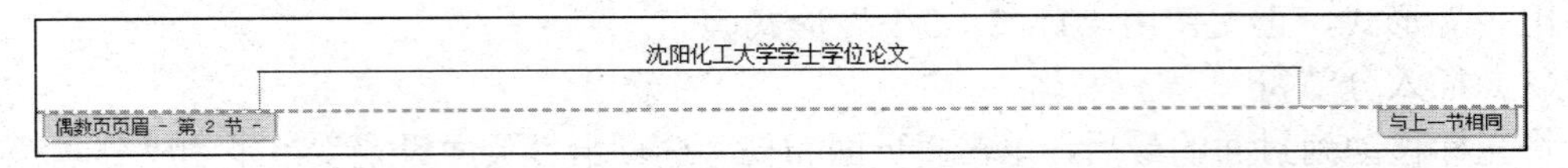

图 5.9　偶数页页眉的设置

输入偶数页页眉后，将光标移到奇数页页眉的位置，单击“插入”选项卡“文本”组中的“文档部件”下拉按钮，在打开的下拉列表中选择“域”选项，弹出“域”对话框，如图 5.10 所示。在“域名”列表框中选择“StyleRef”选项，在“样式名”列表框中选择“标题 1”选项，单击“确定”按钮，即可在奇数页页眉插入该章节的标题，如图 5.11 所示。

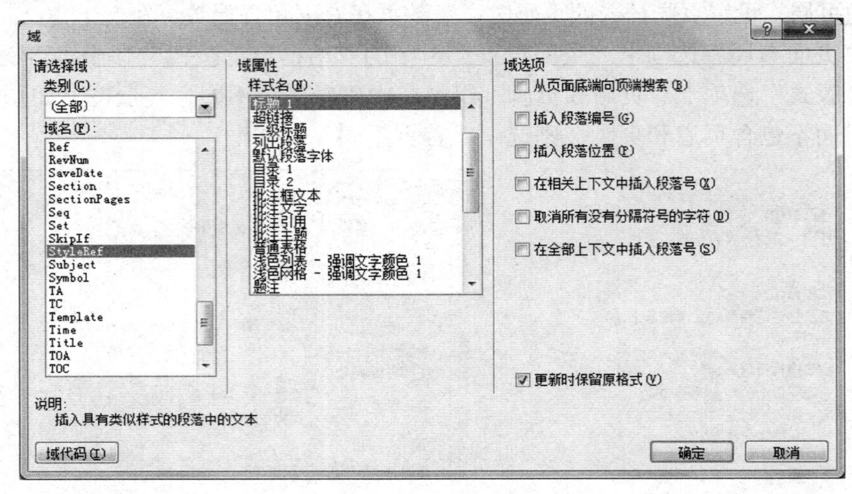

图 5.10　“域”对话框

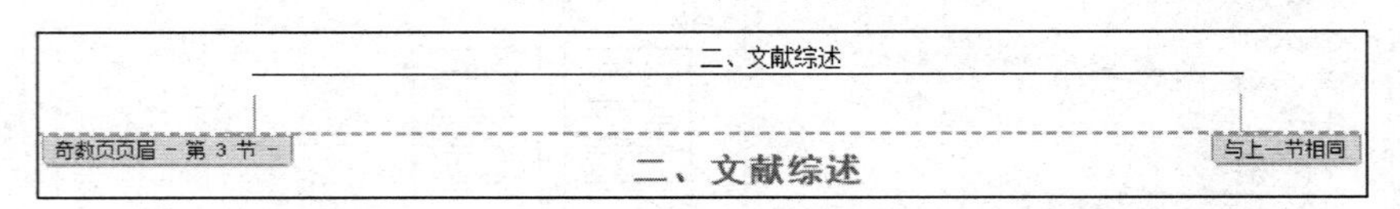

图 5.11　奇数页页眉的设置

设置页码。将鼠标指针移到偶数页的页脚，单击“插入”选项卡“页眉和页脚”组中的“页码”下拉按钮，在打开的下拉列表中选择“页面底端”中的“普通数字 1”选项，页码使用左对齐方式。再将鼠标指针移到奇数页的页脚，单击“插入”选项卡“页眉和页脚”组中的“页码”下拉按钮，在打开的下拉列表中选择“页面底端”中的“普通数字 3”选项，页码使用右对齐方式。

2）单面打印。论文若为单面打印，则需在每一页上体现“沈阳化工大学学士学位论文”和章名信息，因此，不再需要进行奇偶页不同的设置。设置“沈阳化工大学学士学位论文”居页眉左，章名居页眉右。

首先在每一章结尾处插入（下一页）分节符，然后将光标定位在“一、绪论”页面，单击“插入”选项卡“页眉和页脚”组中的“页眉”下拉按钮，在打开的下拉列表中选择“空白（三栏）”选项，插入空白页眉。单击“页眉和页脚工具|设计”选项卡“导航”组中的“链接到前一条页眉”按钮，取消“与上一节相同”，如图 5.12 所示。

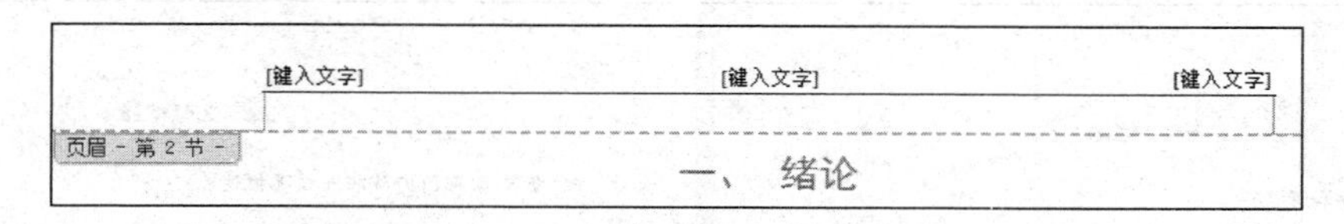

图 5.12 插入空白页眉

在左侧“[键入文字]”处输入“沈阳化工大学学士学位论文”，在右侧“[键入文字]”处输入“第一章　绪论”，删除居中的“[键入文字]”，效果如图 5.13 所示。

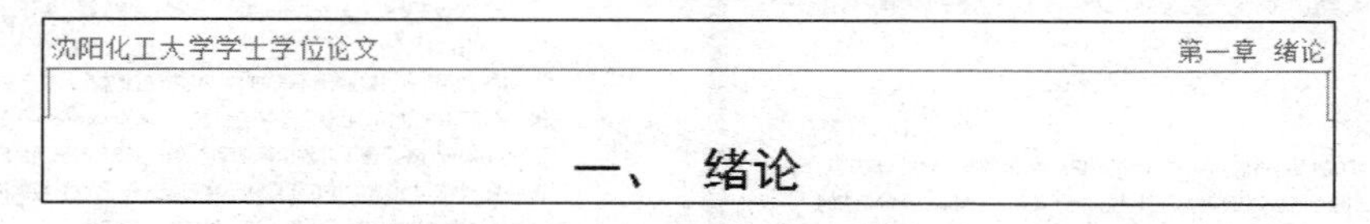

图 5.13 单面打印页眉编辑

将光标定位在“二、文献综述”页面，页眉上显示的内容与上一节页眉显示内容相同。再次单击“页眉和页脚工具|设计”选项卡“导航”组中的“链接到前一条页眉”按钮，取消“与上一节相同”，手动将页眉修改为“第二章　文献综述”。按照上述方法，将后续每一章的页眉修改为符合本章标题内容的页眉样式，即完成论文页眉的设置。

添加页码。将光标定位在正文第一张页面，单击“插入”选项卡“页眉和页脚”组中的“页码”下拉按钮，在打开的下拉列表中选择“页面底端”中的任一样式即可添加页码。若要设置页码格式，则单击“插入”选项卡“页眉和页脚”组中的“页码”下拉按钮，在打开的下拉列表中选择“设置页码格式”选项，弹出“页码格式”对话框，如图 5.14 所示。在“页码编号”组中选中“起始页码”单选按钮，并将数值选择框中的数值设为 1，单击“确定”按钮，则完成正文部分阿拉伯数字页码的设置。

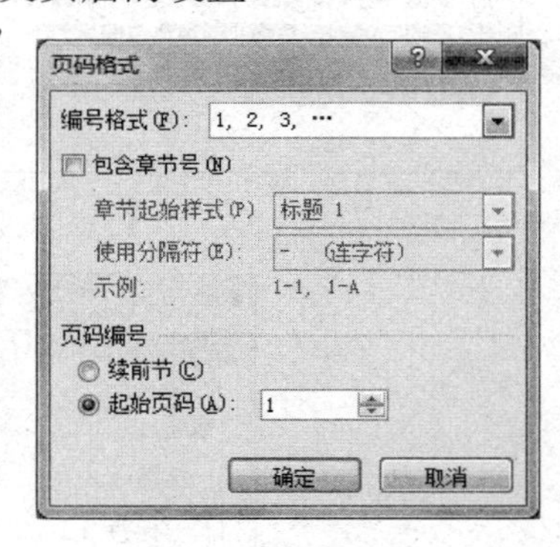

图 5.14 “页码格式”对话框

在对论文排版时经常会遇到将论文的摘要与目录部分设置为罗马数字的页码，而将正文部分设置为阿拉伯数字的页码的情况。在设置摘要等处的页码时，只需在“页码格式”对话框中的“编号格式”下拉列表中选择罗马数字的样式；而设置正文部分的页码时需重新对页码进行编号，选中“起始页码”单选按钮，并将数值选择框中的数值设置为 1。

部分论文页眉和页脚设置样例，如图 5.15 所示。

5. 生成论文目录

当整篇论文排版完成后，即可生成论文目录。Word 2010 提供了完善的目录编辑功能，能够帮助用户创建多级目录。创建目录的方法如下。

1）单击“引用”选项卡“目录”组中的“目录”下拉按钮，在打开的下拉列表中选择“插入目录”选项，弹出“目录”对话框，如图 5.16 所示。

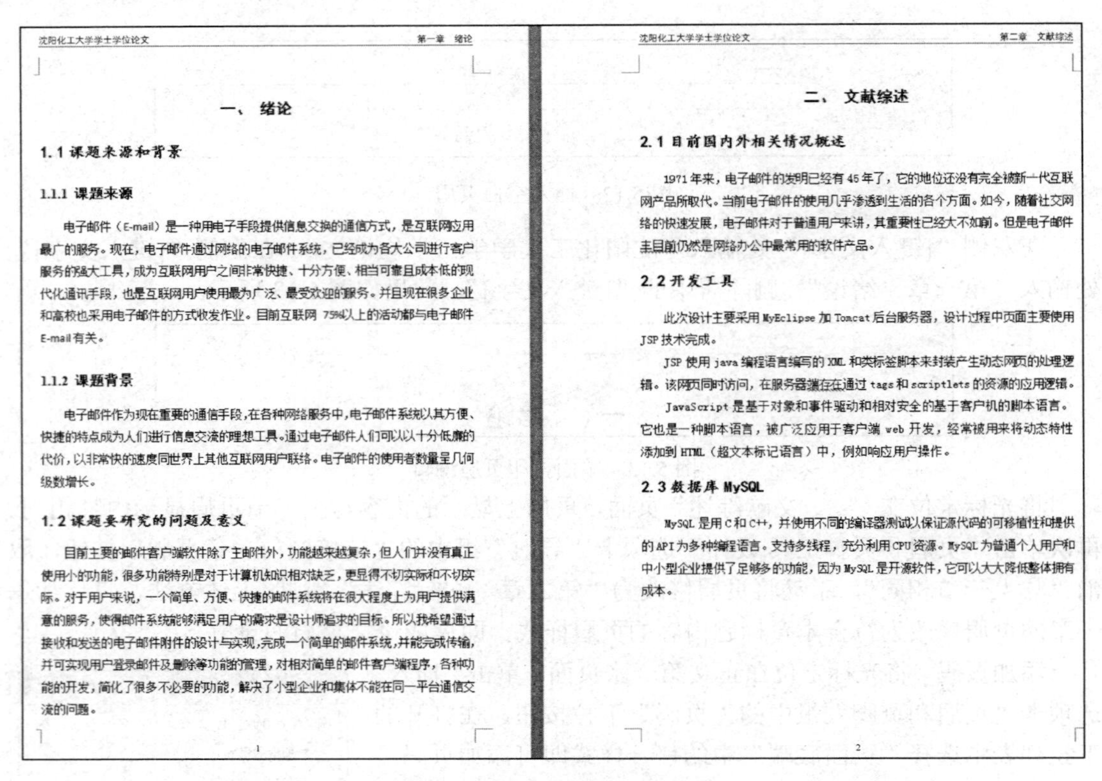

沈阳化工大学学士学位论文　　第一章　绪论

一、 绪论

1.1 课题来源和背景

1.1.1 课题来源

电子邮件（E-mail）是一种用电子手段提供信息交换的通信方式，是互联网应用最广的服务。现在，电子邮件通过网络的电子邮件系统，已经成为各大公司进行客户服务的强大工具，成为互联网用户之间非常快捷、十分方便、相当可靠且成本低的现代化通讯手段，也是互联网用户使用最为广泛、最受欢迎的服务。并且现在很多企业和高校也采用电子邮件的方式收发作业。目前互联网 75%以上的活动都与电子邮件E-mail有关。

1.1.2 课题背景

电子邮件作为现在重要的通信手段，在各种网络服务中，电子邮件系统以其方便、快捷的特点成为人们进行信息交流的理想工具。通过电子邮件人们可以以十分低廉的代价，以非常快的速度同世界上其他互联网用户联络。电子邮件的使用者数量呈几何级数增长。

1.2 课题要研究的问题及意义

目前主要的邮件客户端软件除了主邮件外，功能越来越复杂，但人们并没有真正使用小的功能，很多功能特别是对于计算机知识相对缺乏，更显得不切实际和不切实际。对于用户来说，一个简单、方便、快捷的邮件系统将在很大程度上为用户提供满意的服务，使得邮件系统能够满足用户的需求是设计师追求的目标。所以我希望通过接收和发送的电子邮件附件的设计与实现，完成一个简单的邮件系统，并能完成传输，并可实现用户登录邮件及删除等功能的管理，对相对简单的邮件客户端程序，各种功能的开发，简化了很多不必要的功能，解决了小型企业和集体不能在同一平台通信交流的问题。

1

沈阳化工大学学士学位论文　　第二章　文献综述

二、 文献综述

2.1 目前国内外相关情况概述

1971年来，电子邮件的发明已经有45年了，它的地位还没有完全被新一代互联网产品所取代。当前电子邮件的使用几乎渗透到生活的各个方面。如今，随着社交网络的快速发展，电子邮件对于普通用户来讲，其重要性已经大不如前。但是电子邮件主目前仍然是网络办公中最常用的软件产品。

2.2 开发工具

此次设计主要采用MyEclipse加Tomcat后台服务器，设计过程中页面主要使用JSP技术完成。

JSP使用java编程语言编写的XML和类标签脚本来封装产生动态网页的处理逻辑。该网页同时访问，在服务器端存在通过tags和scriptlets的资源的应用逻辑。

JavaScript是基于对象和事件驱动和相对安全的基于客户机的脚本语言。它也是一种脚本语言，被广泛应用于客户端web开发，经常被用来将动态特性添加到HTML（超文本标记语言）中，例如响应用户操作。

2.3 数据库 MySQL

MySQL是用C和C++，并使用不同的编译器测试以保证源代码的可移植性和提供的API为多种编程语言。支持多线程，充分利用CPU资源。MySQL为普通个人用户和中小型企业提供了足够多的功能，因为MySQL是开源软件，它可以大大降低整体拥有成本。

2

图 5.15　页眉页脚设置样例

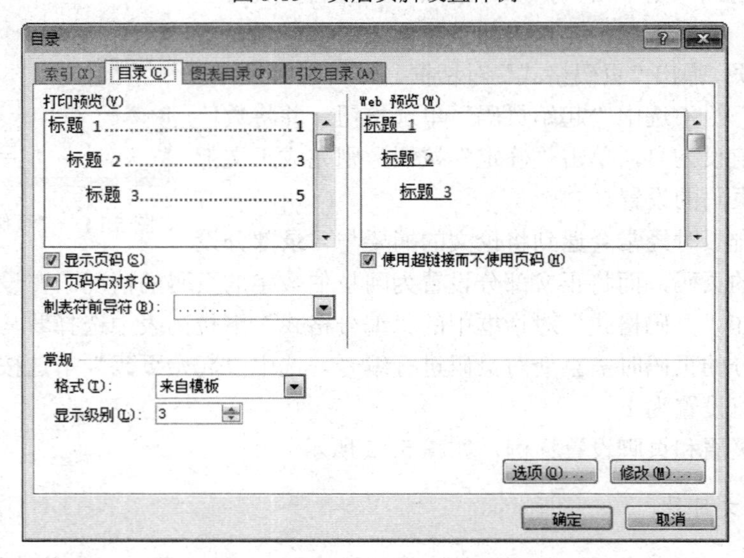

图 5.16　“目录”对话框

2）选中“目录”对话框中的“显示页码”复选框，在生成的目录中显示各章节的页码。选中“页码右对齐”复选框，在生成的目录中使所有章节的页码右对齐。

3）将“显示级别”设置为3，对应论文中的三级目录结构，单击“确定”按钮，生成目录。

4）由于生成的目录中的字体均采用正文的样式，需要在此基础上对目录中各级标题的字号进行进一步设置。将“目录”二字设置为黑体、三号、居中，一级标题设置为楷体、四号、加粗，二级标题设置为楷体、四号，三级标题设置为楷体、四号、倾斜。

5）为了使目录显示美观，需要对各级标题进行适当缩进。在“段落”对话框中设置一级标题左缩进 2 字符，二级标题左缩进 2 字符，三级标题左缩进 3 字符。

论文目录效果如图 5.17 所示。

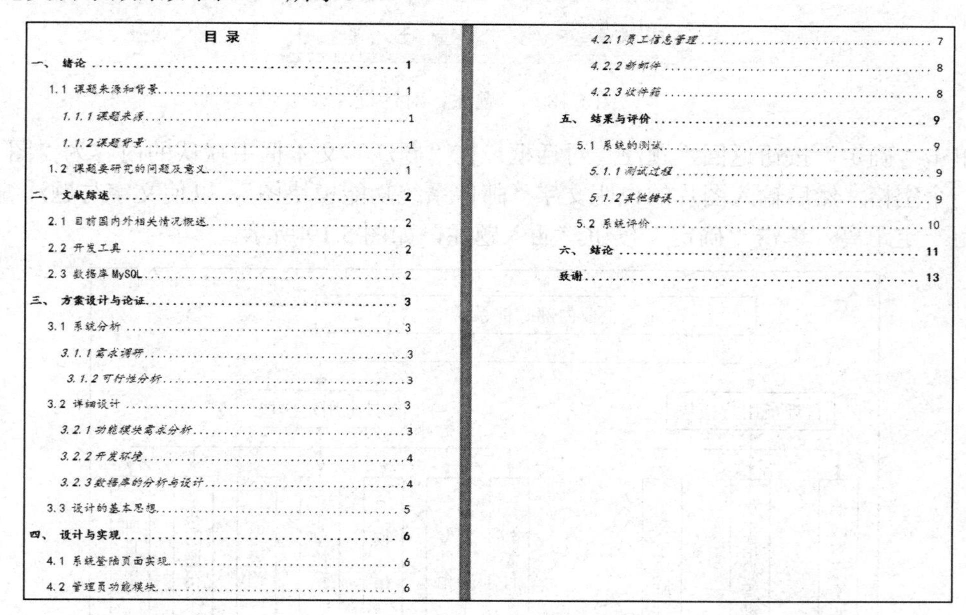

目 录

图 5.17　自动生成目录

6. 设置图表编码

论文中通常包含大量的图片和表格，因此要对其中的图片和表格进行编号并添加简要的说明文字，以便在正文中通过编号来引用特定的图片和表格。手动添加编号，若添加或删除图片和表格，或者调整图片和表格前后顺序，则必须重新修改编号。Word 2010 的题注功能允许用户为图片和表格添加自动编号，这些编号由 Word 2010 维护，在图片和表格的位置和数量发生变化时，题注编号可以自动更新以保持正确的排序。

在论文排版中，图片和表格的题注编号通常由两部分组成，题注中的第 1 个数字表示图片或表格所在论文的章编号，题注中的第 2 个数字表示图片或表格在当前章中的流水号。例如，“图 3.1”表示第三章第 1 个图片，“表 2.4”表示第二章第 4 个表格。

（1）为图片添加题注

论文中经常需要插入图片来说明问题。Word 2010 提供了多种图片的添加方式。用户可以将已有的图片插入文档中，也可以直接在文档中绘制简单的示意图。除此之外，还可以利用 Office 套件中的绘图软件 Visio 来绘制图形，并将其插入 Word 文档中。

为第三章“邮件系统功能模块图”添加题注，选中图片并右击，在弹出的快捷菜单中选择“插入题注”命令，弹出“题注”对话框，单击“新建标签”按钮，弹出“新建标签”对话框，在“标签”文本框中输入“图 3.”，如图 5.18 所示。

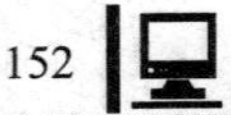

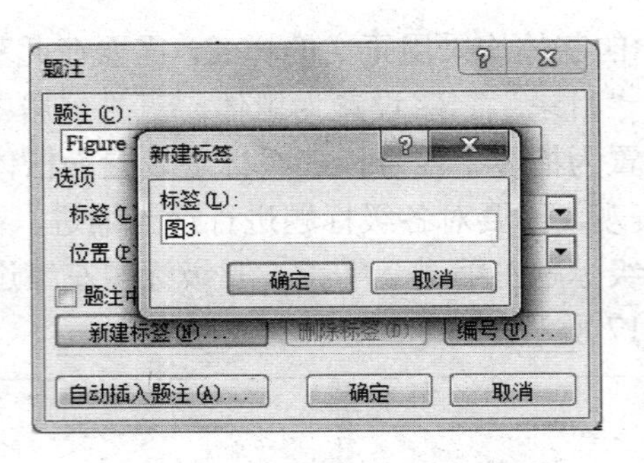

图 5.18 “题注”对话框

单击“确定”按钮返回“题注”对话框。在“题注”文本框中默认的内容为“图 3.1”，输入一个空格，然后输入图片的说明文字“邮件系统功能模块图”，以使文字与题注编号之间保留一定距离。单击“确定”按钮，插入题注，如图 5.19 所示。

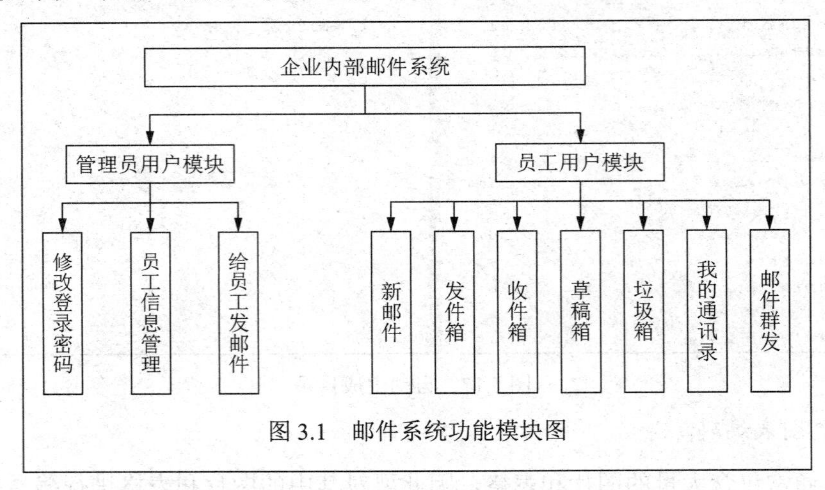

图 5.19 为图片插入题注

按照上述方法，给后续每一章中的图片添加题注。

（2）为表格添加题注

论文中的表格通常采用三线表，并使用阿拉伯数字编排序号，表格较多时可按章排序。每一个表格应有简短确切的题名，连同表号置于表上。必要时，应将表中的符号、标记、代码及需要说明的事项，以最简练的文字横排于表题下，作为表注，也可以附注于表下。表内同一栏的数字必须上下对齐。表内一律输入具体数字或文字。“空白”代表未测或无此项，“…”代表未发现，“0”代表实测结果为零。

为第三章第 1 个表格添加题注时，首先要选中整个表格，然后右击，在弹出的快捷菜单中选择“插入题注”命令，弹出“题注”对话框，单击“新建标签”按钮，弹出“新建标签”对话框，在“标签”文本框中输入“表 3.”，单击“确定”按钮返回“题注”对话框。在“题注”文本框中默认的内容为“表 3.1”，输入一个空格，然后输入表格的说明文字“员工信息表”，在“位置”下拉列表中选择“所选项目上方”选项，单击“确定”按钮，插入表格题注，如图 5.20 所示。

表3.1 员工信息表

列名	数据类型	长度	允许空	是否主键	说明
user_id	int	4	否	是	编号
user_name	varchar	50	否	否	登录名
user_pw	varchar	50	否	否	密码
user_realname	varchar	50	否	否	真实姓名
user_sex	varchar	50	否	否	性别
user_tel	varchar	50	否	否	联系电话
user_address	varchar	50	否	否	住址

图5.20 为表格插入题注

按照上述方法，给后续每一章中的表格添加题注。

（3）自动添加题注

Word 2010 允许每次在文档中插入图片或表格时自动添加题注。单击“题注”对话框中的“自动插入题注”按钮，弹出“自动插入题注”对话框，在“插入时添加题注”列表框中选中“Microsoft Word 表格”复选框。然后选择自动插入题注使用的标签和编号格式，最后单击“确定”按钮。经过以上设置后，在文档中插入新表格时，题注会自动添加到表格的上方或下方。

7. 插入脚注和尾注

在长文档的编写与排版过程中，通常会使用脚注和尾注。脚注位于页面底部，是对当前页面中的指定内容进行的补充说明。尾注位于整篇文档的末尾，列出了在正文中标记的引文的出处等内容。

（1）添加脚注和尾注

在论文中添加脚注，首先要将光标定位到需要补充说明的内容右侧（正文第一章1.1.1节中“E-mail”），如图5.21所示。

1.1.1 课题来源

电子邮件（E-mail[1]）是一种用电子手段提供信息交换的通信方式，是互联网应用

图5.21 确定脚注位置

然后单击“引用”选项卡“脚注”组中的“插入脚注”按钮，光标被自动定义到页面底部，输入对“E-mail”的说明性内容“E-mail 是 Electronic Mail 的缩写”，如图5.22所示。

能的开发，简化了很多不必要的功能，解决了小型企业和集体不能在同一平台通信交

[1] E-mail是Electronic Mail的缩写

图5.22 添加脚注

如果在一个页面中添加了多个脚注，或者调整了脚注的位置，则脚注引用标记都将自动排序。脚注引用标记是指正文内容右侧的数字编号。

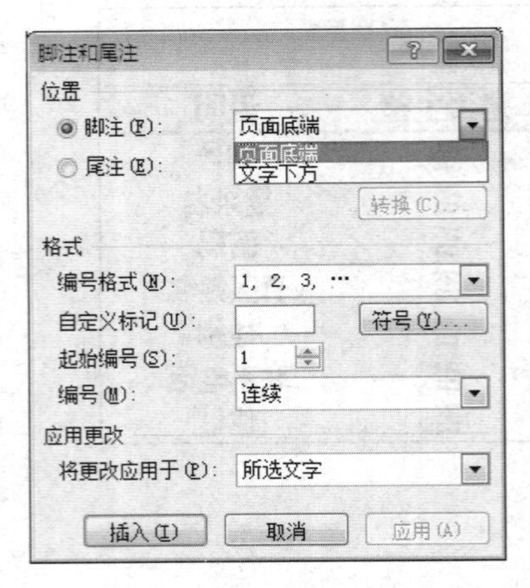

图 5.23 “脚注和尾注”对话框

尾注与脚注除了在文档中的位置不同，其他操作基本相同。可以单击“引用”选项卡“脚注”组中的“插入尾注”按钮，在文档末尾添加尾注。

（2）改变脚注和尾注的位置

脚注不一定位于页面底部，尾注也不一定位于文档结尾，可以通过设置改变脚注和尾注的位置。单击“引用”选项卡“脚注”组中的对话框启动按钮，弹出“脚注和尾注”对话框，如图 5.23 所示。当选中“脚注”单选按钮时，可以改变脚注的位置；当选中“尾注”单选按钮时，可以改变尾注的位置。

8. 参考文献的输入

撰写论文时经常会引用参考文献中的观点、理论、公式等。根据科技论文写作规范，作者在论文排版时需要在引用文献处做出适当的标记，并在完成正文撰写后按引用顺序列出参考文献的详细信息。

参考文献的输入有两种方法：一是传统的输入方法，二是插入尾注的方法。

（1）用传统的输入方法输入参考文献

因为在正文中，不同的章节有不同的页眉，这就需要给正文分多个节，用户用传统的输入方法来输入参考文献，即在正文中需要插入参考文献的位置输入上标带中括号的序号，再在文末的参考文献中对应正文中的序号输入参考文献。

（2）用插入尾注的方法输入参考文献

写论文时可以用插入尾注的方法插入参考文献，但前提是正文必须在一节中。如果正文分多个节，不同的章有不同的页眉，则无法用插入尾注的方法来插入参考文献。因为尾注有两个选项，一个是节的结尾，另一个是文档结尾。如果是节的结尾，还有方法来实现正文后面“致谢”内容的输入；如果是文档结尾，Word 2010 默认后面输入的内容都是尾注的内容，参考文献后面的标题将无法提取到目录中。当然，如果论文没有要求每个章节有不同的页眉，或者没有页眉，则可以使正文在一个节中，即可用尾注的方法来实现。这种方法的优点是正文中的序号和后面的参考文献中的序号具有链接功能，双击某处的参考文献序号，光标会自动跳转到与该序号相同的另一处，还能自动编号，同时，若删除正文中的参考文献序号，则对应的文件尾的参考文献会自动删除。

参考文献的输入应符合国家有关标准（遵照 GB 7714—2015《信息与文献 参考文献著录规则》执行）。

以下是常用参考文献的标识和格式。

1）期刊类。

格式：[序号]作者．篇名[J]．刊名，出版年份，卷号（期号）：起止页码．

举例：[1] 袁庆龙，侯文义．Ni-P 合金镀层组织形貌及显微硬度研究[J]．太原理工大学学报，2001，32(1)：51-53．

2）专著类。

格式：[序号]作者．书名[M]．出版地：出版社，出版年份：起止页码．

举例：[2] 刘国钧，王连成．图书馆史研究[M]．北京：高等教育出版社，1979：15-18.

3）报纸类。

格式：[序号]作者．篇名[N]．报纸名，出版日期（版次）.

举例：[3] 李大伦．经济全球化的重要性[N]．光明日报，1998-12-27(3).

4）论文集。

格式：[序号]作者．篇名[G]．出版地：出版者，出版年份：起止页码.

举例：[4] 伍蠡甫．西方文论选[G]．上海：上海译文出版社，1979：12-17.

5）学位论文类。

格式：[序号]作者．篇名[D]．出版地：出版者，出版年份：起止页码.

举例：[5] 张筑生．微分半动力系统的不变集[D]．北京：北京大学，1983：1-7.

6）网络文献类。

格式：[序号]作者．电子文献题名[文献类型或载体类型].（发表或更新的日期）[作者引用日期]．电子文献网址.

举例：[6] 王明亮．关于中国学术期刊标准化数据库系统工程的进展[EB/OL].（1998-08-16）[2009-09-05]. http://www.cajcd.edu.cn/pub/wml.txt/980810-2.html.

按照上述参考文献的标准格式，重新设置文末给出的参考文献格式。

9. 排版常用视图

视图决定了文档在计算机屏幕上以何种方式显示。在不同的视图环境下为用户提供了不同的工具。在对每一篇文档进行排版时，可以根据当前正在进行的操作切换到最适宜的视图环境。Word 2010 排版中比较常用的两种视图是页面视图和大纲视图。

（1）页面视图

在页面视图中可以看到文档中的每一页及其中包含的所有元素（摘要、目录、正文、页眉、页脚、尾注、参考文献等）。同时，页面视图也很好地显示了文档打印时的外观，即通常所说的所见即所得。

有两种方法可以切换到页面视图：一是单击 Word 窗口底部状态栏中的“页面视图”按钮；二是单击“视图”选项卡“文档视图”中的“页面视图”按钮，如图 5.24 所示。

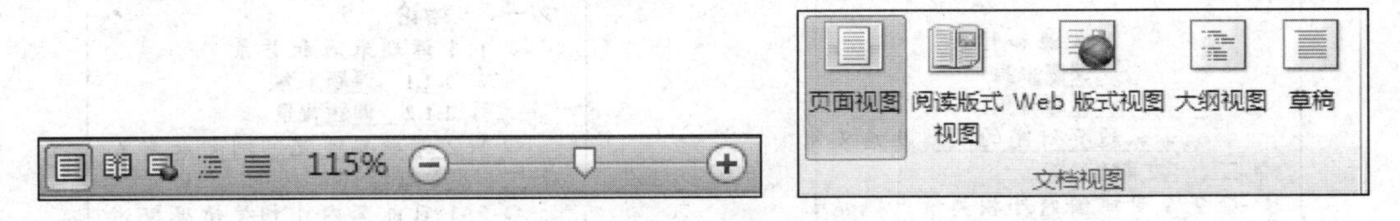

图 5.24 “页面视图”按钮

（2）大纲视图

大纲视图通常用于确定文档的整体结构，就像书籍中的目录一样。在大纲视图中可以输入并修改文档的各级标题，用于构思和调整文档的整体结构，完成后返回页面视图以编写文档的具体内容。切换到大纲视图后，可以在“大纲”选项卡中的“大纲工具”组中设置显示的标题级别，如图 5.25 所示。

有些标题左侧显示一个“+”按钮，说明该标题包含子标题或正文内容，双击“+”按钮将展开该标题包含的所有子标题和正文内容。

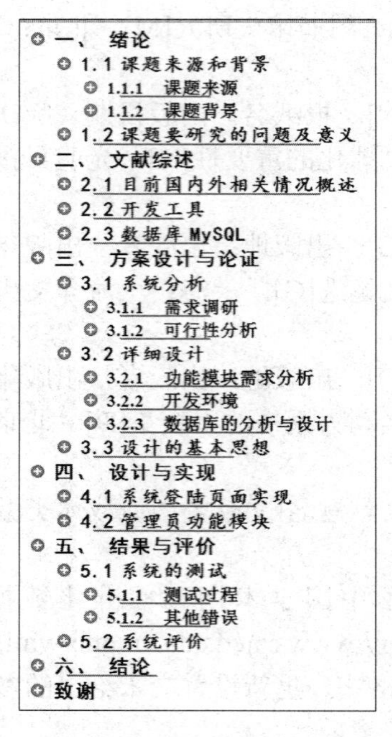

图 5.25　显示 1～3 级标题的大纲视图

大纲视图的一个优势是可以随时对不符合要求的标题级别进行调整。可以根据需要将原来的一级标题降级为二级标题，只需单击标题所在的行，然后在“大纲级别”下拉列表中选择希望降级到的标题级别即可。例如，将“2.3 数据库 MySQL”降级为“2.2.1 数据库 MySQL”，如图 5.26 和图 5.27 所示。

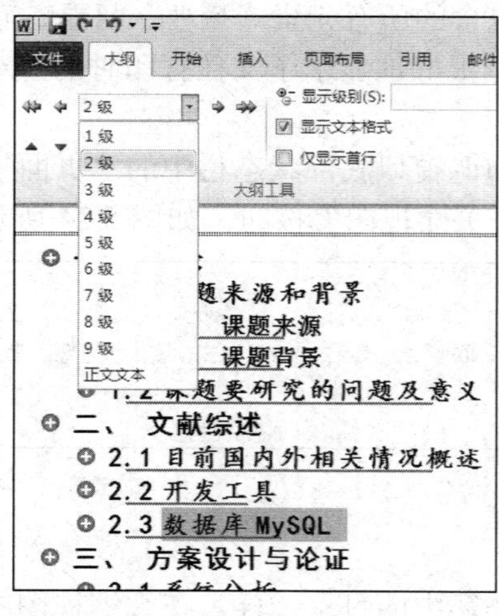

图 5.26　降级前

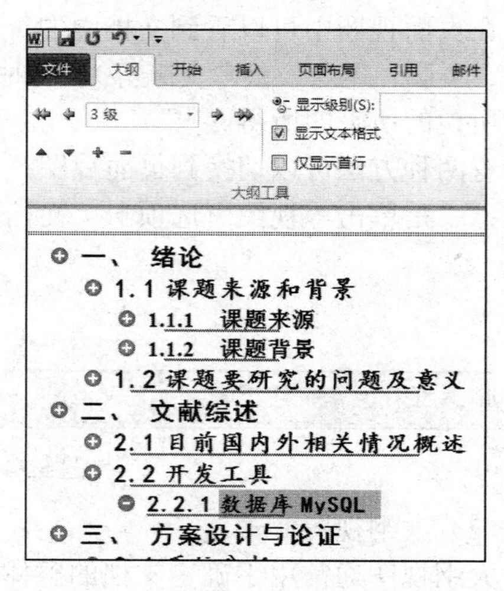

图 5.27　降级后

三、实践练习

新建一个 Word 文档，输入以下内容（注意以下文字的每章的一级标题和二级标题要原样输入，每章后插入一个分页符）。

第一章 展望

转眼我已站在大一生活的尽头，想起新生报到时的羞涩、稚气，怀念骄阳下军训时的无奈、辛苦和幸福，忆起社团面试时的夹杂着畏缩的刚强，还有初入校园时的那份莫名的失落，第一个中秋节时对父母、朋友的思念——心中有太多的感慨。

当我们还不了解真正的大学生活的时候，面对着前方要走的四年漫漫长路，有过许多的幻想，当我们拿到留有许多空白的课程表时，所有的人都大吃一惊，那时的我们突然感到手足无措。第一次坐在大学的教室里听课，我抑制不住那份激动和兴奋。

摆脱了备战高考的那份压力和学校严格的管制，我转变了许多，我开始了一次又一次的尝试，但那时的我却总忘不了自己曾经在别人眼中的佼佼者形象。或许这就是曾经的无知，可无知终究要在现实面前低头的，不久以后所有的一切证明了这一至理名言。

社团招新的时候我见到了从来没遇到过的场面，当我转了一圈又一圈以后，那份新奇却越来越少，而失望的情绪越来越强烈，我才发现曾经的自己太无知，没有抓住机遇锻炼自己，失去了太多与别人竞争的筹码，经过了几次面试的失败，我终于加入了一个社团，那夜的我竟然为了这个小小的成绩给爸爸打了一个电话。

到此似乎所有的波澜都在慢慢恢复平静，我们开始在宿舍抱怨大学生活的无聊，没有作业，没有考试的压力，我们无所事事，那时我们才发觉忙着真好，只有忙着才能找到久违的充实与成就感，面对即将到来的期末考试，我们没有了高中参加模拟考的那种自信满满，只有拼命地去翻那些陌生的课本。

第二章 大学生活二三事

2.1 军训

记得有一次，队列中传出一个洪亮而铿锵有力的声音："报告排长，我要上厕所！"排长回答说："出列，速战速决！"每每回想起军训的日子，我常常会流下激动的泪水。因为我不相信，那些到了后来视迟到为家常便饭，还经常大摇大摆地穿着拖鞋背心就闯进教室的人居然会是我们。经历大学四年，我们彻底改变了！

2.2 生病

在一个寒冷的夜晚，我病了，高烧、浑身发抖。我叫舍友给我弄点热水，他迷迷糊糊地回答我等天亮了再说，然后又翻身睡着了。我开始回想自己小时候生病时，母亲整夜陪着我抱着我。而这一次，只有泪水和孤独陪伴我度过这个难熬的夜晚。

2.3 社团

社团里永远充满新人的面孔，他们热情洋溢，活泼开朗，时刻准备着挑战自己。社团永远属于大一新生！

第三章 大学生活感悟

专业无冷热，学校无高低。没有哪个用人单位会认为你代表了你的学校或你的专业。千万不要因为你是名牌大学或热门专业而沾沾自喜，也大可不必因为你的学校不好或专业冷门而自卑。千招会，不如一招熟。十个百分之十并不是百分之百，而是零。

如果你有十项工作，每项都会做百分之十，那么，在用人单位眼中，你什么都不会。所以，你必须要让自己具备核心竞争力，"通才"只有在"专才"的基础上才有意义。

大部分女生将计算机当成了影碟机，大部分男生将计算机当成了游戏机。大学生要掌握必要的计算机操作能力，但是，很多时候计算机会成为浪费时间的借口。有计算机的大学生非常多，可是，这中间很多人可能大学毕业的时候还不会 Excel，不会做一个像样的PPT。

互联网固然威力无穷，但是，如果你沉迷于网络聊天，或者沉迷于网络游戏，浪费的金钱倒是可以弥补，荒废的青春就无可追寻了。

第四章　大四生活

恍然间自己进入了大四，马上毕业了，先去绍兴的一个高中学习，我想我去的原因是我想感受一下正规的高中教学生活是怎么样的，我想这样可以进一步明确我自己的选择，选择自己喜欢的职业，也尝试一下正规老师的感觉。

中国的饮食文化其实很特别，就单单年糕这么简单的东西，在我家乡是年糕炒肉，而在绍兴那里是年糕加豆腐，而且如果不加豆腐那是很奇怪的事情，于是就这样吃了快两个月，体重涨了 4 斤，豆腐看来真的很营养。那里的学生很单纯也很可爱，我曾在那里办过一场讲座，第一次面对几千人的听众，还有学校领导，那一刻我代表的是我们学校，我所说的可能会留下好的印象，也有可能是坏的印象，在演讲前其实我很紧张，我一个人找了个安静的地方深呼吸，然后告诉自己我是最棒的，而这一切同学都不可能知道，最终我成功了，我开始在那个学校变得有名，甚至我离开的时候有很多人要求我在他们衣服上签名，还好，我早就设计过自己的英文签名，所以一切都很如意的实习结束，而我也真正明白当高中老师那绝对不是我要的生活，我要的人生。在别人所谓的安稳的工作里过自己并不希望的生活，那并不是我要的！可能有人会说我太自我，可是为自己的人生活着又有什么错呢，父母都希望儿女快乐，而我选择可以让我快乐并充满希望。

要求：

1）生成如图 5.28 所示的目录（注意根据所示效果将上述文字按章分页）。

图 5.28　生成的目录效果图

2）添加奇偶页不同的页眉，页码用阿拉伯数字（小五号字、宋体、居中）连续编码，页码由第一章的首页开始作为第 1 页。

提示：页眉或页码格式发生变化，则需要分节，方法是单击“页面布局”选项卡“页面设置”组中的“分隔符”下拉按钮，选择分节符。页眉和页码在“插入”选项卡中设置。

若要自动生成目录，必须先将章节号按样式分级设置好，标题可设为“标题 1”“标题 2”和“标题 3”，然后单击“引用”选项卡“目录”组中的“目录”下拉按钮，在打开的下拉列表中选择一种内置样式或手动建立目录。若标题样式初始列表中只有“标题 1”，可以单击“开始”选项卡“样式”组中的对话框启动按钮，打开“样式”窗格，单击右下角的“选项”超链接，弹出“样式窗格选项”对话框，如图 5.29 所示，在“样式窗格选项”对话框中选中“在使用了上一级别时显示下一标题”复选框，在“样式”中会自动显示“标题 2”。

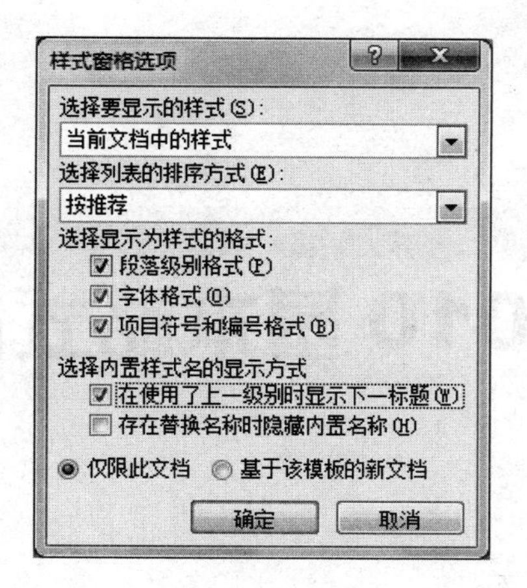

图 5.29 “样式窗格选项”对话框

实验 6 Excel 2010 基本格式化

一、实验目的

1）熟悉 Excel 2010 的界面。

2）掌握 Excel 2010 的常用操作。

3）掌握常用的创建、编辑表格的基本操作。

4）掌握图表格式化的基本操作。

二、实验内容及步骤

1. 观察 Excel 2010 的工作界面

单击“开始”按钮，在弹出的“开始”菜单中选择“所有程序”命令，在弹出的菜单中选择“Microsoft Office”文件夹中的“Microsoft Excel 2010”命令，进入 Excel 的工作界面，如图 6.1 所示。

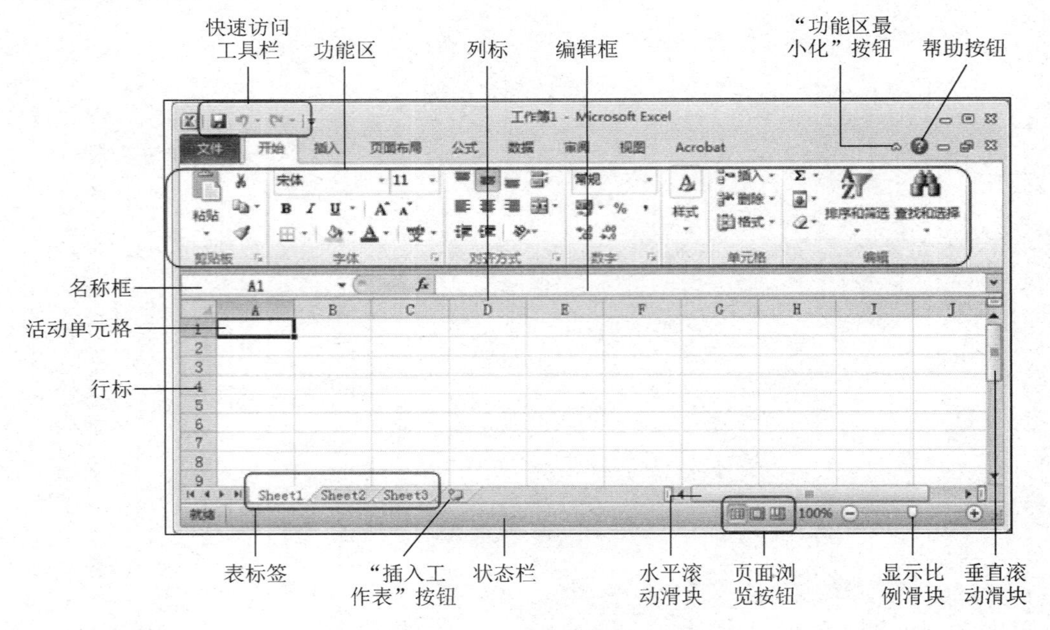

图 6.1　Excel 2010 的工作界面

下面介绍 Excel 2010 工作界面的构成元素。

1）活动单元格：黑色轮廓线表明当前活动单元格，单元格是工作表中的最小数据区。

2）列标：列标范围为字符A～XFD。单击列标字符可以选中当前列的所有单元格，也可以拖动列标边界改变列的宽度。

3）行标：行标数字范围为1～1048576，其中，每一个数字对应工作表的一行。单击行标数字可以选中一行所有单元格。

4）编辑框：用户向某单元格输入的数据或公式将出现在此处。

5）帮助按钮：单击此按钮显示Excel帮助窗体。

6）水平滚动滑块：拖动此滑块可以使工作表产生水平移动。

7）垂直滚动滑块：拖动此滑块可以使工作表产生垂直移动。

8）“功能区最小化”按钮：单击此按钮可以隐藏功能区。

9）名称框：名称框显示活动单元格地址或被选中单元格、范围或对象的名称。

10）页面浏览按钮：单击其中一个按钮可以改变工作表的显示方式。

11）快速访问工具栏：此工具栏可由用户自定义，其中容纳了常用的命令，它总是可见的。

12）功能区：它是Excel命令的主要位置，其中包含各种命令及对话框的激活按钮。

13）表标签：一个工作簿可以包含许多工作表，每个工作表的名称显示在表标签上。

14）“插入工作表”按钮：默认情况下，每一个新工作簿包含3个工作表。单击“插入工作表”按钮可以插入一个新的工作表。“插入工作表”按钮位于最后一个表标签位置。

15）状态栏：状态栏显示了键盘上的数字锁定键、大写字母锁定键及滚动锁定键的状态，也显示被选中的一系列单元格的概要信息。右击状态栏可以改变所显示的信息。

16）显示比例滑块：使用此滑块使工作表产生缩放。通常情况下工作表是以100%的缩放比例显示的，缩放比例范围为10%～400%。缩小比例能使人得到工作表页面布局的鸟瞰视图，放大比例能使人容易看清楚微小字体。但是缩放没有改变字体的实际大小，所以不会影响打印输出结果。

2. *在工作表中输入数据*

使用第一个工作表（名称为Sheet1）建立一个简单的包含图表在内的月份销售计划表，这个表由两列信息组成。列A包含月份名称，列B存储计划销售额。起始行可以输入一些描述性的标题。按以下步骤输入销售信息。

1）用方向键或鼠标移动单元格指针到单元格A1位置，名称框中将显示该单元格的地址。

2）输入“月份”到单元格A1并按【Enter】键结束。

3）选择单元格B1，输入“预期销售额”，然后按【Enter】键结束。

4）输入月份：选中单元格A2，输入“一月”。类似地，可以在其他单元格输入其他月份，也可以利用Excel自动填充功能快速填充其他月份。首先要确认单元格A2被选中，即确认单元格A2是活动单元格（单元格被深色轮廓线包围，在轮廓线右下角有一个被称为填充柄的小方块）。将鼠标指针移到填充柄上面，按住鼠标左键从单元格A2向下拖动到单元格A13。释放鼠标左键，可以发现Excel自动填充了其他月份。

5）输入销售数据：在B列输入预期销售额数据。假设一月份销售额是50000，后续月份销售额均以3.5%增长。选中单元格B2，并输入销售额50000，然后选中单元格B3，并输入公式“=B2*103.5%”。确认单元格B3已被选中，按住鼠标左键将单元格轮廓线右下角的填充柄从单元格B3拖动到单元格B13，释放鼠标左键。最终生成的工作表效果如图6.2所示。

注意： 1）Excel中的公式都是以“=”开头的。

2）在B列中，除了单元格B2，其他销售额数据都是由公式计算得到的。尝试改变单元格B2中的数据并按【Enter】键，可以发现B列其他数据自动重新计算并显示。

3. 格式化工作表

有些工作表中的数据可能很难让人看明白，因为它们还没有被格式化。应用数据格式化命令可使数据易于读懂，并尽可能使它们与字面含义保持一致。对图6.2所示工作表的数据进行格式化，遵循以下操作步骤。

1）单击单元格B2并按住鼠标左键拖动到单元格B13。

注意： 在拖动鼠标的过程中，鼠标指针（此时呈空心十字）必须位于单元格边界内，不要拖动单元格的填充柄。

2）单击“开始”选项卡“数字”组中的“数字格式”下拉按钮，在打开的下拉列表中选择“货币”选项。表中每个销售额数据将出现一个货币符号，默认情况下保留2位小数。如果销售额数据此时显示为一系列#，请拖动B列边界增加列宽。

3）在销售计划表范围内将鼠标指针定位到任意一个有数据的单元格上，单击“插入”选项卡“表格”组中的“表格”按钮，将弹出“创建表”对话框以便确认它覆盖的范围，可以按住鼠标左键重新选择表格的覆盖范围为A1:B13，单击“确定”按钮，Excel将应用默认表格样式到当前工作表，如图6.3所示。

	A	B	C
1	月份	预期销售额	
2	一月	50000	
3	二月	51750	
4	三月	53561.25	
5	四月	55435.89	
6	五月	57376.15	
7	六月	59384.32	
8	七月	61462.77	
9	八月	63613.96	
10	九月	65840.45	
11	十月	68144.87	
12	十一月	70529.94	
13	十二月	72998.49	
14			

图6.2 一个销售规划工作表

	A	B
1	月份	预期销售额
2	一月	¥50,000.00
3	二月	¥51,750.00
4	三月	¥53,561.25
5	四月	¥55,435.89
6	五月	¥57,376.15
7	六月	¥59,384.32
8	七月	¥61,462.77
9	八月	¥63,613.96
10	九月	¥65,840.45
11	十月	¥68,144.87
12	十一月	¥70,529.94
13	十二月	¥72,998.49

图6.3 自动套用工作表样式

4）可以通过选择“表格工具|设计”选项卡“表格样式”组中的样式应用于当前工作表。

4. 数据的图表化

生成数据图表的操作步骤如下。

1）选择工作表中任意一个包含数据的单元格。

2）单击“插入”选项卡“图表”组中的“柱形图”下拉按钮，在打开的下拉列表中选择第一个子类“簇状柱形图”选项。Excel 将在屏幕中央插入一个图表，如图 6.4 所示。单击图表边界并拖动可以将图表移动到其他位置。利用“图表工具”选项卡可以更改图表外观和样式。

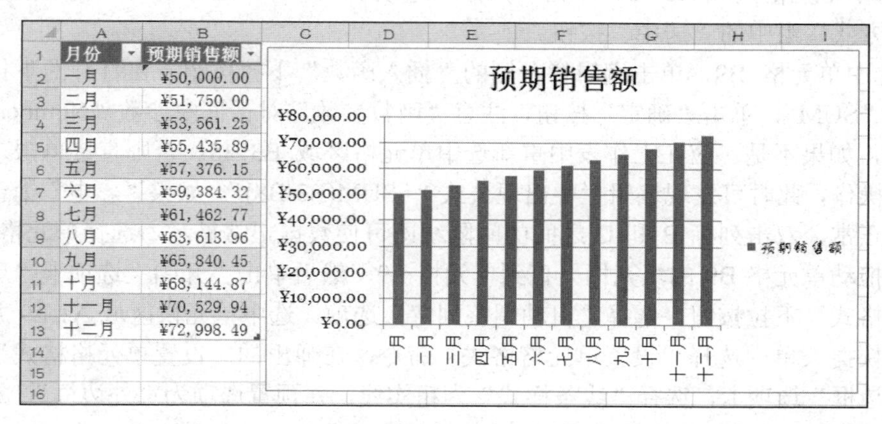

	A	B
1	月份	预期销售额
2	一月	¥50,000.00
3	二月	¥51,750.00
4	三月	¥53,561.25
5	四月	¥55,435.89
6	五月	¥57,376.15
7	六月	¥59,384.32
8	七月	¥61,462.77
9	八月	¥63,613.96
10	九月	¥65,840.45
11	十月	¥68,144.87
12	十一月	¥70,529.94
13	十二月	¥72,998.49

图 6.4　图表生成示例

5. 表格的创建与处理

将以下数据输入 Excel 的一个工作表中，如图 6.5 所示。

对图 6.5 所示的数据表格进行如下操作。

1）将单元格区域 A1:E1 合并并居中，其字号为 16 号、加粗、隶书。

2）将单元格区域 A2:E2 的字体加粗、居中。

3）用公式计算单元格区域 B9:E9 每种电器销售总量，给整个表格添加粗实线外边框和细实线内边框，线条颜色均为黑色。

4）根据销售总计和销售种类画出一个任意类型的嵌入式图表，并调整图表位置和大小。操作结果如图 6.6 所示。

	A	B	C	D	E
1	销售情况统计表				
2	日期	彩电	冰箱	电扇	洗衣机
3	1	23000	56000	56200	120003
4	2	23420	23740	34210	14320
5	3	12003	13000	14000	15000
6	4	16000	17000	18000	19000
7	5	23420	22003	23000	11000
8	6	22003	16789	12812	12845
9	销售统计				

图 6.5　电器销售情况统计

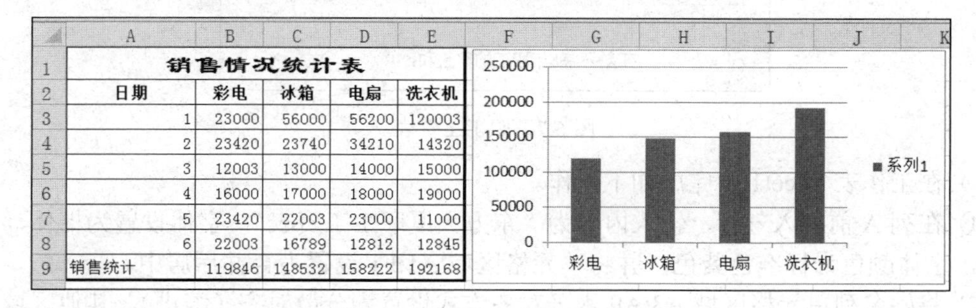

	A	B	C	D	E
1	销售情况统计表				
2	日期	彩电	冰箱	电扇	洗衣机
3	1	23000	56000	56200	120003
4	2	23420	23740	34210	14320
5	3	12003	13000	14000	15000
6	4	16000	17000	18000	19000
7	5	23420	22003	23000	11000
8	6	22003	16789	12812	12845
9	销售统计	119846	148532	158222	192168

图 6.6　电器销售情况统计的最终效果

操作步骤如下。

1）按题目要求在 Excel 工作簿的某工作表中输入本题目要求的数据。选中单元格区域 A1:E1 并右击，在弹出的快捷菜单中选择“设置单元格格式”命令，在弹出的“设置单元格格式”对话框中单击“对齐”选项卡，将“文本对齐方式”组中的“水平对齐”设置为居中，选中“文本控制”组中的“合并单元格”复选框；单击“字体”选项卡，设置“字号”为16，字形为“加粗”，字体为“隶书”，最后单击“确定”按钮。

2）选中单元格区域A2:E2，单击“开始”选项卡“字体”组中的“加粗”按钮，并单击“对齐方式”组中的“居中”按钮。

3）选中单元格 B9，单击编辑栏左侧的“插入函数”下拉按钮，在打开的下拉列表中选择函数“SUM”，单击“确定”按钮，注意“函数参数”对话框中参数“Number1”是否为 B3:B8，如果不是，应在工作表中重新选中单元格区域 B3:B8；否则直接单击“确定”按钮结束操作，此时可发现编辑栏中出现公式“=SUM(B3:B8)”。如果“彩电”销售统计结果显示不正常，双击列标 B 和 C 之间的间隔线即可使数据正常显示。选择单元格 B9，用鼠标水平拖动单元格 B9 的填充柄一直到单元格 E9，然后单击“开始”选项卡“单元格”组中的“格式”下拉按钮，选择“自动调整列宽”选项。选中单元格区域 A1:E9 并右击，在弹出的快捷菜单中选择“设置单元格格式”命令，在弹出的“设置单元格格式”对话框中单击“边框”选项卡，选择“线条样式”为粗实线，并预置选项为“外边框”，然后选择“线条样式”为细实线，并预置选项为“内部”，最后单击“确定”按钮。

4）选中单元格区域 B2:E2，按住【Ctrl】键不放，选择单元格区域 B9:E9，单击“插入”选项卡“图表”组中的“柱形图”下拉按钮，在打开的下拉列表中选择二维簇状柱形图即可生成如图 6.6 所示的图表。

三、实践练习

将以下数据输入 Excel 的 Sheet1 工作表中，如图 6.7 所示。

	A	B	C	D	E	F
1	姓名	工龄	基本工资	奖金	水电费	实发工资
2	陈燕	4	1667.3	420	80.88	
3	李小勇	5	1756.55	530	95.6	
4	王微	8	2259.8	950	75.45	
5	胡大为	2	1687.78	500	105.9	
6	王军	3	1564	460	79.65	
7	张东风	9	2376.38	860	67.46	
8	于晓晓	4	1778.3	610	39.65	
9						
10	平均					
11						
12		工龄不满5年职工的奖金和：				
13						

图 6.7 职工工资表

1）在工作表 Sheet1 中完成如下操作。

① 在列 A 前插入一行，输入内容为“东方大厦职工工资表”，字体设置为楷体，字号为 16，字体颜色为标准色紫色，并将单元格区域 A1:F1 设置为合并后居中。

② 将姓名列单元格区域 A3:A9 水平对齐方式设置为分散对齐（缩进），其他区域水平对齐方式设置为居中。

③ 单元格区域 A2:F2 栏目名行字体为黑体、14 号，单元格区域 A1:F11 设置内外边框线颜色为标准色绿色，样式为细实线。

④ 利用公式计算实发工资（实发工资=基本工资+奖金-水电费），用函数计算各项平均

值（不包括工龄，结果保留 2 位小数）。

⑤ 在单元格 E13 中利用函数统计工龄不满 5 年职工的奖金和。

⑥ 建立簇状柱形图表比较后 3 位职工的基本工资、奖金和实发工资情况。图例为职工姓名，图表样式选择“图表样式 26”，形状样式选择“细微效果-紫色，强调颜色 4”，并将图表放到工作表的右侧。

⑦ 将单元格区域 A1:F9 的数据复制到 Sheet2 中（单元格 A1 为起始位置）。

2）在工作表 Sheet2 中完成如下操作。

① 将工作表 Sheet2 重命名为“筛选统计”。

② 筛选出工龄 5 年及以下，且奖金高于（包括）500 元的职工记录。

结果如图 6.8～图 6.10 所示。

	A	B	C	D	E	F
1	东方大厦职工工资表					
2	姓名	工龄	基本工资	奖金	水电费	实发工资
3	陈　燕	4	1667.3	420	80.88	2006.42
4	李小勇	5	1756.55	530	95.6	2190.95
5	王　微	8	2259.8	950	75.45	3134.35
6	胡大为	2	1687.78	500	105.9	2081.88
7	王　军	3	1564	460	79.65	1944.35
8	张东风	9	2376.38	860	67.46	3168.92
9	于晓晓	4	1778.3	610	39.65	2348.65
10						
11	平均		1870.02	618.57	77.80	2410.79
12						
13		工龄不满5年职工的奖金和:			1990	

图 6.8　职工工资表的操作结果

	A	B	C	D	E	F
1	东方大厦职工工资表					
2	姓名	工龄	基本工资	奖金	水电费	实发工资
4	李小勇	5	1756.55	530	95.6	2190.95
6	胡大为	2	1687.78	500	105.9	2081.88
9	于晓晓	4	1778.3	610	39.65	2348.65

图 6.9　职工工资表筛选结果

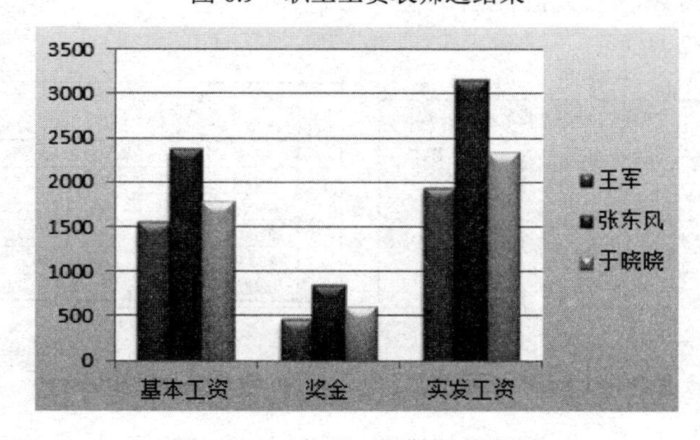

图 6.10　3 位职工的簇状柱形图

实验 7 Excel 2010 公式函数的运用

一、实验目的

1）了解 Excel 常用函数的功能。

2）掌握 Excel 常用函数的应用方法。

3）掌握 Excel 公式的编辑方法。

4）掌握从身份证号中提取信息的方法。

二、实验内容及步骤

1. SUM 函数的应用

在 Excel 2010 工作表中输入如图 7.1 所示的学生成绩单。

操作要求：

1）利用自动填充的方法将单元格 A3～A7 填充学号 08001～08005。

2）利用函数求总分、平均分。

3）设置标题“计算机应用 0801 班学生成绩单”从单元格 A1 到 G1 跨列居中，设置字体为粗体、14 号，填充黄色背景。

4）为单元格区域 A2:G7 内外加边框（外边框为粗实线、内边框为细实线）。

5）对表格区域的文字型数据采用中间对齐方式。

6）对表格区域的数值型数据保留两位小数。

操作结果如图 7.2 所示。

	A	B	C	D	E	F	G
1	计算机应用0801班学生成绩单						
2	学号	姓名	离散数学	C语言	计算机网络	总分	平均分
3		王晓亮	78	76.5	80		
4		卢明	93	67	72.5		
5		虎龙	86.5	73	65		
6		赵燕	90	74.5	90		
7		姜昆	68.8	88	95		

图 7.1　学生成绩单

	A	B	C	D	E	F	G
1	计算机应用0801班学生成绩单						
2	学号	姓名	离散数学	C语言	计算机网络	总分	平均分
3	08001	王晓亮	78.00	76.50	80.00	234.50	78.17
4	08002	卢明	93.00	67.00	72.50	232.50	77.50
5	08003	虎龙	86.50	73.00	65.00	224.50	74.83
6	08004	赵燕	90.00	74.50	90.00	254.50	84.83
7	08005	姜昆	68.80	88.00	95.00	251.80	83.93

图 7.2　学生成绩单的最终效果

操作步骤如下。

1）按题目要求在 Excel 工作簿的某工作表中输入本题目要求的数据。选中单元格 A3，在该单元格中首先输入一个英文单引号，然后输入 08001（即'08001），最后按【Enter】键结束输入。拖动单元格 A3 的填充柄沿 A 列向下到单元格 A7 完成学号填充。

2）选中单元格 F3，单击编辑栏左侧的“插入函数”按钮，在弹出的“插入函数”对话框中选择函数“SUM”，单击“确定”按钮，在弹出的“函数参数”对话框中观察“Number1”编辑框中的参数是否为C3:E3，如果不是，应在工作表中重新选择单元格区域C3:E3；否则直接单击“确定”按钮结束操作。此时可发现编辑栏中出现公式“=SUM(C3:E3)”，拖动单元格F3的填充柄沿F列向下到单元格F7可计算出所有学生的总分；选中单元格G3，输入公式“=F3/3”，按【Enter】键即可计算出第1个学生的平均分，拖动单元格G3的填充柄沿G列向下到单元格G7可计算出所有学生的平均分。

3）选中单元格区域A1:G1，右击，在弹出的快捷菜单中选择“设置单元格格式”命令，在弹出的“设置单元格格式”对话框中单击“对齐”选项卡，将“文本对齐方式”组中的“水平对齐”设置为跨列居中；单击“字体”选项卡，设置“字号”为14，“字形”为加粗；单击“填充”选项卡，将“背景色”设置成黄色，最后单击“确定”按钮。

4）选中单元格区域A2:G7，右击，在弹出的快捷菜单中选择“设置单元格格式”命令，在弹出的“设置单元格格式”对话框中选择“边框”选项卡，选择“线条样式”为粗实线，并预置选项为“外边框”，然后选择“线条样式”为细实线，并预置选项为“内部”，最后单击“确定”按钮。

5）选中单元格区域A2:G2，然后按住【Ctrl】键不放，用鼠标拖动方法选择区域A3:B7，最后单击“开始”选项卡“对齐方式”组中的“居中”按钮。

6）选中区域C3:G7，单击“开始”选项卡“数字”组中的“增加小数位数”按钮两次。若发现某列数据显示不正常，可适当调整列宽使之正常显示。

2. IF函数的应用

在Excel 2010的某工作表中输入如图7.3所示的购买小食品消费数据。

操作要求：

对于金额的计算，当购买数量大于5时，按批发价计算，否则按零售价计算。

提示：使用IF函数，其语法格式为IF(测试条件,条件为真的结果,条件为假的结果)。

操作步骤如下。

选择“卡地那”的金额单元格E3，在单元格E3输入公式“=IF(D3>5,B3*D3,C3*D3)”，按【Enter】键结束。然后向下拖动E3单元格的填充柄即可计算出其他小食品所花费的金额，效果如图7.4所示。

	A	B	C	D	E
1	联欢会购买小食品表				
2	品名	批发价格	零售价格	购买数量	金额
3	卡地那	3	3.5	2	
4	奇巧威化	5	5.5	3	
5	马铃薯片	1.3	1.5	7	
6	山楂片	2.2	2.5	1	
7	花生	3	3.5	4	
8	瓜子	2.5	3	10	
9	大白兔奶糖	7	7.5	3	
10	雪碧	5.5	6.5	5	
11	可乐	5	6	5	

图7.3　购买小食品消费金额

	A	B	C	D	E
1	联欢会购买小食品表				
2	品名	批发价格	零售价格	购买数量	金额
3	卡地那	3	3.5	2	7
4	奇巧威化	5	5.5	3	16.5
5	马铃薯片	1.3	1.5	7	9.1
6	山楂片	2.2	2.5	1	2.5
7	花生	3	3.5	4	14
8	瓜子	2.5	3	10	25
9	大白兔奶糖	7	7.5	3	22.5
10	雪碧	5.5	6.5	5	32.5
11	可乐	5	6	5	30
12					

图7.4　IF函数应用结果

3. AVERAGE 函数的应用

在 Excel 2010 的某工作表中输入如图 7.5 所示的北半球三地全年各月平均气温数据。

操作要求：

1）用公式计算平均气温，保留 2 位小数。

2）创建 A、B、C 地气温变化数据点折线图（带数据标记），并设置坐标轴标题和图表标题，最终效果如图 7.6 所示。

	A	B	C	D
1	北半球三地全年各月平均气温（℃）			
2	月份	A地	B地	C地
3	1	27	-5	-26
4	2	27.5	-3	-28
5	3	28	5	-25.5
6	4	29	13	-18
7	5	29.2	21	-8
8	6	29.3	24.5	0.5
9	7	29.9	26	3
10	8	27.8	24.5	2.5
11	9	26	20	-0.6
12	10	26.5	13.5	-9
13	11	26	4	-19
14	12	25	-3	-23
15	平均气温			

图 7.5　北半球三地全年各月平均气温数据

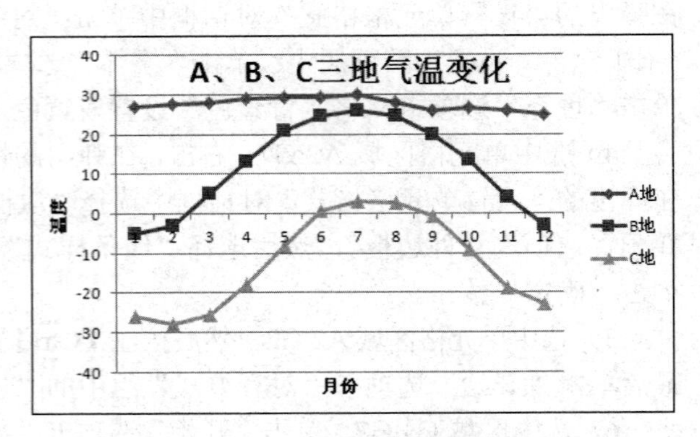

图 7.6　A、B、C 三地气温变化数据点折线图

操作步骤如下。

1）选中单元格 B15，单击编辑栏左侧的“插入函数”按钮，在弹出的“插入函数”对话框中选择函数“AVERAGE”，然后单击“确定”按钮，在弹出的“函数参数”对话框中观察“Number1”编辑框中的参数是否为 B3:B14，即 A 地全年气温数据区，若不是，应在工作表中重新选择单元格区域 B3:B14。然后单击“确定”按钮结束操作，可以看到 A 地全年平均气温已经被计算出来。用鼠标向右拖动 B15 单元格填充柄可以计算出 B 地和 C 地的平均气温。选中三地平均气温所在的单元格区域 B15:D15，并在该区域中右击，在弹出的快捷菜单中选择“设置单元格格式”命令，弹出“设置单元格格式”对话框，在“数字”选项卡的“分类”列表框中选择“数值”选项，并设定小数点位数为 2，单击“确定”按钮。最终效果如图 7.7 所示。

	A	B	C	D
1	北半球三地全年各月平均气温（℃）			
2	月份	A地	B地	C地
3	1	27	-5	-26
4	2	27.5	-3	-28
5	3	28	5	-25.5
6	4	29	13	-18
7	5	29.2	21	-8
8	6	29.3	24.5	0.5
9	7	29.9	26	3
10	8	27.8	24.5	2.5
11	9	26	20	-0.6
12	10	26.5	13.5	-9
13	11	26	4	-19
14	12	25	-3	-23
15	平均气温	27.60	11.71	-12.59

图 7.7　用函数计算平均气温

2）选择 A、B、C 地所在的单元格区域 B2:D14，单击“插入”选项卡“图表”组中的“折线图”下拉按钮，在打开的下拉列表中选择“带数据标记的折线图”选项后将生成图表。选中图表（单击图表外边框），单击“图表工具|布局”选项卡“标签”组中的“图表标题”下拉按钮，在打开的下拉列表中选择“居中覆盖图表标题”选项，在图表上方中间将出现“图表标题”编辑区，将图表标题改为“A、B、C 三地气温变化”；选中图表，单击“图表工具|布局”选项卡“标签”组中的“坐标轴标题”下拉按钮，在打开的下拉列表中选择“主要横坐标轴标题”中的“坐标轴下方标题”选项，在横坐标下方将出现“坐标轴标题”编辑区，将其中的内容修改为“月份”；选中图表，单击“图表工具|布局”选项卡“标签”组中的“坐标轴标题”下拉按钮，在打开的下拉列表中选择“主要纵坐标轴标题”中的“旋转过的标题”选项，在纵坐标左侧将出现“坐标轴标题”编辑区，将其中的内容修改为“温度”。

4. 利用表格计算积分

在 Excel 2010 的某个工作表中输入如图 7.8 所示的数据。

	A	B	C	D	E	F	G	H	I	J
1	2000年甲A联赛积分榜									
2	编号	队名	胜	平	负	进球	失球	净胜球	积分	名次
3	01	北京国安	9	8	9	38	32			
4	02	大连实德	17	5	4	50	21			
5	03	吉林敖东	4	5	17	20	45			
6	04	辽宁抚顺	8	8	10	28	26			
7	05	青岛海牛	6	11	9	22	29			
8	06	山东鲁能	12	4	10	35	31			
9	07	上海申花	14	8	4	37	24			
10	08	深圳平安	8	8	10	27	27			
11	09	沈阳海狮	8	10	8	35	32			
12	10	四川全兴	12	8	6	33	21			
13	11	天津泰达	7	10	9	28	37			
14	12	厦门厦新	6	5	15	22	45			
15	13	云南红塔	8	5	13	24	42			
16	14	重庆隆鑫	10	11	5	46	33			
17										

图 7.8　甲 A 联赛积分榜统计表

操作要求：

1）用公式计算净胜球和积分，净胜球=进球−失球，积分=胜×3+平×1。

2）按积分多少给各队排名次，积分相同时，参考净胜球数。积分和净胜球数都相同时，再参考进球数。

3）对积分榜中的各球队数据从大到小进行排序，按排序结果依次填充名次。

操作步骤如下。

1）选中单元格 H3，输入公式“=F3−G3”后按【Enter】键，可以得到“北京国安”队的净胜球数。按住鼠标左键向下拖动 H3 单元格的填充柄就可以计算其他球队的净胜球数。

2）选中单元格 I3，输入公式“=C3*3+D3”后按【Enter】键，可以得到“北京国安”队的积分。按住鼠标左键向下拖动 I3 单元格的填充柄计算其他球队的积分。

3）选中单元格区域 A2:J16，单击“数据”选项卡“排序和筛选”组中的“排序”按钮，在弹出的“排序”对话框中设置第 1 行的主要关键字为“积分”，排序依据为“数值”，次序为“降序”，单击“添加条件”按钮；设置第 2 行的主要关键字为“净胜球”，排序依据为“数值”，次序为“降序”，单击“添加条件”按钮；设置第 3 行的主要关键字为“进球”，排序依据为“数值”，次序为“降序”，单击“确定”按钮结束操作。将名次添加到单元格区域 J3:J16（可以在单元格 J3 和 J4 中分别输入数字 1 和 2，然后选中单元格区域 J3:J4，向下拖动该单元格区域右下角的填充柄即可实现其他名次的填充），如图 7.9 所示。

	A	B	C	D	E	F	G	H	I	J
1	2000年甲A联赛积分榜									
2	编号	队名	胜	平	负	进球	失球	净胜球	积分	名次
3	02	大连实德	17	5	4	50	21	29	56	1
4	07	上海申花	14	8	4	37	24	13	50	2
5	10	四川全兴	12	8	6	33	21	12	44	3
6	14	重庆隆鑫	10	11	5	46	33	13	41	4
7	06	山东鲁能	12	4	10	35	31	4	40	5
8	01	北京国安	9	8	9	38	32	6	35	6
9	09	沈阳海狮	8	10	8	35	32	3	34	7
10	04	辽宁抚顺	8	8	10	28	26	2	32	8
11	08	深圳平安	8	8	10	27	27	0	32	9
12	11	天津泰达	7	10	9	28	37	-9	31	10
13	05	青岛海牛	6	11	9	22	29	-7	29	11
14	13	云南红塔	8	5	13	24	42	-18	29	12
15	12	厦门厦新	6	5	15	22	45	-23	23	13
16	03	吉林敖东	4	5	17	20	45	-25	17	14

图 7.9 积分计算及排名结果

5. 提取信息

新建一个 Excel 文件，在工作表 Sheet1 中输入如图 7.10 所示数据，在工作表 Sheet2 中输入如图 7.11 所示数据。

	A	B
1	**地区编码表**	
2	身份证号码前6位	所属地
3	150430	内蒙古自治区赤峰市敖汉旗
4	210903	辽宁省阜新市新邱区
5	320113	江苏省南京市栖霞区
6	320204	江苏省无锡市北塘区
7	350423	福建省三明市清流县
8	350601	福建省漳州市市辖区
9	440183	广东省广州市增城市
10	440600	广东省佛山市
11	620525	甘肃省天水市张家川回族自治县
12	623024	甘肃省甘南藏族自治州迭部县

图 7.10 身份证号码及所属地（部分）

	A	B	C	D	E	F	G	H
1	身份证相关信息提取							
2	姓名	身份证号码	出生日期	年龄	性别	生日	出生地	省份
3	吴建华	350601198508118911						
4	张颜	350423198705020697						
5	卓恒宏	623024197506168873						
6	闵孤兰	62052519810219342X						
7	锺馨平	620525198603216132						
8	韩一诺	620525198911129401						
9	鲁玉二	440600198912123865						
10	危迎南	440600199303203282						
11	宰书文	440183199408246776						
12	祝晓东	320204197708155737						
13	何灵泉	32011319890810479X						
14	周巧蕊	210903198111139907						
15	阎才人	150430197803255753						

图 7.11 身份证信息原始表格

操作要求：

利用公式计算图 7.11 中的出生日期、年龄、性别、生日、出生地等信息。

提示：在输入公式的时候，所有的标点符号必须在英文输入法状态下进行输入。

操作步骤如下。

1）在 Sheet2 工作表的身份证信息原始表格中，选中单元格 C3，输入公式“=TEXT (MID(B3,7,6),"0000 年 00 月")”后按【Enter】键即可得到“吴建华”的出生日期。

2）选中单元格 D3，输入公式“=2017-MID(B3,7,4)”后按【Enter】键即可得到“吴建华”的年龄（注意：计算年龄的公式中的 2017 代表 2017 年，实际操作时要以实际年号为准输入）。

3）选中单元格 E3，输入公式“=IF(MOD(MID(B3,17,1),2)=1,"男","女")”后按【Enter】键即可得到“吴建华”的性别。

4）选中单元格 F3，输入公式“=TEXT(MID(B3,11,4),"00 月 00 日")”后按【Enter】键即可得到“吴建华”的生日。

5）选中单元格 G3，输入公式“=VLOOKUP(VALUE(MID(B3,1,6)),sheet1!$A$3:$B$12, 2,TRUE)”后按【Enter】键即可得到“吴建华”的出生地（sheet1!$A$3:$B$12 表示提取条件位于 Sheet1 工作表中的单元格区域 A3:B12，这里必须用绝对地址$A$3:$B$12 表示数据区）。

6）选中单元格 H3，输入公式“=MID(G3,1,3)”后按【Enter】键得到“吴建华”来自的省份。

其他人的出生日期、年龄、性别等只需拖动相应的单元格填充柄即可得到。身份证信息提取结果如图 7.12 所示。

G3 =VLOOKUP(VALUE(MID(B3,1,6)),sheet1!$A$3:$B$12,2,TRUE)

	A	B	C	D	E	F	G	H
1	身份证相关信息提取							
2	姓名	身份证号码	出生日期	年龄	性别	生日	出生地	省份
3	吴建华	350601198508118911	1985年08月	31	男	08月11日	福建省漳州市市辖区	福建省
4	张颜	350423198705020697	1987年05月	29	男	05月02日	福建省三明市清流县	福建省
5	卓恒宏	623024197506168873	1975年06月	41	男	06月16日	甘肃省甘南藏族自治州迭部县	甘肃省
6	闵孤兰	62052519810219342X	1981年02月	35	女	02月19日	甘肃省天水市张家川回族自治县	甘肃省
7	锺馨平	620525198603216132	1986年03月	30	男	03月21日	甘肃省天水市张家川回族自治县	甘肃省
8	韩一诺	620525198911129401	1989年11月	27	女	11月12日	甘肃省天水市张家川回族自治县	甘肃省
9	鲁玉二	440600198912123865	1989年12月	27	女	12月12日	广东省佛山市	广东省
10	危迎南	440600199303203282	1993年03月	23	女	03月20日	广东省佛山市	广东省
11	宰书文	440183199408246776	1994年08月	22	男	08月24日	广东省广州市增城市	广东省
12	祝晓东	320204197708155737	1977年08月	39	男	08月15日	江苏省无锡市北塘区	江苏省
13	何灵泉	32011319890810479X	1989年08月	27	男	08月10日	江苏省南京市栖霞区	江苏省
14	周巧蕊	210903198111139907	1981年11月	35	女	11月13日	辽宁省阜新市新邱区	辽宁省
15	阎才人	150430197803255753	1978年03月	38	男	03月25日	内蒙古自治区赤峰市敖汉旗	内蒙古

图 7.12 身份证信息提取结果

三、实践练习

在 Excel 的 Sheet1 输入表中数据，如图 7.13 所示。

在工作表 Sheet1 中完成如下操作。

1）将 Sheet1 工作表的单元格区域 A1:H1 合并为一个单元格，单元格内容水平居中；计算“平均值”列的内容（用 AVERAGE 函数，数值型，保留小数点后 1 位）；计算“最高值”行的内容置于单元格区域 B7:G7 内（某月 3 地区中的最高值，利用 MAX 函数，数值型，负数的第 4 个样式，保留小数点后 2 位）；将单元格区域 A2:H7 设置为套用表格格式“表样式浅色 16”。

	A	B	C	D	E	F	G	H
1	某省部分地区上半年降雨量统计表 (单位:mm)							
2	月份	一月	二月	三月	四月	五月	六月	平均值
3	北部	121.50	156.30	182.10	167.30	218.50	225.70	
4	中部	219.30	298.40	198.20	178.30	248.90	239.10	
5	南部	89.30	158.10	177.50	198.60	286.30	303.10	
6								
7	最高值							

图 7.13　降雨量统计表

2）选中单元格区域 A2:G5 内容，建立带数据标记的折线图，图表标题为“降雨量统计图”，图例靠右；将图插入表的单元格区域 A9:G24 内，将工作表命名为“降雨量统计表”，保存 EXCEL.xlsx 文件。

结果如图 7.14 所示。

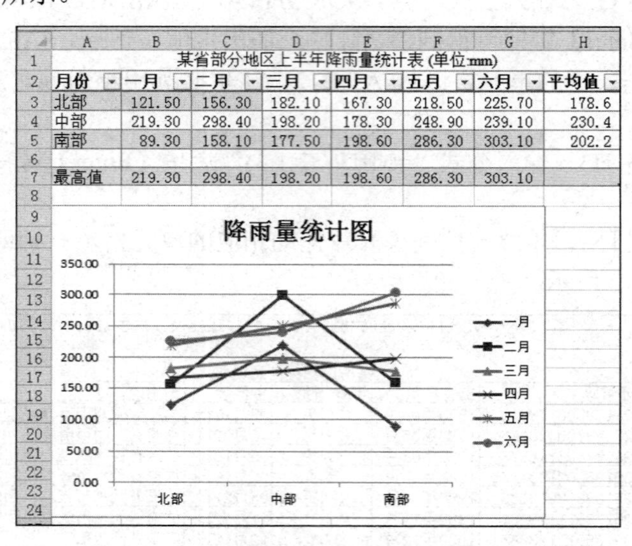

	A	B	C	D	E	F	G	H
1	某省部分地区上半年降雨量统计表 (单位:mm)							
2	月份	一月	二月	三月	四月	五月	六月	平均值
3	北部	121.50	156.30	182.10	167.30	218.50	225.70	178.6
4	中部	219.30	298.40	198.20	178.30	248.90	239.10	230.4
5	南部	89.30	158.10	177.50	198.60	286.30	303.10	202.2
6								
7	最高值	219.30	298.40	198.20	198.60	286.30	303.10	

图 7.14　降雨量计算结果及统计图

实验 8 Excel 2010 数据管理

一、实验目的

1）了解 Excel 数据管理的基本含义。

2）掌握 Excel 自动填充、自定义序列的方法。

3）掌握 Excel 数据排序、分类汇总操作。

4）掌握 Excel 自动筛选、高级筛选、突出显示等数据处理操作。

二、实验内容及步骤

1. 数据排序与分类汇总

将以下数据输入 Excel 的一个工作表中，如图 8.1 所示。

	A	B	C	D	E
1	图书信息表				
2	序号	书名	出版社	单价	数量
3	1	Office 2000	高等教育出版社	32.5	270
4	2	计算机信息基础	科学出版社	30	350
5	3	计算机网络	科学出版社	30	180
6	4	C程序设计	清华大学出版社	28.5	95
7	5	VB程序设计	清华大学出版社	25.5	315
8	6	数据库原理	中山大学出版社	35.7	100

图 8.1　图书信息表

操作要求：

1）将单元格区域 A1:E1 合并，标题“图书信息表”设置为水平分散对齐。

2）为整个表格内外加边框，外边框为红色粗实线、内边框为蓝色细实线。

3）以“出版社”为关键字，降序排序。

4）以“出版社”为分类字段对“数量”进行分类汇总，汇总函数为 SUM 函数。

操作结果如图 8.2 所示。

操作步骤如下。

1）按题目要求在 Excel 工作簿的某工作表中输入数据。选中单元格区域 A1:E1，在该区域右击，在弹出的快捷菜单中选择“设置单元格格式”命令，在弹出的“设置单元格格式”对话框中选择“对齐”选项卡，将“文本对齐方式”组中的“水平对齐”设置为分散对齐（缩进），选中“文本控制”组中的“合并单元格”复选框，最后单击“确定”按钮。

	A	B	C	D	E
1	图 书 信 息 表				
2	序号	书名	出版社	单价	数量
3	6	数据库原理	中山大学出版社	35.7	100
4			**中山大学出版社 汇总**		100
5	4	C程序设计	清华大学出版社	28.5	95
6	5	VB程序设计	清华大学出版社	25.5	315
7			**清华大学出版社 汇总**		410
8	2	计算机信息基础	科学出版社	30	350
9	3	计算机网络	科学出版社	30	180
10			**科学出版社 汇总**		530
11	1	Office 2000	高等教育出版社	32.5	270
12			**高等教育出版社 汇总**		270
13			**总计**		1310

图 8.2 图书信息表的最终效果

2）选中单元格区域 A1:E8，在该区域右击，在弹出的快捷菜单中选择“设置单元格格式”命令，在弹出的“设置单元格格式”对话框中选择“边框”选项卡，首先设置“颜色”为红色，选择“线条样式”为粗实线，并预置选项为“外边框”；再设置“颜色”为蓝色，选择“线条样式”为细实线，并预置选项为“内部”，最后单击“确定”按钮（注意本操作必须先设置线条颜色）。

3）选中单元格区域 A3:E8，单击“数据”选项卡“排序和筛选”组中的“排序”按钮，在弹出的“排序”对话框中将“主要关键字”设置成列 C（即“出版社”所在列），“排序依据”为数值，“次序”为降序，最后单击“确定”按钮。

4）选择单元格区域 A2:E8，单击“数据”选项卡“分级显示”组中的“分类汇总”按钮，在弹出的“分类汇总”对话框中将“分类字段”设置为出版社，“汇总方式”为求和，“选定汇总项”为数量，最后单击“确定”按钮，并调整各列列宽使数据正常显示。

2. 数据筛选

将以下数据输入 Excel 的一个工作表中，如图 8.3 所示。

	A	B	C	D	E
1	图书信息表				
2	序号	书名	出版社	单价	数量
3	1	大学计算机基础	科学出版社	30	350
4	2	C语言程序设计	人民邮电出版社	28.5	95
5	3	Office 2010	高等教育出版社	32.5	270
6	4	计算机网络系统集成	科学出版社	30	180
7	5	VB程序设计	人民邮电出版社	25.5	315
8	6	数据库原理与应用	中山大学出版社	35.7	100

图 8.3 图书信息表

操作要求：

在数据清单中，将出版社为“人民邮电出版社”的记录筛选出来，在单元格 A13 开始的区域显示筛选结果。操作结果如图 8.4 所示。

	A	B	C	D	E
1	图书信息表				
2	序号	书名	出版社	单价	数量
3	1	大学计算机基础	科学出版社	30	350
4	2	C语言程序设计	人民邮电出版社	28.5	95
5	3	Office 2010	高等教育出版社	32.5	270
6	4	计算机网络系统集成	科学出版社	30	180
7	5	VB程序设计	人民邮电出版社	25.5	315
8	6	数据库原理与应用	中山大学出版社	35.7	100
9					
10	出版社				
11	人民邮电出版社				
12					
13	序号	书名	出版社	单价	数量
14	2	C语言程序设计	人民邮电出版社	28.5	95
15	5	VB程序设计	人民邮电出版社	25.5	315

图8.4 图书信息表的筛选结果

操作步骤如下。

1）按题目要求在Excel工作簿的某工作表中输入数据。

2）在单元格A10和A11中分别输入“出版社”和“人民邮电出版社”。

3）选中单元格区域A2:E8，单击“数据”选项卡“排序和筛选”组中的“高级”按钮，弹出“高级筛选”对话框，选中“将筛选结果复制到其他位置”单选按钮，观察列表区域是否为“$A$2:$E$8”，然后单击“条件区域”编辑栏右侧的缩放按钮使“高级筛选”对话框缩小，选中单元格区域A10:A11，再单击“条件区域”右侧的缩放按钮使“高级筛选”对话框恢复原样；单击“复制到”编辑栏右侧的缩放按钮使“高级筛选”对话框缩小，选中单元格A13，再单击“复制到”编辑栏右侧的缩放按钮使“高级筛选”对话框恢复原样，最后单击“确定”按钮。

3. 数据综合处理

在Excel 2010的Sheet1工作表中输入如图8.5所示的学生成绩数据。

	A	B	C	D	E	F	G	H
1	序号	班级	代号	姓名	数学	物理	化学	马列
2		2001_1		安逸	85	86	81	90
3		2001_2		李江勇	78	66	58	57
4		2001_3		唐培泉	78	48	98	80
5		2001_4		张晓磊	75	72	58	73
6		2001_1		石烽	81	80	57	66
7		2001_3		刘磊	27	87	67	95
8		2001_4		吴刚	71	85	84	91
9		2001_2		周俭	67	64	62	60
10		2001_1		刘松涛	75	81	81	61
11		2001_4		丁年峰	71	75	78	74
12		2001_3		于策	74	76	71	70
13		2001_2		王学英	81	82	67	57
14		2001_3		王雪	84	81	57	81
15		2001_4		王静	27	81	54	60
16		2001_3		王曦	81	88	67	91

图8.5 学生成绩表

操作要求：

1）将Sheet1命名为“学生成绩表”。

2）用自动填充的方法将单元格 A2～A16 填充学号 1～15。

3）用自定义填充方式将单元格 C2～C16 填充代号 A～O。

4）删除“代号”列。

5）在学生成绩表中添加“总分”和“平均分”列。

6）在“姓名”列后面插入“性别”字段，并随机输入性别内容。

7）用输入公式/粘贴函数的方式计算总分和平均分。

8）在学生成绩表中的第 1 行上面插入一个新行，输入表头标题“成绩表”。

9）设置序号列的列宽为 6，第 1 行的行高为 25。

10）合并居中单元格区域 A1:J1，字体设置为楷体、加粗、20 号字。

11）将第 2 行的字体设置为宋体、加粗、16 号字。

12）将所有的数字设置为带一位小数。

13）将单元格区域 A3:J17 中的内容居中。

14）为学生成绩表（A2:J17）添加黑细线内边框和蓝粗线外边框。

15）将 60 分以下的分数设置为红色字体。

16）将成绩表复制到 Sheet2 和 Sheet3。

17）在 Sheet2 中按照平均分从小到大进行排序。

18）在 Sheet3 工作表中，用自动筛选功能将班级为 2001_1 班的学生记录筛选出来。

19）取消 Sheet3 工作表中的自动筛选功能。从学生成绩表中，筛选出 1 班和 2 班数学和物理均在 80 分以上的同学，用高级筛选，设置条件为单元格 B18 开始的区域，将筛选结果放在单元格 A22 开始的区域。

20）按照班级汇总各门课程的平均分。

操作步骤如下。

1）在工作页标签“Sheet1”上右击，在弹出的快捷菜单中选择“重命名”命令，删除文本框中的“Sheet1”并输入“学生成绩表”，按【Enter】键结束输入；选择“文件”菜单中的“选项”命令，在弹出的对话框中单击“高级”按钮，拖动弹出窗口右边的垂直滚动滑块，单击“编辑自定义列表”按钮，在弹出的“自定义序列”对话框的“输入序列”列表框中输入“ABCDEFGHIJKLMNO”字符，每个字符占一行，如图 8.6 所示。

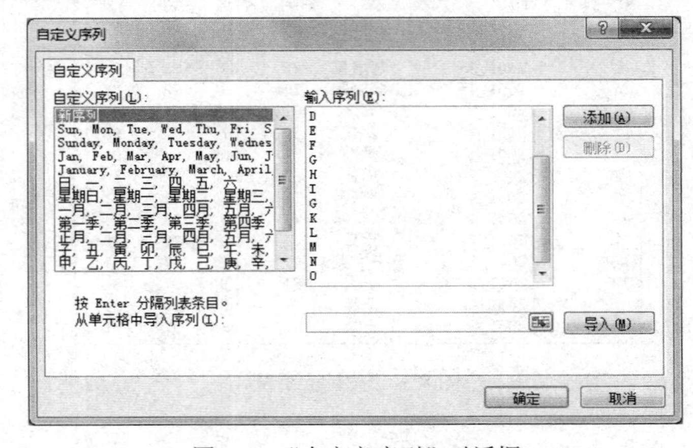

图 8.6 “自定义序列”对话框

2）单击“添加”按钮，可以看到新添加的字符序列出现在自定义序列中。单击“确定”按钮关闭“自定义序列”对话框，关闭“高级”对话框返回 Excel 工作界面。选中单元格 A2，输入 1，按住【Ctrl】键，用鼠标拖动单元格 A2 的填充柄至单元格 A16，可填充学号 1～15；在单元格 C2 输入字母 A，用鼠标拖动单元格 C2 的填充柄至单元格 C16，可以看到刚才已定义的字符序列出现在单元格区域 C2:C16。

3）将鼠标指针停在“代号”列所在的“C”位置，右击，在弹出的快捷菜单中选择“删除”命令，即可删除“代号”列；选中“马列”右侧的单元格 H1，输入“总分”列，用同样的方法在“总分”列的右侧单元格输入“平均分”列。

4）在“性别”所在列（即 D）上右击，在弹出的快捷菜单中选择“插入”命令，插入新的一列，输入行标题“性别”，并针对每个学生随机输入其性别。

5）在单元格 I2 中输入公式“=E2+F2+G2+H2”，按【Enter】键，可以看到第 1 个学生的总分被计算出来，用鼠标拖动单元格 I2 的填充柄直到计算出所有学生的各自总分；用类似的方法在单元格 J2 中输入公式“=I2/4”，计算第 1 个学生的平均分，用鼠标拖动填充柄的方法计算出其他学生的平均分。

6）在单元格 A1 中右击，在弹出的快捷菜单中选择“插入”命令，即可增加一个新行，在单元格 A1 中输入“成绩表”。最终效果如图 8.7 所示。

	A	B	C	D	E	F	G	H	I	J
1	成绩表									
2	序号	班级	姓名	性别	数学	物理	化学	马列	总分	平均分
3	1	2001_1	安逸	男	85	86	81	90	342	85.5
4	2	2001_2	李江勇	女	78	66	58	57	259	64.75
5	3	2001_3	唐培泉	男	78	48	98	80	304	76
6	4	2001_4	张晓磊	女	75	72	58	73	278	69.5
7	5	2001_1	石烽	男	81	80	57	66	284	71
8	6	2001_3	刘磊	女	27	87	67	95	276	69
9	7	2001_4	吴刚	男	71	85	84	91	331	82.75
10	8	2001_2	周俭	女	67	64	62	60	253	63.25
11	9	2001_1	刘松涛	男	75	81	81	61	298	74.5
12	10	2001_4	丁年峰	女	71	75	78	74	298	74.5
13	11	2001_3	于策	男	74	76	71	70	291	72.75
14	12	2001_2	王学英	女	81	82	67	57	287	71.75
15	13	2001_3	王雪	男	84	81	57	81	303	75.75
16	14	2001_4	王静	女	27	81	54	60	222	55.5
17	15	2001_3	王曦	男	81	88	67	91	327	81.75
18										

图 8.7　成绩表编辑效果

7）选择“序号”列所在的任意一个单元格，如选择单元格 A3，然后单击“开始”选项卡“单元格”组中的“格式”下拉按钮，在打开的下拉列表中选择“列宽”选项，在弹出的对话框中输入列宽为 6，单击“确定”按钮结束操作。

8）选择 A1 单元格，然后单击“开始”选项卡“单元格”组中的“格式”下拉按钮，在打开的下拉列表中选择“行高”选项，在弹出的对话框中输入行高为 25，单击“确定”按钮结束操作。

9）选中单元格区域 A1:J1，将字体设置为楷体_GB2312，单击加粗按钮，设置字体大小为 20，单击“开始”选项卡“对齐方式”组中的“合并后居中”按钮。

10）选择第 2 行字体所在的区域 A2:J2，在“开始”选项卡中将字体设置为宋体，单击“加粗”按钮，设置字号为 16。

11）选择所有数字所在的单元格区域 E3:J17，在该区域右击，在弹出的快捷菜单中选择“设置单元格格式”命令，在弹出的“设置单元格格式”对话框中单击“数字”选项卡，在“分类”列表框中选择“数值”选项，设置小数点位数为 1，单击“确定”按钮结束操作；若某些数字显示为“####”状态，则说明显示的列宽不够，单击“开始”选项卡“单元格”组中的“格式”下拉按钮，在打开的下拉列表中选择“自动调整列宽”选项即可正常显示数据。

12）选择区域 A3:J17，单击“开始”选项卡“对齐方式”组中的“居中”按钮；选择区域 A2:J17，在该区域右击，在弹出的快捷菜单中选择“设置单元格格式”命令，在弹出的“设置单元格格式”对话框中单击“边框”选项卡，设置外边框的线条颜色为蓝色，线条样式为粗实线，单击“外边框”按钮，设置内边框的线条颜色为黑色，线条样式为细实线，单击“内部”按钮，单击“确定”按钮结束操作。

13）将 4 门课程成绩所在单元格区域 E3:H17 选中，单击“开始”选项卡“样式”组中的“条件格式”下拉按钮，在打开的下拉列表中选择“突出显示单元格规则”中的“小于”选项，在“小于”对话框中输入 60，在“设置为”下拉列表中选择“红色文本”选项后单击“确定”按钮结束操作。效果如图 8.8 所示。

成绩表

序号	班级	姓名	性别	数学	物理	化学	马列	总分	平均分
1	2001_1	安逸	男	85.0	86.0	81.0	90.0	342.0	85.5
2	2001_2	李江勇	女	78.0	66.0	58.0	57.0	259.0	64.8
3	2001_3	唐培泉	男	78.0	48.0	98.0	80.0	304.0	76.0
4	2001_4	张晓磊	女	75.0	72.0	58.0	73.0	278.0	69.5
5	2001_1	石烽	男	81.0	80.0	57.0	66.0	284.0	71.0
6	2001_3	刘磊	女	27.0	87.0	67.0	95.0	276.0	69.0
7	2001_4	吴刚	男	71.0	85.0	84.0	91.0	331.0	82.8
8	2001_2	周俭	女	67.0	64.0	62.0	60.0	253.0	63.3
9	2001_1	刘松涛	男	75.0	81.0	81.0	61.0	298.0	74.5
10	2001_4	丁年峰	女	71.0	75.0	78.0	74.0	298.0	74.5
11	2001_3	于策	男	74.0	76.0	71.0	70.0	291.0	72.8
12	2001_2	王学英	女	81.0	82.0	67.0	57.0	287.0	71.8
13	2001_3	王雪	男	84.0	81.0	57.0	81.0	303.0	75.8
14	2001_4	王静	女	27.0	81.0	54.0	60.0	222.0	55.5
15	2001_3	王曦	男	81.0	88.0	67.0	91.0	327.0	81.8

图 8.8　成绩表格式化效果

14）选中“学生成绩表”工作页中的成绩表格区域 A1:J17，在该选中区域中右击，在弹出的快捷菜单中选择“复制”命令，然后选择“Sheet2”工作表中的 A1 单元格，右击选择“粘贴”命令，对“Sheet3”工作页重复同样的操作。

15）在 Sheet2 工作表中选择单元格区域即 A2:J17，单击“数据”选项卡“排序和筛选”组中的“排序”按钮，在弹出的对话框中将“主要关键字”设置为平均分，排序依据设置为数值，“次序”设置为升序，单击“确定”按钮结束操作。

16）在 Sheet3 工作表选择单元格区域 A2:J17，单击“数据”选项卡“排序和筛选”组中的“筛选”按钮，然后单击“班级”所在单元格右侧的下拉按钮，在打开的下拉列表中只选中“2001_1”复选框，最后单击“确定”按钮结束操作。效果如图 8.9 所示。

17）在 Sheet3 工作表中选择单元格区域 A2:J17，单击“数据”选项卡“排序和筛选”组中的“筛选”按钮，取消自动筛选。在单元格 B18 开始的区域构建筛选条件：将“班级”

“数学”“物理”分别复制到单元格 B18、C18、D18 中，在单元格 B19 和 B20 中分别输入班级 2001_1 及 2001_2，在单元格 C19、C20、D19、D20 中均输入条件表达式>80；选中单元格区域 A2:J17，单击“数据”选项卡“排序和筛选”组中的“高级”按钮，在弹出的“高级筛选”对话框中将方式设置为“将筛选结果复制到其他位置”，列表区域设置为“$A$2:$J$17”，将光标定位在条件区域编辑框，单击该区域右侧的定位按钮，用鼠标选择条件区域 B18:D20，条件区域地址自动填充在条件编辑框中，再单击该编辑框右侧的定位按钮返回“高级筛选”对话框，可以看到条件区域已被填充为“Sheet3!$B$18:$D$20”，将光标定位在“复制到”编辑框中，单击该区域右侧的定位按钮，用鼠标选择单元格 A22，可以看到结果所在位置自动填充在“复制到”编辑框中，再单击该编辑框右侧的定位按钮返回“高级筛选”对话框，可以看到“复制到”编辑框已被填充为“Sheet3!$A$22”。单击“确定”按钮结束高级筛选操作，结果如图 8.10 所示。

	A	B	C	D	E	F	G	H	I	J
1	成绩表									
2	序号	班级	姓名	性别	数学	物理	化学	马列	总分	平均分
3	1	2001_1	安逸	男	85.0	86.0	81.0	90.0	342.0	85.5
7	5	2001_1	石烽	男	81.0	80.0	57.0	66.0	284.0	71.0
11	9	2001_1	刘松涛	男	75.0	81.0	81.0	61.0	298.0	74.5
18										

图 8.9　自动筛选效果

	A	B	C	D	E	F	G	H	I	J
1	成绩表									
2	序号	班级	姓名	性别	数学	物理	化学	马列	总分	平均分
3	1	2001_1	安逸	男	85.0	86.0	81.0	90.0	342.0	85.5
4	2	2001_2	李江勇	女	78.0	66.0	58.0	57.0	259.0	64.8
5	3	2001_3	唐培泉	男	78.0	48.0	98.0	80.0	304.0	76.0
6	4	2001_4	张晓磊	女	75.0	72.0	58.0	73.0	278.0	69.5
7	5	2001_1	石烽	男	81.0	80.0	57.0	66.0	284.0	71.0
8	6	2001_3	刘磊	女	27.0	87.0	67.0	95.0	276.0	69.0
9	7	2001_4	吴刚	男	71.0	85.0	84.0	91.0	331.0	82.8
10	8	2001_2	周俭	女	67.0	64.0	62.0	60.0	253.0	63.3
11	9	2001_1	刘松涛	男	75.0	81.0	81.0	61.0	298.0	74.5
12	10	2001_4	丁年峰	女	71.0	75.0	78.0	74.0	298.0	74.5
13	11	2001_3	于策	男	74.0	76.0	71.0	70.0	291.0	72.8
14	12	2001_2	王学英	女	81.0	82.0	67.0	57.0	287.0	71.8
15	13	2001_3	王雪	男	84.0	81.0	57.0	81.0	303.0	75.8
16	14	2001_4	王静	女	27.0	81.0	54.0	60.0	222.0	55.5
17	15	2001_3	王曦	男	81.0	88.0	67.0	91.0	327.0	81.8
18		班级	数学	物理						
19		2001_1	>80	>80						
20		2001_2	>80	>80						
21										
22	序号	班级	姓名	性别	数学	物理	化学	马列	总分	平均分
23	1	2001_1	安逸	男	85.0	86.0	81.0	90.0	342.0	85.5
24	12	2001_2	王学英	女	81.0	82.0	67.0	57.0	287.0	71.8

学生成绩表　Sheet2　Sheet3

图 8.10　高级筛选结果

18）按照班级汇总之前，必须以班级为关键字对数据进行排序。打开 Sheet2 工作表，选中单元格区域 A2:J17，单击“数据”选项卡“排序和筛选”组中的“排序”按钮，在弹出的排序对话框中将“主要关键字”设置为班级，其他设置为默认，单击“确定”按钮结束操作。重新选择数据区 A2:J17，单击“数据”选项卡“分级显示”组中的“分类汇总”按钮，在弹出的“分类汇总”对话框中将“分类字段”设置为班级，“汇总方式”设置为平均值，在“选定汇总项”列表框中选中“数学”“物理”“化学”“马列”复选框，单击“确定”按钮结束操作。效果如图 8.11 所示。

	A	B	C	D	E	F	G	H	I	J
1	成绩表									
2	序号	班级	姓名	性别	数学	物理	化学	马列	总分	平均分
3	5	2001_1	石烽	男	81.0	80.0	57.0	66.0	284.0	71.0
4	9	2001_1	刘松涛	男	75.0	81.0	81.0	61.0	298.0	74.5
5	1	2001_1	安逸	男	85.0	86.0	81.0	90.0	342.0	85.5
6		2001_1 平均值			80.3	82.3	73.0	72.3		77.0
7	8	2001_2	周俭	女	67.0	64.0	62.0	60.0	253.0	63.3
8	2	2001_2	李江勇	女	78.0	66.0	58.0	57.0	259.0	64.8
9	12	2001_2	王学英	女	81.0	82.0	67.0	57.0	287.0	71.8
10		2001_2 平均值			75.3	70.7	62.3	58.0		66.6
11	6	2001_3	刘磊	女	27.0	87.0	67.0	95.0	276.0	69.0
12	11	2001_3	于策	男	74.0	76.0	71.0	70.0	291.0	72.8
13	13	2001_3	王雪	男	84.0	81.0	57.0	81.0	303.0	75.8
14	3	2001_3	唐培泉	男	78.0	48.0	98.0	80.0	304.0	76.0
15	15	2001_3	王曦	男	81.0	88.0	67.0	91.0	327.0	81.8
16		2001_3 平均值			68.8	76.0	72.0	83.4		75.1
17	14	2001_4	王静	女	27.0	81.0	54.0	60.0	222.0	55.5
18	4	2001_4	张晓磊	女	75.0	72.0	58.0	73.0	278.0	69.5
19	10	2001_4	丁年峰	女	71.0	75.0	78.0	74.0	298.0	74.5
20	7	2001_4	吴刚	男	71.0	85.0	84.0	91.0	331.0	82.8
21		2001_4 平均值			61.0	78.3	68.5	74.5		70.6
22		总计平均值			70.3	76.8	69.3	73.7		72.6

学生成绩表 Sheet2 Sheet3

图 8.11 分类汇总结果

三、实践练习

1）在 Excel 的 Sheet1 工作表中输入鼠标库存数据，并设置表格内外边框颜色为黑色，如图 8.12 所示。

	A	B	C	D
1	鼠标库存表			
2	时间	产品型号	产品名称	库存量
3	2016/6/28	1953	E19C	200000
4	2016/6/27	1953	E19C	166000
5	2016/6/26	1953	E19C	102000
6	2016/6/26	1953	E19C	388000
7	2016/6/24	1971	AP92EX	67080
8	2016/6/23	1900	E19B	33000
9	2016/6/21	1969	AS18A	3330
10	2016/6/20	1909	E19A	121000
11	2016/6/19	1909	E19A	80000
12	2016/6/18	3685	E19B	50000
13	2016/6/17	3654	E19B	78900
14	2016/6/16	1850	E19C	216000
15	2016/6/16	1909	E19A	440000

图 8.12 鼠标库存数据

2）在 Excel 的 Sheet1 工作表中完成如下操作：按“产品名称”递增的顺序对表中数据进行分类汇总，“汇总方式”为求和，“汇总项”为库存量。结果如图 8.13 所示。

	A	B	C	D
1	鼠标库存表			
2	时间	产品型号	产品名称	库存量
3	2016/6/24	1971	AP92EX	67080
4			**AP92EX 汇总**	67080
5	2016/6/21	1969	AS18A	3330
6			**AS18A 汇总**	3330
7	2016/6/16	1909	E19A	440000
8	2016/6/19	1909	E19A	80000
9	2016/6/20	1909	E19A	121000
10			**E19A 汇总**	641000
11	2016/6/23	1900	E19B	33000
12	2016/6/17	3654	E19B	78900
13	2016/6/18	3685	E19B	50000
14			**E19B 汇总**	161900
15	2016/6/16	1850	E19C	216000
16	2016/6/26	1953	E19C	102000
17	2016/6/26	1953	E19C	388000
18	2016/6/27	1953	E19C	166000
19	2016/6/28	1953	E19C	200000
20			**E19C 汇总**	1072000
21			**总计**	1945310

图 8.13 鼠标库存分类汇总结果

实验 9 PowerPoint 2010 基本操作

一、实验目的

1）熟悉 PowerPoint 2010 的工作环境。

2）掌握打开、新建、编辑与格式化和保存演示文稿的基本过程。

3）掌握演示文稿中图片、艺术字、文本框等对象的插入方法。

4）掌握创建超链接和实现动画效果的方法。

5）掌握演示文稿的放映方法。

二、实验内容及步骤

1. 观察 PowerPoint 2010 的工作界面

单击“开始”按钮，在弹出的“开始”菜单中选择“所有程序”命令，在弹出的菜单中选择“Microsoft Office”文件夹中的“Microsoft PowerPoint 2010”命令，打开 PowerPoint 2010 的工作界面，如图 9.1 所示。系统将自动创建一个名为“演示文稿 1”的空白演示文稿。

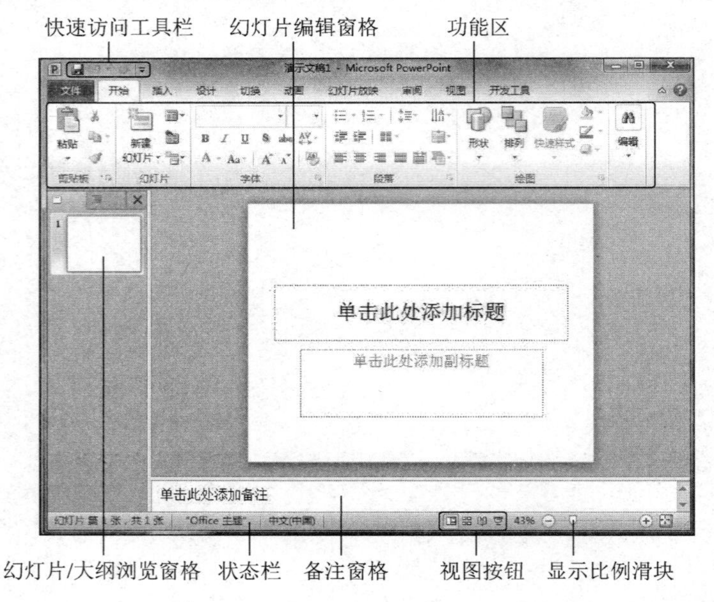

图 9.1　PowerPoint 2010 的工作界面

PowerPoint 2010 的工作界面中包含快速访问工具栏、标题栏、文件按钮、功能区、状态栏、大纲/幻灯片浏览窗格、幻灯片编辑窗格和备注窗格等。其中，功能区中包括“文件”“开始”“插入”“设计”“切换”“动画”“幻灯片放映”“审阅”“视图”选项卡，如图9.2所示。每个选项卡都由很多组构成，命令按钮都组织在相应的组中，库是显示一组相关可视选项的矩形窗口或列表，上下文选项卡是根据所选定对象的不同而显示的对应的选项卡，对话框启动按钮用于弹出与这组命令相关的对话框。

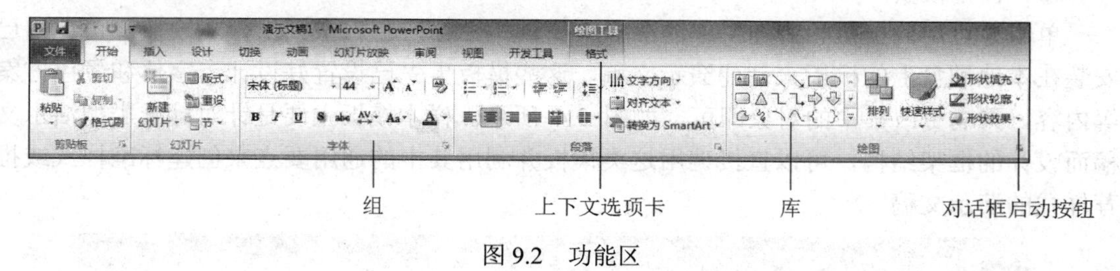

图9.2 功能区

2. 新建演示文稿

每次启动PowerPoint 2010时，系统将自动创建一个名为“演示文稿1”的空白演示文稿。还可以选择“文件”菜单中的“新建”命令，打开如图9.3所示的窗口。创建演示文稿有以下几种方法。

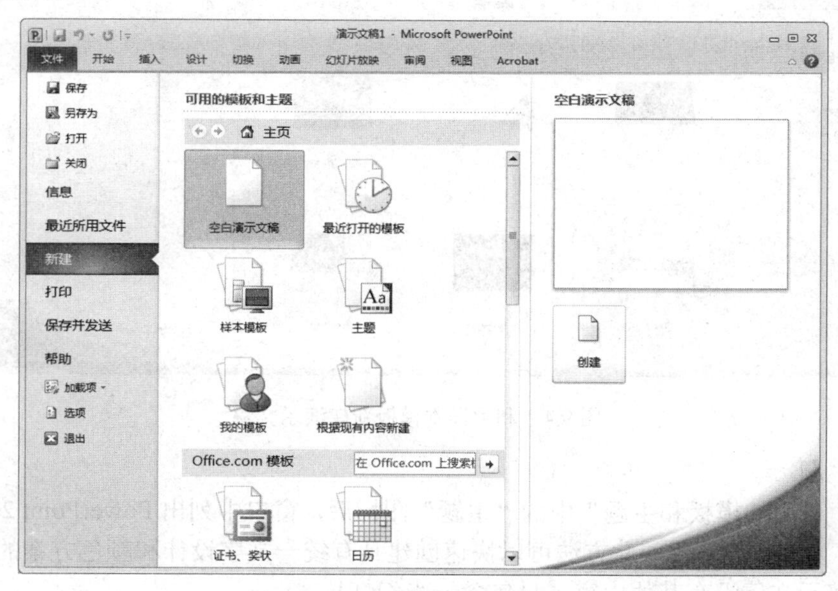

图9.3 新建空白演示文稿

（1）空白演示文稿

单击“可用的模板和主题”中的“空白演示文稿”图标后，单击窗口右侧的“创建”按钮，或者双击“空白演示文稿”图标，即可创建一个空白演示文稿，其中只有文字占位符而没有其他对象。空白演示文稿的名称依次被自动命名为“演示文稿1”“演示文稿2”……空白演示文稿生成后，可以在“开始”选项卡中更改它的版式，然后在对应的占位符中输入文字或插入图片，即可完成一张幻灯片的制作。

（2）最近打开的模板

单击“可用的模板和主题”中的“最近打开的模板”图标后，窗口中列出 PowerPoint 2010 最近使用过的模板，当鼠标指针指向模板图标时，可以看到模板的名称，选择合适的模板再单击“创建”按钮即可基于最近打开的模板创建幻灯片。

（3）样本模板

单击“可用的模板和主题”中的“样本模板”图标，窗口中列出样本模板，可调用已安装在本地硬盘上的模板来创建演示文稿，这些模板事先已设置好设计、字体和颜色方案等内容，只需更改其中的对象即可，如图 9.4 所示。样本模板主要是针对标准类型演示文稿而设计的框架结构，可以直接调用这类模板并利用其中的通用要点来创建标准样式或推荐样式的演示文稿。

图 9.4　利用样本模板新建演示文稿

（4）主题

单击“可用的模板和主题”中的“主题”图标后，窗口中列出 PowerPoint 2010 提供的所有主题，如图 9.5 所示。此方法可以快速创建具有统一文字设计和颜色方案的演示文稿，但创建的演示文稿没有其他内容，只包含一张幻灯片。

（5）我的模板

单击“可用的模板和主题”中的“我的模板”图标后，除了可以使用 PowerPoint 提供的模板外，用户也可以自定义模板，然后根据这些模板来创建演示文稿。

（6）根据现有内容新建

单击“可用的模板和主题”中的“根据现有内容新建”图标后，弹出如图 9.6 所示对话框，即可在已经设计过的演示文稿基础上创建新演示文稿。创建演示文稿时，自动建立现有演示文稿的副本，以便对新演示文稿进行设计或更改。

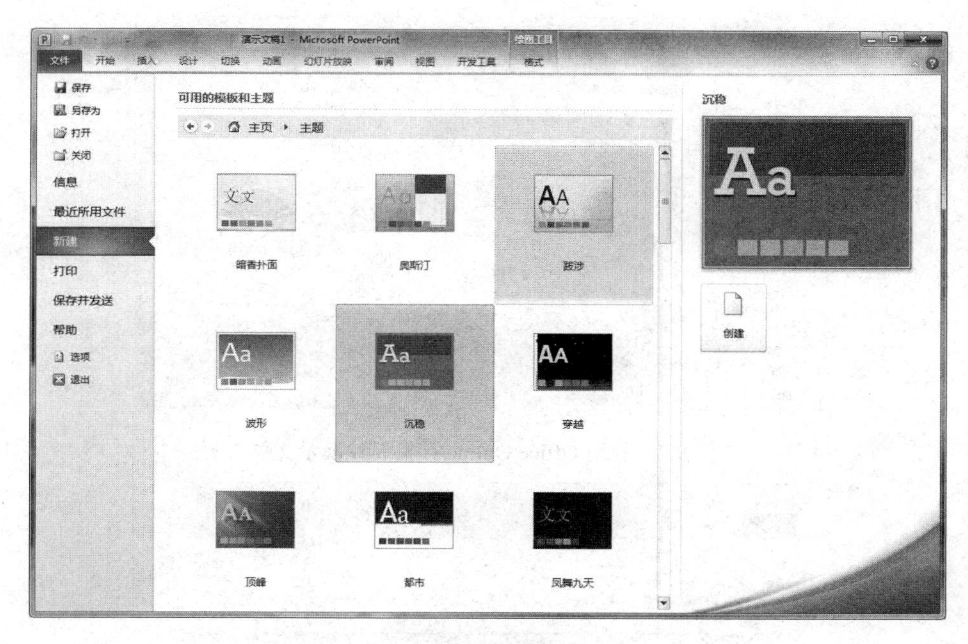

图 9.5　利用主题新建演示文稿

图 9.6　根据现有内容新建演示文稿

（7）Office.com 模板

Microsoft Office Online 上提供了大量演示文稿模板，可以从 Microsoft 专题网站中下载这些模板，然后根据这些模板来创建演示文稿。本例选择“健康与健身”模板类别中的“速度型设计模块”，如图 9.7 所示。单击“下载”按钮，将模板保存到计算机上，效果如图 9.8 所示。若要在 Office.com 上查找模板，可在“Office.com 模板”下单击相应的模板类别，选择所需的模板，然后单击“下载”按钮即可将 Office.com 中的模板下载到计算机上，也可以从 PowerPoint 中搜索 Office.com 上的模板。在“在 Office.com 上搜索模板”搜索框中输入一个或多个搜索词，然后单击“开始搜索”按钮进行搜索。

图 9.7　利用 Office Online 模板新建演示文稿

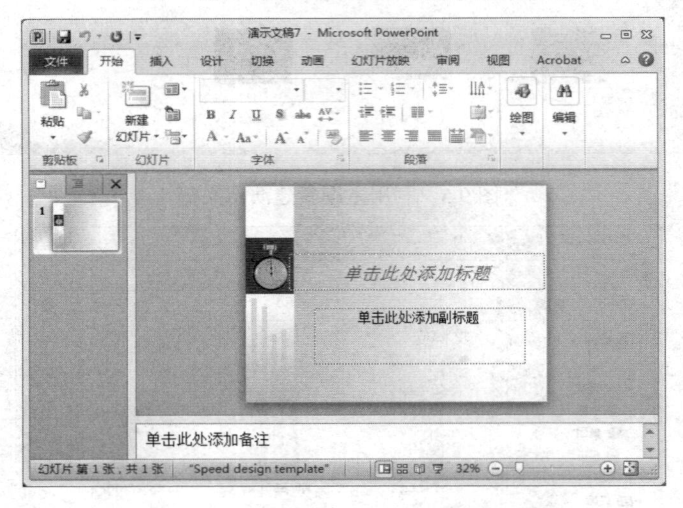

图 9.8　Office Online 模板下载的效果

本实验中选择“流畅”主题，单击窗口右侧的“创建”按钮，即可创建一个具有统一文字设计和颜色方案的空白演示文稿。

3. 为幻灯片添加标题

单击屏幕上幻灯片编辑窗格（主窗口中间最大的区域即幻灯片编辑窗格，其中显示当前要编辑的幻灯片）中写有“单击此处添加标题”的文本框，则该文本框中原有文字将消失，同时文本框变成可输入的状态，在此文本框中输入文字“古诗欣赏”，设置字体为隶书、字号为 56，格式为居中。

此时在屏幕左侧的幻灯片窗格（窗格中显示了每个完整幻灯片的缩略图，可以单击查看每张幻灯片的内容，或者可以使用鼠标拖动缩略图来重新排列演示文稿中的幻灯片次序。）中可以看到，设计的演示文稿已经包含一个名为“古诗欣赏”的幻灯片。

4. 建立第 2 张幻灯片

在大纲窗格（位于主窗口的左侧，可以组织和开发演示文稿中的内容，可以输入演示文稿中的所有文本，然后重新排列项目符号、段落和幻灯片）中将光标定位到第 1 个演示页的后面，然后按【Enter】键。这样就建立了第 2 张幻灯片。这个新的幻灯片被自动编号为 2。对于“空白演示文稿”，幻灯片是空白的，并以虚线框表示出各预留区。预留区被称为占位符，占位符中有文本提示信息，提示用户如何利用该预留区。

为幻灯片 2 添加标题“按作者分类”，单击“插入”选项卡“插图”组中的“SmartArt”按钮，弹出如图 9.9 所示对话框，选择“全部”中的“V 型列表”选项，然后单击“确定”按钮，则插入 SmartArt 图，并显示“在此处键入文字”窗口。保证光标位于窗口中的第 1 行，然后在各形状中输入文字，如图 9.10 所示。其中，人名均设为宋体、55 号、加阴影，诗词名均设为宋体、22 号。

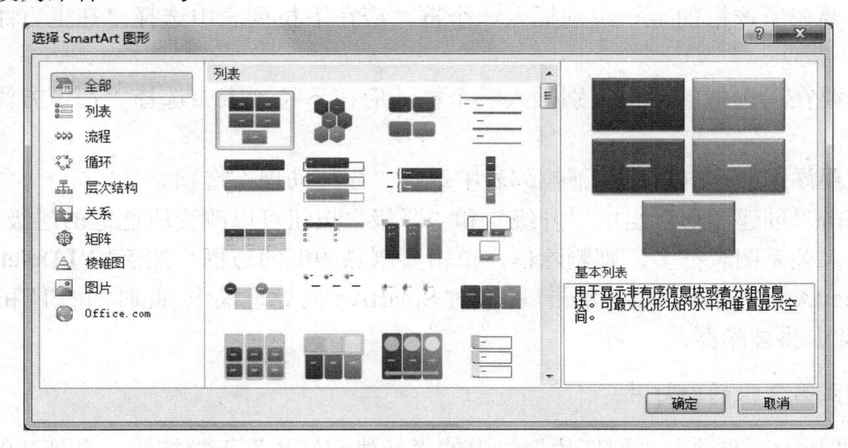

图 9.9　“选择 SmartArt 图形”对话框

图 9.10　幻灯片 2 样张

在输入的过程中，如果缺少关系图表框，则添加框，可利用“SmartArt 工具|设计”选项卡中的“添加形状”按钮实现，如图 9.11 所示。可以对关系图进行如下操作。

1）单击“创建图形”组中的“添加形状”下拉按钮，可以为结构图添加形状。

① 若要在所选框的同一级别插入一个框，并在所选框后面，应在下拉列表中选择“在后面添加形状”选项。

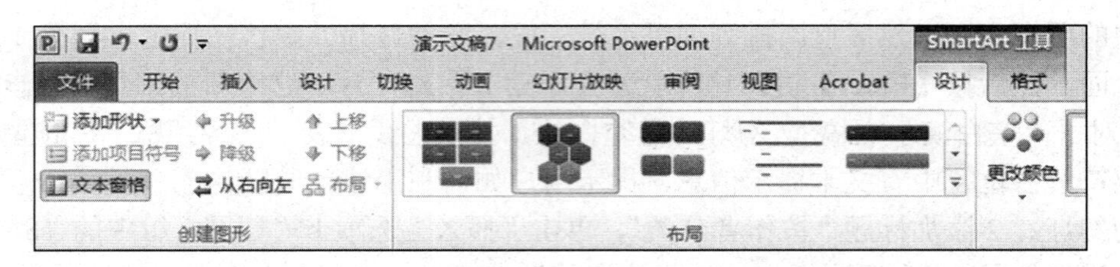

图 9.11 “SmartArt 工具|设计”选项卡

② 若要在所选框的同一级别插入一个框，并在所选框前面，应在下拉列表中选择“在前面添加形状”选项。

③ 若要在所选框的上一级别插入一个框，应在下拉列表中选择“在上方添加形状”选项。

④ 若要在所选框的下一级别插入一个框，应在下拉列表中选择“在下方添加形状”选项。

⑤ 若要添加助理框，应在下拉列表中选择“添加助理”选项。

2）单击“创建图形”组中“升级”和“降级”按钮可以改变所选框的层级。

3）如果关系图表框多，则删除框。单击要删除的框的边框，然后按【Delete】键。

在 SmartArt 框架外空白处单击，完成对 SmartArt 的处理操作。此时“窗口”和“SmartArt 工具”选项卡将被隐藏。

5. 建立第 3 张的幻灯片

单击“开始”选项卡“幻灯片”组中的“新建幻灯片”下拉按钮，在打开的下拉列表中选择“两栏内容”选项，如图 9.12 所示。建立标题为“送别”，设置字体为隶书、50 号。单击“插入”选项卡“插图”组中的“形状”下拉按钮，在打开的下拉列表中选择“文本框”选项，如图 9.13 所示。在文本框中输入“唐　王维”，设置字体为黑体、28 号，使用同样的方法在幻灯片左侧输入如下内容：“下马饮君酒，问君何所之。君言不得意，归卧南山陲。但去莫复问，白云无尽时。”设置字体为隶书、26 号，在“绘图工具|“格式”选项卡“艺术字样式”组中选择“填充-浅青绿，文本 2，轮廓背景 2”选项，如图 9.14 所示。单击“插入”选项卡“图像”组中的“图片”按钮，在弹出的“插入图片”对话框中选择一幅图片，效果如图 9.15 所示。

6. 建立更多幻灯片

根据步骤 5 所介绍的操作，设置幻灯片标题为“送元二使安西”，其中，文字方向为竖排，图片样式为金属框架，如图 9.16 所示。建立标题为“贫交行”“徒步归行”“送友人”“送孟浩然之广陵”“赠汪伦”的 5 张幻灯片，字体、字号和图片位置及样式可自定，如图 9.17～图 9.21 所示。其中，第 7 张幻灯片标题的设置如下：单击“绘图工具|格式”“形状样式”组中的“形状效果”下拉按钮，在打开的下拉列表中选择“三维旋转”中的“右向对比透视”选项。作者的设置如下：单击“绘图工具|格式”选项卡“艺术字样式”组中的“文本效果”下拉按钮，在打开的下拉列表中选择“棱台”中的“松散嵌入”选项，如图 9.22 所示。

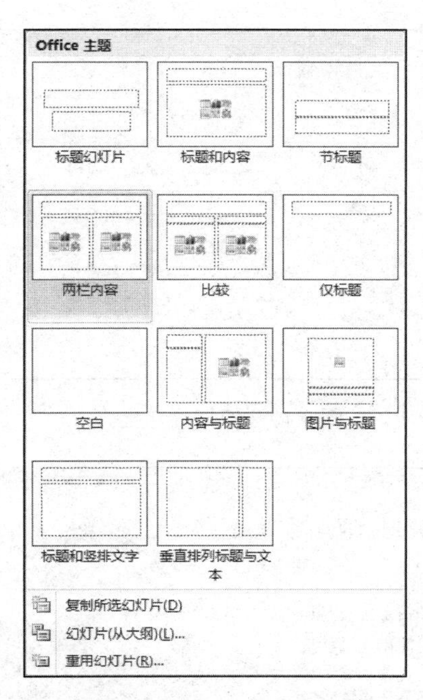

图 9.12　“新建幻灯片”下拉列表

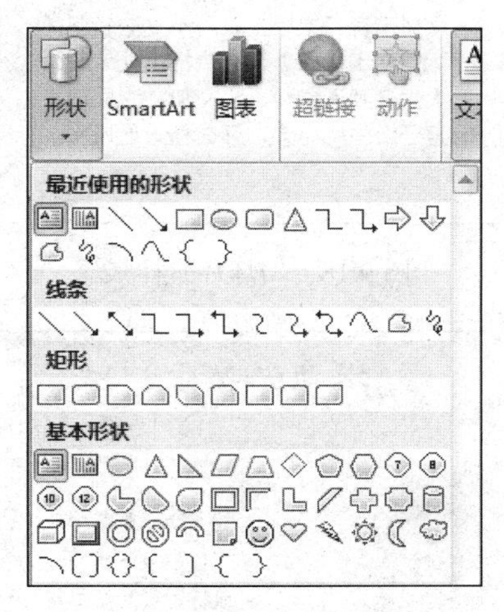

图 9.13　插入文本框

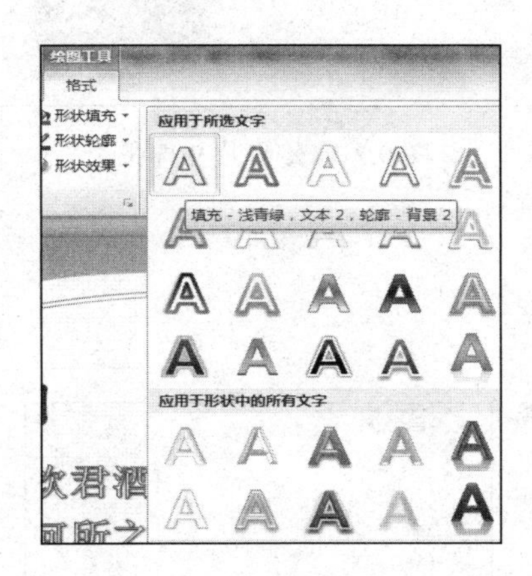

图 9.14　“绘图工具|格式”选项卡

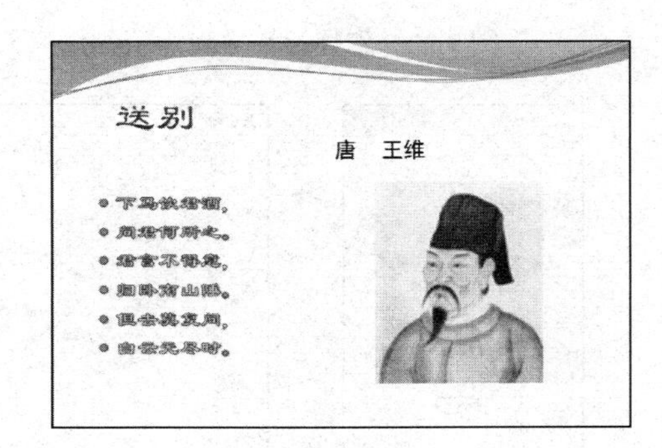

图 9.15　幻灯片 3 样张

图 9.16　幻灯片 4 样张

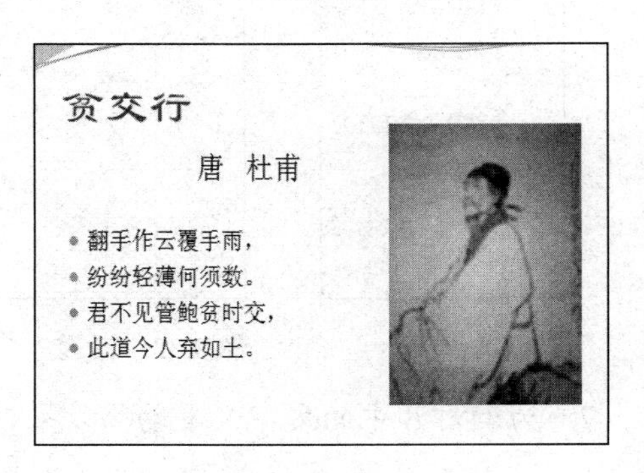

图 9.17　幻灯片 5 样张

徒步归行

唐 杜甫

- 明公壮年值时危，经济实藉英雄姿。
- 国之社稷今若是，武定祸乱非公谁。
- 凤翔千官且饱饭，衣马不复能轻肥。
- 青袍朝士最困者，白头拾遗徒步归。
- 人生交契无老少，论交何必先同调。
- 妻子山中哭向天，须公枥上追风骠。

图 9.18 幻灯片 6 样张

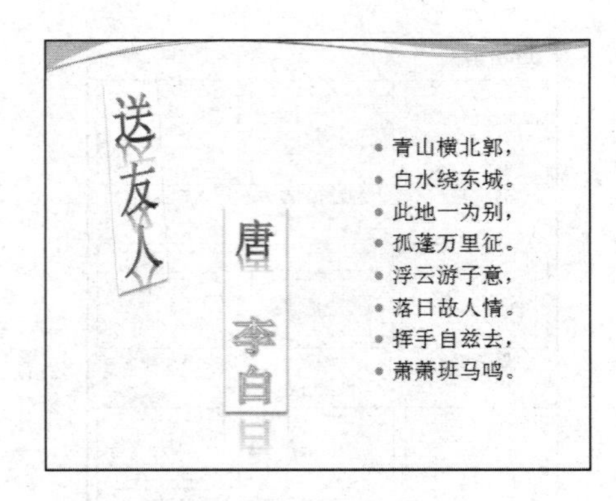

图 9.19 幻灯片 7 样张

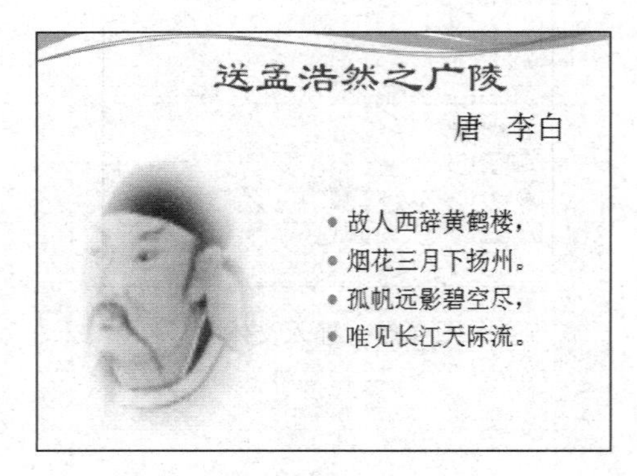

图 9.20 幻灯片 8 样张

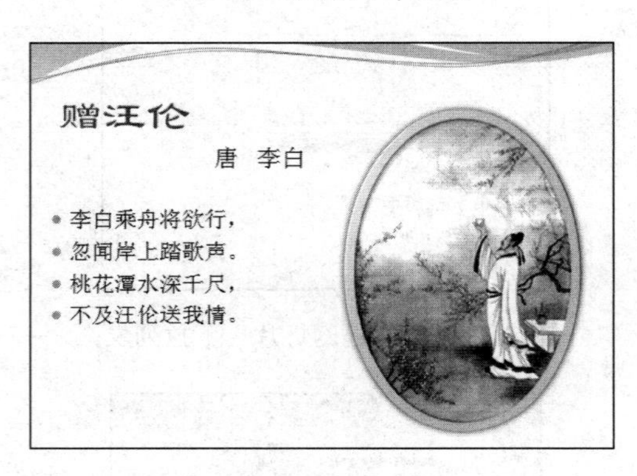

图 9.21 幻灯片 9 样张

绘图工具
格式
形状填充
形状轮廓
形状效果
预设(P)
阴影(S)
映像(R)
发光(G)
柔化边缘(E)
棱台(B)
三维旋转(D)

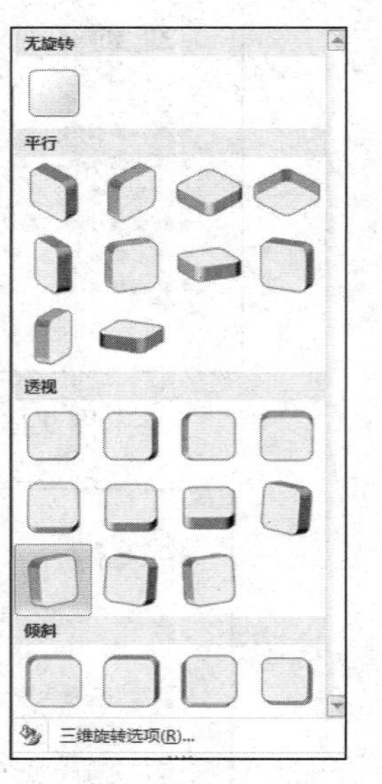

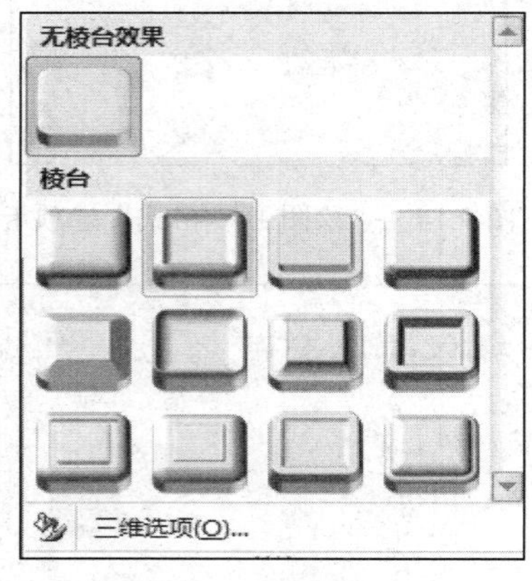

图 9.22 设置“形状效果”和“文本效果”

7. 为幻灯片中的文字设置动画效果

注意：幻灯片的动画效果只有在放映幻灯片的时候才能看到。

（1）为幻灯片 3 添加动画效果

在幻灯片窗格中单击幻灯片 3，选中标题文字，单击“动画”选项卡“动画”组中的“其他”下拉按钮，在打开的下拉列表中选择“进入”组中的“轮子”选项，如图 9.23 所示。选中诗词文字，单击“动画”选项卡“动画”组中的“其他”下拉按钮，在打开的下拉列表中选择“强调”组中的“陀螺旋”选项。选中图片，单击“动画”选项卡“动画”组中的“其他”下拉按钮，在打开的下拉列表中选择“退出”组中的“浮出”效果。

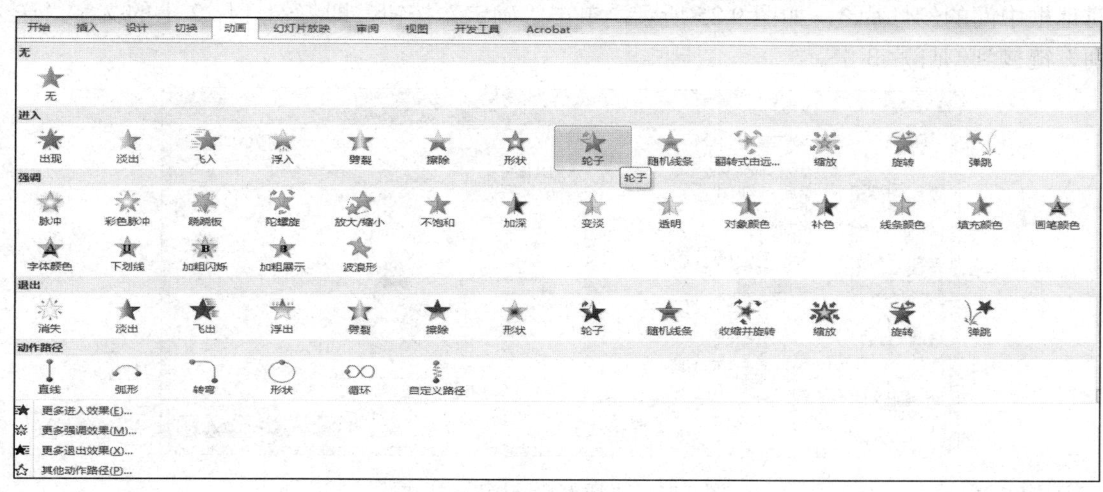

图 9.23　动画效果

（2）为幻灯片 4 添加动画效果

在幻灯片窗格中单击幻灯片 4，选中诗词文字，单击“动画”选项卡“动画”组中的“其他”下拉按钮，在打开的下拉列表中选择“进入”组中的“弹跳”效果，单击“效果选项”下拉按钮，在打开的下拉列表中选择“按段落”选项，如图 9.24 所示。单击“高级动画”组中的“添加动画”下拉按钮，在打开的下拉列表中选择“退出”组中的“擦除”选项。选中作者，单击“动画”选项卡“动画”组中的“其他”下拉按钮，在打开的下拉列表中选择“动作路径”组中的“形状”选项。选中诗词，单击“高级动画”组中的“动画刷”按钮，再选择任意一张幻灯片中的诗词，则出现和选中诗词一样的动画效果。

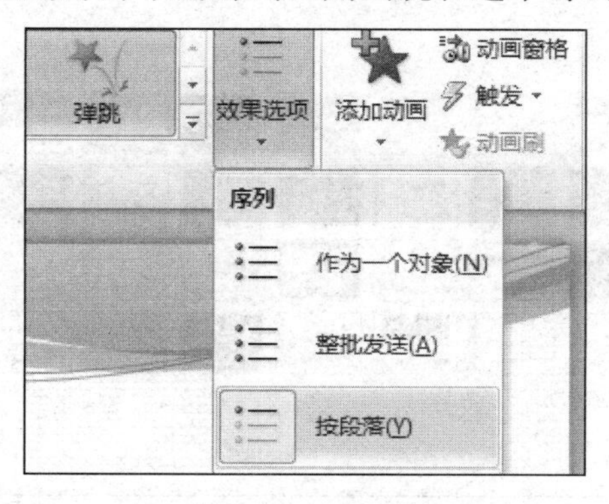

图 9.24　动画的效果选项

（3）为其他幻灯片添加动画效果

读者可参考以上操作，为其他幻灯片中的诗句和图片添加动画效果。

8. 在演示文稿中添加超链接

在幻灯片 2 中选中“送别”两个字，单击“插入”选项卡“链接”组中的“超链接”按钮，弹出“插入超链接”对话框。单击对话框中的“本文档中的位置”按钮，然后单击对话框中间的幻灯片 3，如图 9.25 所示，单击“确定”按钮，即将幻灯片 2 上的文字“送别”链接到幻灯片 3 上。

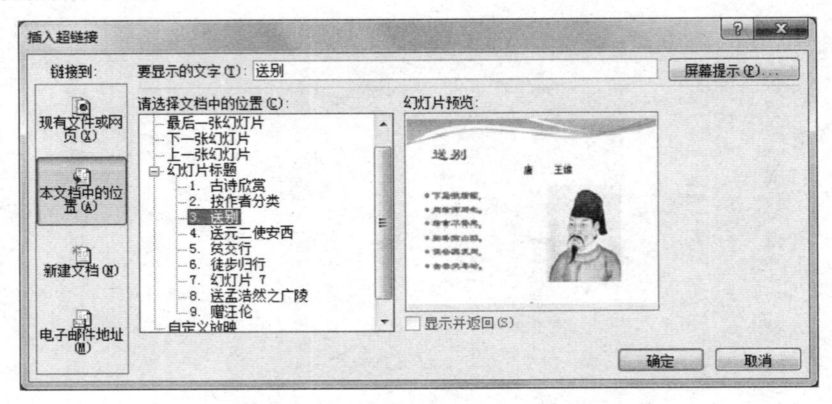

图 9.25 “插入超链接”对话框

参考以上步骤将幻灯片 2 中的文字“送元二使安西”链接到幻灯片 4，将文字“贫交行”链接到幻灯片 5，依此类推。

9. 更换主题

在创建演示文稿的过程中如果对使用主题不满意，可以进行更换。

单击“设计”选项卡“主题”组中的“其他”下拉按钮，打开的下拉列表中显示所有主题，选择“模块”主题，如图 9.26 所示。

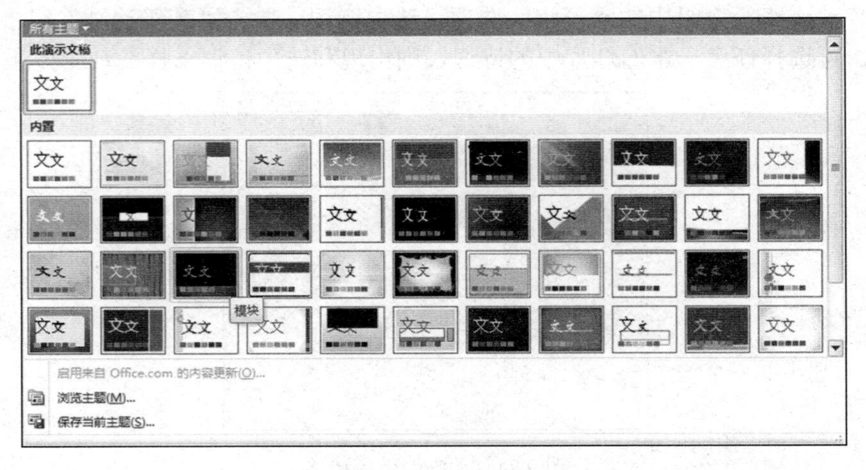

图 9.26 主题样式

10. 设置幻灯片切换、放映和保存演示文稿

在演示幻灯片时可以设置切换效果，使演示文稿更活泼。

选中幻灯片 2，单击“切换”选项卡“切换到此幻灯片”组中的“其他”下拉按钮，在打开的下拉列表中选择“华丽型”组中的“蜂巢”选项，如图 9.27 所示。选中幻灯片 3，单击“切换”选项卡“切换到此幻灯片”组中的“其他”下拉按钮，在打开的下拉列表中选择“华丽型”组中的“涟漪”选项，选中幻灯片 4，单击“切换”选项卡“切换到此幻灯片”组中的“其他”下拉按钮，在打开的下拉列表中选择“华丽型”组中的“立方体”选项，效果选项设置为“自左侧”，如果想设置所有幻灯片都为此效果，则单击“计时”组中的“全部应用”按钮，如图 9.28 所示。若要设置上一张幻灯片与当前幻灯片之间的切换效果的持续时间，在“切换”选项卡上“计时”组中的“持续时间”数值选择框中输入适当的时间。若要在单击时换幻灯片，选中“切换”选项卡“计时”组中的“单击鼠标时”复选框。若要在经过指定时间后切换幻灯片，在“切换”选项卡“计时”组中的“设置自动换片时间”文本框中输入所需的时间。若需要在幻灯片切换时添加声音效果，单击“切换”选项卡“计时”组中的“声音”下拉按钮，在打开的下拉列表中选择所需的声音。若要添加下拉列表中没有的声音，可选择“其他声音”选项，在弹出的“添加音频”对话框中找到要添加的声音文件，然后单击“确定”按钮。依此类推，为其余幻灯片设置相应的切换效果。

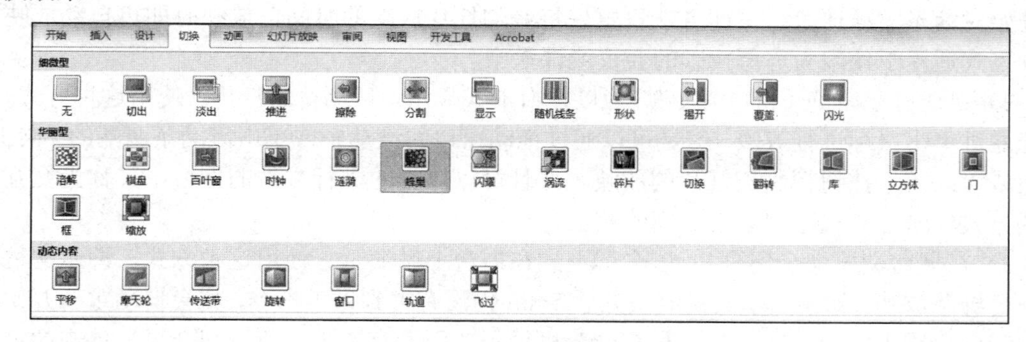

图 9.27 幻灯片切换效果

图 9.28 计时组效果

演示文稿设置完成后，选择“文件”菜单中的“保存”命令，按照屏幕提示为文件命名，并单击“保存”按钮，则完成文件的保存。实际上，保存文件操作可在任何时候进行。

演示文稿建立完毕，可单击“幻灯片放映”选项卡“开始放映幻灯片”组中的“从头放映”或“从当前幻灯片开始”按钮来观看演示文稿的最终效果。还可以设置幻灯片的放映方式，单击“幻灯片放映”选项卡“设置”组中的“设置幻灯片放映”按钮，弹出如图 9.29 所示的对话框。

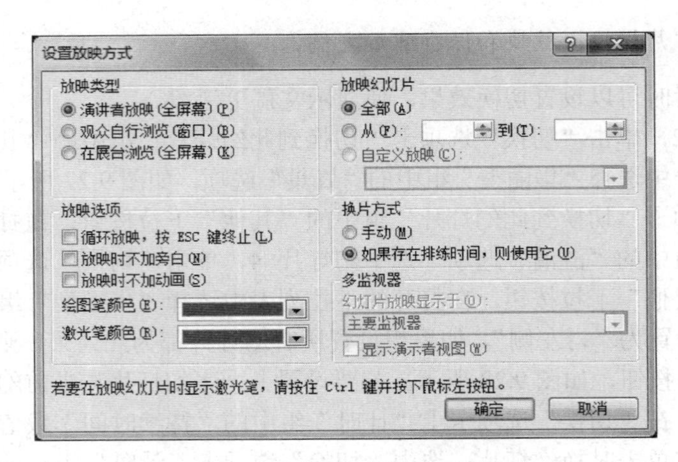

图 9.29 “设置放映方式”对话框

在该对话框中有以下 3 种放映方式。

1）演讲者放映（全屏幕）：幻灯片以全屏幕形式显示，这是常规的幻灯片放映方式。在放映过程中，演讲者可以控制放映的进度，用绘图笔进行勾画。演讲者具有完全的控制权，可以根据设置采用人工或自动方式放映，如果希望自动放映演示文稿，可以单击“幻灯片放映”选项卡“设置”组中的“排练计时”按钮，出现“预演”工具栏，同时“录制”框开始对演示文稿计时。按此方法设置好每张幻灯片放映的时间，放映时即可自动放映。这种方式适用于使用大屏幕投影的会议或课堂中。

2）观众自行浏览（窗口）：幻灯片以窗口形式显示，可浏览幻灯片。使用这种方式时，不能通过单击鼠标进行放映，但是可以通过拖动窗口的滚动条或单击滚动条两端的“向上”按钮或“向下”按钮控制幻灯片的放映，并且可以自由的进行文件的切换，又称为交互式放映方式。这种方式适用于小规模的演示。

3）在展台浏览（全屏幕）：以全屏形式在展台上做演示。使用这种方式，演示文稿会自动全屏幕放映。如果演示文稿放映完后 5min 仍没有得到人工指令，将会自动重新开始播放。在此方式下，由于在展台上只有计算机显示器而没有键盘，所以观众只能单击超链接和动作按钮，以自己的速度来观看放映，而不能改变演示文稿中的内容和中止演示过程。使用这种放映方式，需要对演示文稿进行“排练计时”操作，即为每一张幻灯片设置放映时间。否则，显示器上将会始终显示第 1 张幻灯片而无法自动放映其他幻灯片。

在“设置放映方式”对话框中还可以进行以下放映设置。

1）演示文稿的放映范围，如放映演示文稿的第 2～5 张幻灯片。如果演示文稿定义了一种或多种自定义放映，也可以选择其中之一作为放映范围。

2）如果已经进行了排练计时，可以选择是使用人工控制演示文稿的进度，还是使用设置的放映时间自动控制幻灯片的放映进度。

3）是否循环放映。

4）放映时是否加旁白。

5）放映时是否加动画。

6）如果放映中需要用画笔在屏幕上标记，可以定义画笔的颜色。

设置完毕后单击“确定”按钮，完成演示文稿的放映方式设置。

演示文稿的放映方式与演示文稿一起保存。设置好放映方式，再打开该文稿放映时，会自动按设置好的放映方式放映。

三、实践练习

1. 使用 PowerPoint 2010 制作课件演示文稿

提示：单击“插入”选项卡“插图”组中“形状”按钮进行基本形状、标注和动作按钮的插入，单击“插入”选项卡“符号”组中的“公式”按钮进行公式的插入，单击“插入”选项卡“插图”组中的“图表”按钮进行图表的插入，效果如图 9.30 所示。

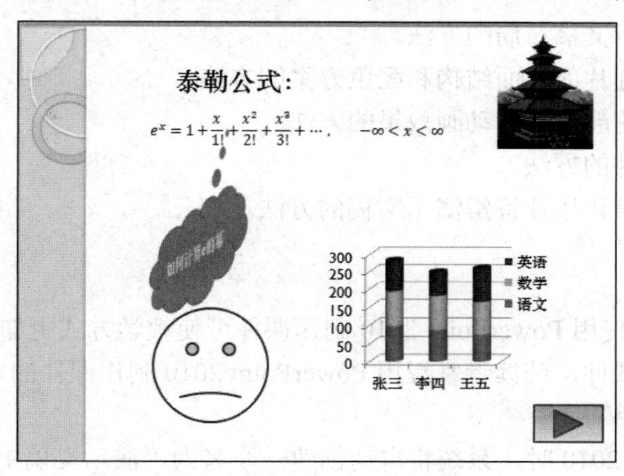

图 9.30 课件演示文稿

2. 使用 PowerPoint 2010 制作个人简介演示文稿

要求：至少包含 6 张幻灯片，内容包括个人情况、所学专业、兴趣爱好和个人特长、学业计划等。整体演示文稿风格要统一，颜色搭配协调，具有独创性。幻灯片中要求包含超链接、幻灯片切换效果、动画设置等。

实验 10 PowerPoint 2010 综合操作

一、实验目的

1）掌握设计演示文稿布局的方法。

2）掌握设置幻灯片的版面结构和配色方案的方法。

3）掌握幻灯片的超链接和动画效果的方法。

4）掌握制作课件的方法。

5）掌握设计与美化毕业答辩演示文稿的方法。

二、实验内容及步骤

在教学过程中，使用 PowerPoint 2010 制作课件可使教学方式更加灵活。本例通过制作《大学计算机基础》课件，使读者掌握用 PowerPoint 2010 制作课件的方法。

（1）新建演示文稿

启动 PowerPoint 2010 时，系统将自动创建一个名为“演示文稿 1”的空白演示文稿。

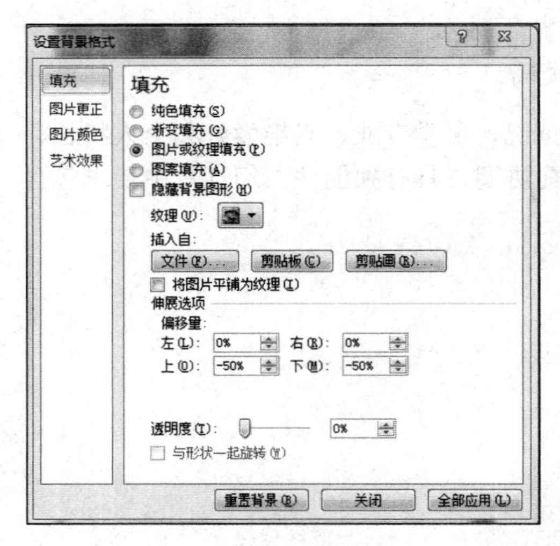

图 10.1 “设置背景格式”对话框

（2）设置背景

单击“设计”选项卡“背景”组中的“背景样式”下拉按钮，在打开的下拉列表中选择“设置背景格式”选项，弹出如图 10.1 所示的“设置背景格式”对话框。选中“图片或纹理填充”单选按钮，单击“文件”或“剪贴画”按钮，选择一幅图片插入幻灯片中，作为背景。

（3）应用艺术字样式

在主标题占位符中输入“大学计算机基础”，设置字体为黑体，字号为 43 磅，颜色为橙色（RGB 模式：红色 228、绿色 108、蓝色 10），在“副标题”占位符中输入“计算机基础教研室”，并设置字体为楷体，字号为 27 磅。单击“格式”选项卡“艺术字样式”组中的按钮，分别为标题和副标题设置相应的艺术字样式，效果如图 10.2 所示。

图 10.2　幻灯片首页

（4）新建第 2 张幻灯片

1）单击“开始”选项卡“幻灯片”组中的“新建幻灯片”下拉按钮，在打开的下拉列表中选择“仅标题”选项。

2）设置与第 1 张幻灯片不同的背景格式。

3）在标题占位符中输入相应文本，并设置字体格式。

4）单击“插入”选项卡“文本”组中的“文本框”下拉按钮，在打开的下拉列表中选择“横排文本框”选项。

5）在文本框中输入文本，单击“开始”选项卡“段落”组中的“行距”下拉按钮，在打开的下拉列表中选择“2.0”选项，为文本设置 2 倍行距。

6）为文本框中的文本设置项目符号，最终效果如图 10.3 所示。

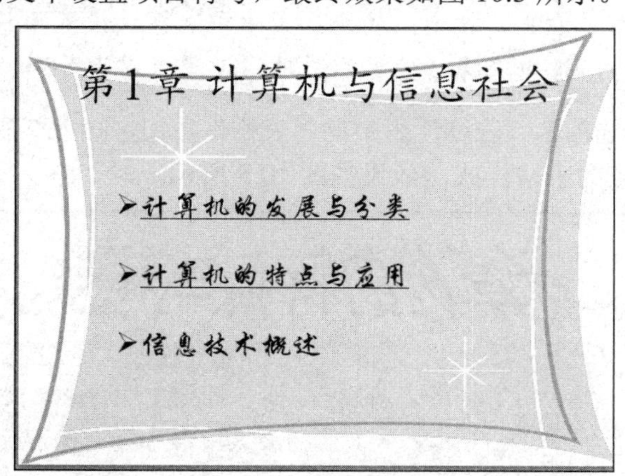

图 10.3　第 2 张幻灯片

（5）新建第 3 张幻灯片

1）单击“开始”选项卡“幻灯片”组中的“新建幻灯片”下拉按钮，在打开的下拉列表中选择“仅标题”选项。

2）在标题占位符中输入文本，并设置字体格式。

3）单击“插入”选项卡“文本”组中的“文本框”下拉按钮，在打开的下拉列表中选择“竖排文本框”选项。

4）在文本框中输入文本，并为其设置艺术字样式。

5）单击“插入”选项卡“图像”组中的“图片”按钮，在弹出的对话框中选择一幅图片，并为其设置图片样式，最终效果如图 10.4 所示。

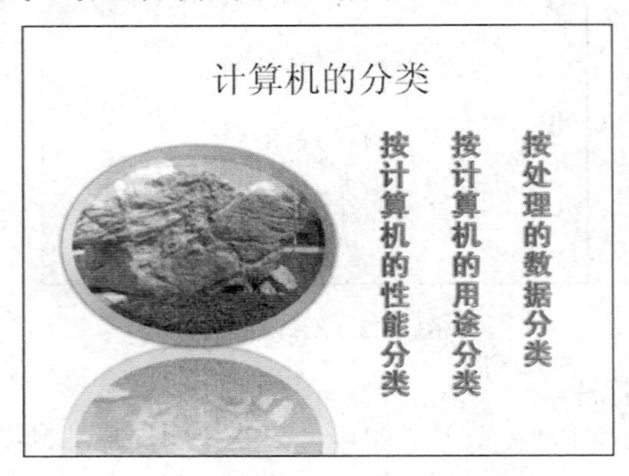

图 10.4　第 3 张幻灯片

（6）新建第 4 张幻灯片

1）单击“开始”选项卡“幻灯片”组中的“新建幻灯片”下拉按钮，在打开的下拉列表中选择“空白”选项。

2）单击“插入”选项卡“文本”组中的“艺术字”按钮，插入艺术字标题“计算机的特点与应用”。要求在恰当位置（水平 2 厘米，自左上角，垂直 1.5 厘米，自左上角）插入样式为“填充-蓝色，强调文字颜色 1，塑料棱台”的艺术字，文字效果为“正梯形”。

提示：选中艺术字，右击，在弹出的快捷菜单中选择“设置形状格式”命令，在弹出的“设置形状格式”对话框中选择“位置”选项，设置“水平”和“垂直”的参数。

3）单击“插入”选项卡“表格”组中的“表格”按钮，插入 7 行 2 列的表格，为表格输入数据，并设置相应的表格样式，效果如图 10.5 所示。

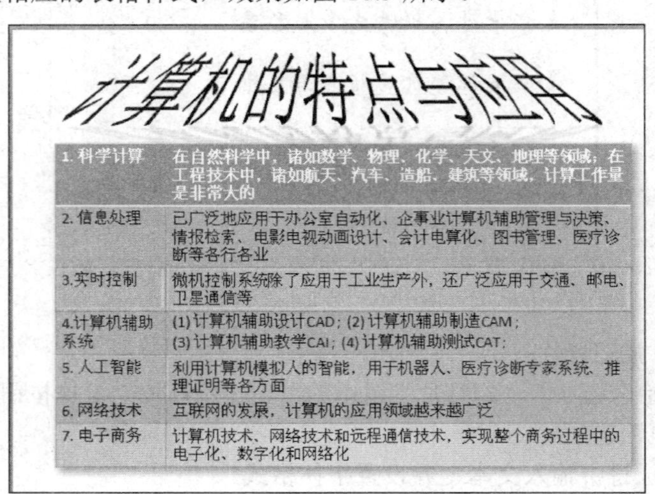

1. 科学计算	在自然科学中，诸如数学、物理、化学、天文、地理等领域；在工程技术中，诸如航天、汽车、造船、建筑等领域，计算工作量是非常大的
2. 信息处理	已广泛地应用于办公室自动化、企事业计算机辅助管理与决策、情报检索、电影电视动画设计、会计电算化、图书管理、医疗诊断等各行各业
3.实时控制	微机控制系统除了应用于工业生产外，还广泛应用于交通、邮电、卫星通信等
4.计算机辅助系统	(1) 计算机辅助设计CAD；(2) 计算机辅助制造CAM；(3) 计算机辅助教学CAI；(4) 计算机辅助测试CAT；
5. 人工智能	利用计算机模拟人的智能，用于机器人、医疗诊断专家系统、推理证明等各方面
6. 网络技术	互联网的发展，计算机的应用领域越来越广泛
7. 电子商务	计算机技术、网络技术和远程通信技术，实现整个商务过程中的电子化、数字化和网络化

图 10.5　第 4 张幻灯片

（7）创建超链接

在第 2 张幻灯片中，选中需要创建超链接的文本，单击“插入”选项卡“链接”组中的“超链接”按钮，弹出“插入超链接”对话框，设置相应的链接位置。

（8）设置动画和幻灯片切换

1）单击“切换”选项卡“切换到此幻灯片”组中的“切换效果”按钮，为每张幻灯片设置切换效果。

2）单击“动画”选项卡“动画”组中的“其他”下拉按钮，为每张幻灯片中的各项设置动画。

3）制作“标题”幻灯片。

① 设置“图钉”主题。单击“设计”选项卡“主题”组中的“其他”下拉按钮，在打开的下拉列表中选择“图钉”选项。

② 按图 10.6 所示，在主标题占位符中输入文字“大学计算机基础”，在副标题占位符中输入“计算机基础教研室”。

图 10.6 样例幻灯片

③ 修饰幻灯片中的文字，设置标题颜色为红色、加粗、文字阴影，副标题为橙色。幻灯片背景为上黄下红的渐变色效果。

④ 在“标题”幻灯片中插入音频文件。单击“插入”选项卡“媒体”组中的“音频”下拉按钮，在打开的下拉列表中选择“文件中的音频”选项，在弹出的“插入音频”对话框中选择所需的音频即可。

4）制作片头幻灯片，在该幻灯片插入影片文件，设置相应的视频样式和视频效果，并选择其中的一幅图片作为“标牌框架”（从视频中选择一个框架或从文件中选择一张图片作为不播放视频时填充视频区域的图像，使幻灯片更美观，避免出现难以打印的纯黑色长方形）。单击“插入”选项卡“媒体”组中的“视频”下拉按钮，在打开的下拉列表中选择“文件中的视频”选项，弹出“插入视频文件”对话框，选择 PowerPoint 支持的视频文件（如*.avi），单击“插入”按钮即实现视频的插入，如图 10.7 所示。

图 10.7　片头幻灯片

5）制作“目录”幻灯片。为每行文字设置超链接，如为“Excel2010 电子表格软件”设置超链接。单击“插入”选项卡“链接”组中的“超链接”按钮，在弹出的“插入超链接”对话框中设置相应参数即可。播放时单击该超链接，即可跳转到“Excel2010 电子表格软件”部分内容中，如图 10.8 所示。

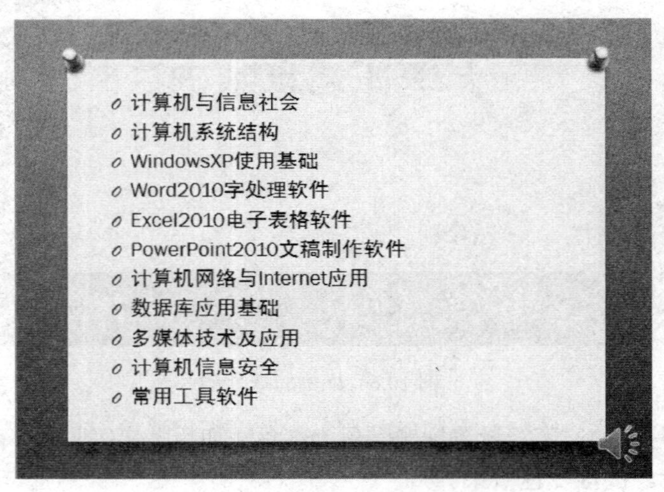

图 10.8　插入超链接

（9）添加其他幻灯片

根据教材内容添加 3 页幻灯片。

1）将第 3 张幻灯片版式改为“垂直排列标题与文本”，单击“设计”选项卡“背景”组中的“背景样式”下拉按钮，在打开的下拉列表中选择“设置背景格式”选项，弹出“设置背景格式”对话框，选中“渐变填充”单选按钮，设置第 1 张幻灯片背景的渐变填充的“预设颜色”为薄雾浓云，“类型”为线性，“方向”为线性向右。

2）在第 3 张幻灯片后插入一张幻灯片，版式为“仅标题”，标题为“计算机硬件组成”，设置字体为隶书，字号为 48 磅。然后将该幻灯片移为整个演示文稿的第 2 张幻灯片。全文幻灯片的切换效果都设置成“蜂巢”。

3）设置全文幻灯片的主题为“时装设计”；将第 1 张幻灯片的文本部分动画设置为“旋转”；第 2 张幻灯片的文本部分动画设置为“字幕式”，其效果选项为“按段落”。

三、实践练习

1）利用上面课件的制作方式，为读者所在的学校制作一个宣传片（这需要读者课前做好文本、图片等材料的收集）。

① 试着对演示文稿应用不同的主题，然后选择自己喜欢的主题应用于当前的演示文稿中。

② 练习改变演示文稿的背景。

③ 为每张幻灯片设置切换效果，然后放映演示文稿查看切换效果。

④ 为每张幻灯片的部分对象设置动画效果，然后放映演示文稿仔细观察动画效果。

2）利用已在 Word 中排版的论文，制作毕业答辩演示文稿。

内容制作参看实验 5，要求幻灯片不少于 6 页，包含目录、各章节主要内容、结论、致谢、参考文献等。幻灯片中包含目录到各章节的超链接、幻灯片之间切换效果、幻灯片动画设置等。

实验 11 Raptor 使用基础

一、实验目的

1）熟悉 Raptor 软件的界面。
2）了解 Raptor 软件的功能。
3）理解流程图的含义。
4）掌握 Raptor 软件的编程方法。
5）掌握利用 Raptor 软件编写结构化程序的方法。
6）了解利用 Raptor 软件生成 C++源程序及可执行文件的方法。

二、实验内容及步骤

1. 熟悉 Raptor 软件

单击“开始”按钮，在弹出的“开始”菜单中选择“所有程序”命令，在弹出的菜单中选择“RAPTOR”文件夹中的“RAPTOR”命令，打开 Raptor 软件的工作界面，如图 11.1 所示。

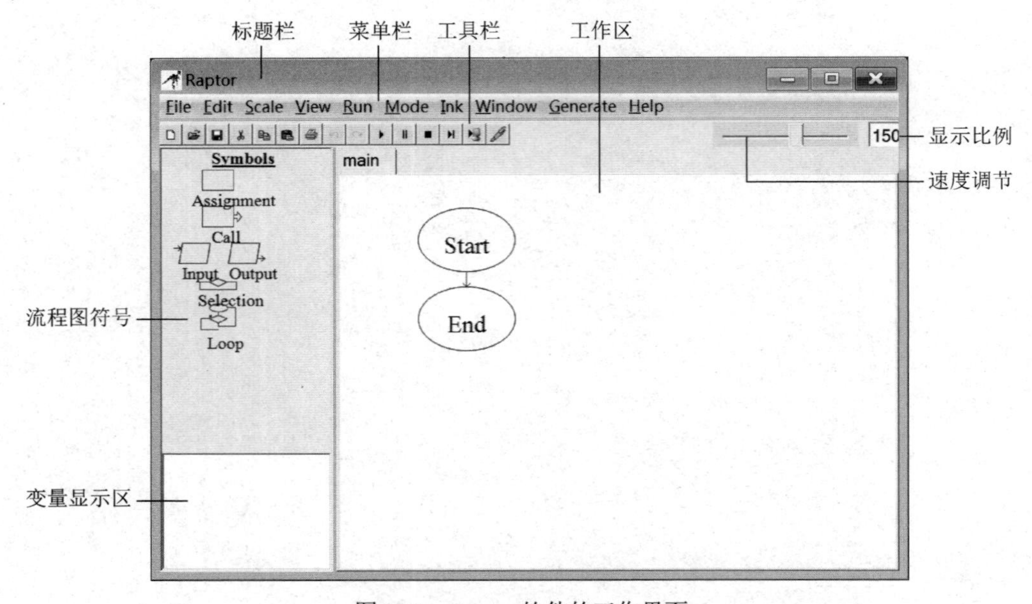

图 11.1 Raptor 软件的工作界面

选择"File"菜单中的"Save"命令，在弹出的"Save As"对话框中将文件命名为"1.rap"，并保存到 D 盘或 E 盘。

2. 设计程序求温度值

输入一个华氏温度数值，求出对应的摄氏温度数值，并将结果输出到主控窗口中。

思路：因为华氏温度转换成摄氏温度的公式是 $c=(f-32)\times\frac{5}{9}$，所以程序只需要对输入的华氏温度 f，按照公式进行运算，并输出结果即可。

步骤：

1）按顺序在“Start”符号后面放入“输入”“赋值”“输出”符号。

2）双击“输入”符号，弹出“Enter Input”对话框，在“Enter Prompt”文本框中输入“"Input a Fahrenheit:"”，在变量文本框中输入“f”，之后单击“Done”按钮。

3）双击“赋值”符号，弹出“Enter Statement”对话框，在“Set”后面输入变量“c”，在“to”后面输入“(f−32)*5/9”，之后单击“Done”按钮。

4）双击“输出”符号，弹出“Enter Output”对话框，在文本框中输入“"Celsius is "+c”，选中“End current line”复选框，之后单击“Done”按钮。

5）单击工具栏中的“Run to Completion”按钮执行程序。观察软件的工作过程和程序的执行过程，并在程序的执行过程中输入一个华氏温度的值。

结果如图 11.2 所示。

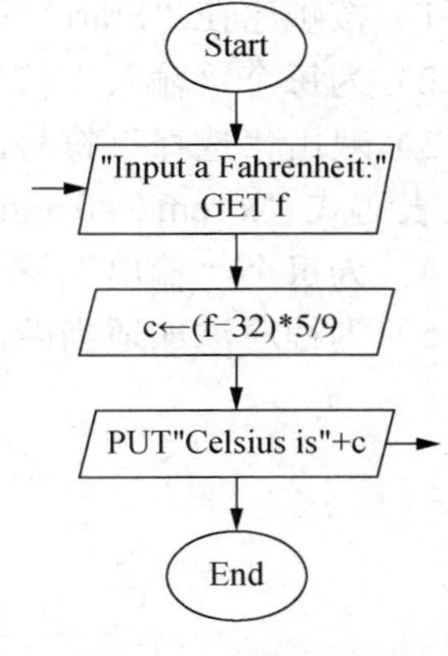

图 11.2 华氏温度转换为摄氏温度

3. 设计程序求球的体积

输入球的半径，计算球的体积，并将结果输出到主控窗口中。

思路：球的体积公式是 $v=\frac{4}{3}\pi r^3$，因此在得到半径 r 之后，对半径 r 进行适当的数学运算并输出结果即可。在 Raptor 中，圆周率 π 已被定义为常量，使用符号“pi”来引用。

步骤：

1）按顺序在“Start”符号后面放入“输入”“赋值”“输出”符号。

2）双击“输入”符号，弹出“Enter Input”对话框，在“Enter Prompt”文本框中输入“"Input a Radius:"”，在变量文本框里输入“r”，之后单击“Done”按钮。

3）双击“赋值”符号，弹出“Enter Statement”对话框，在“Set”文本框中输入变量“v”，在“to”后面文本框中输入“pi*r^3*4/3”，之后单击“Done”按钮。

4）双击“输出”符号，弹出“Enter Output”对话框，在文本框中输入“"Volume is "+v”，选中“End current line”复选框，之后单击“Done”按钮。

5）单击工具栏中的“Run to Completion”按钮执行程序。观察软件的工作过程和程序的执行过程，并在程序的执行过程中输入一个球的半径。

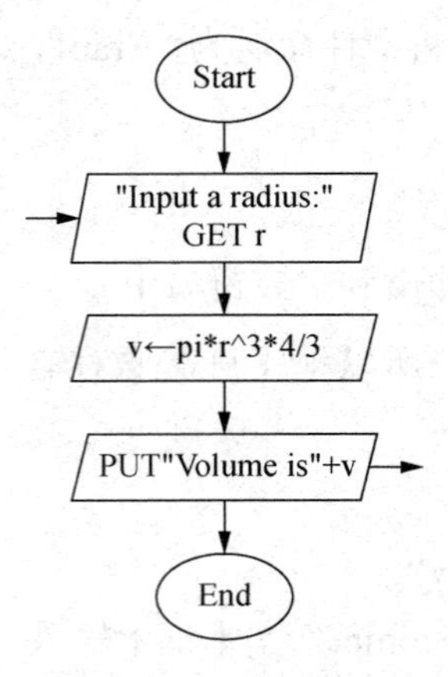

图 11.3 球体的体积

结果如图 11.3 所示。

4. 设计程序判断整除问题

设计一个程序，判断一个数字是否可以同时被 2 和 5 整除。若可以整除，则在主控窗口显示“Yes”；否则显示“No”，并为程序添加适当的注释。

思路：要判断一个数字 x 是否能同时被 2 和 5 整除，只需要求分别用 x 除以 2 和 5，若所得的余数同时为零，即说明 x 能同时被 2 和 5 整除，否则不能。在 Raptor 中，求余数的运算符是“rem”。因此，判断语句应该是“x rem 2=0 and x rem 5=0”。其中，and 运算符表示“与”逻辑，即 and 运算符两端要同时为“真”，运算结果才为“真”。

步骤：

1）按顺序在“Start”符号后面放入“输入”“选择”“输出”符号，如图 11.4 所示。

2）为每个“输入”符号输入适当的信息，将输入的数字存放在变量 x 中。

3）双击“选择”符号，弹出“Enter Selection Condition”对话框，在判断语句中输入决策表达式“x rem 2=0 and x rem 5=0”，之后单击“Done”按钮。

4）为每个“输出”符号填写适当的输出信息，以便在主控窗口输出结果。

5）为程序添加适当的注释。

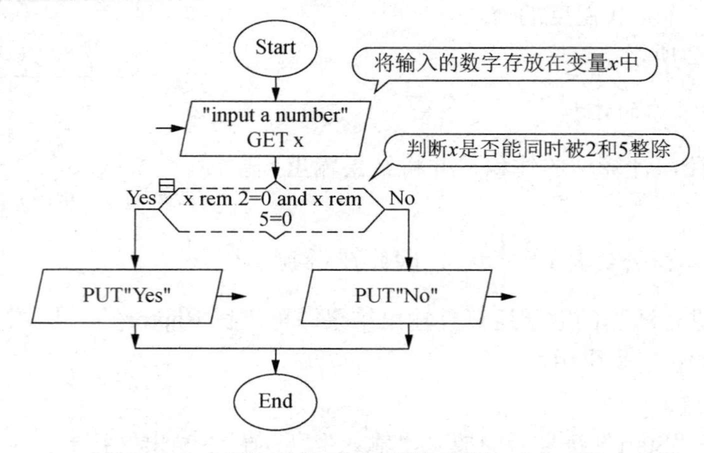

图 11.4 判断一个数是否可以同时被 2 和 5 整除

5. 设计程序求三角形面积

设计一个程序，输入三角形的边长，求出三角形的面积，并将结果输出到主控窗口中。如果三角形的边长为 a、b 和 c，则面积为 $s=\sqrt{p(p-a)(p-b)(p-c)}$，其中，$p=\dfrac{a+b+c}{2}$。

思路：根据公式，在输入三角形 3 边的长度后，要先判断输入的 3 个边长数据是否能构成三角形。因此，要先判断任意两边的和是否大于第三边。对符合条件的三角形数据，进行求面积的计算，不符合条件的则不计算。

步骤：

1）按顺序在“Start”符号后面放入“输入”“选择”“赋值”“输出”符号，如图 11.5 所示。

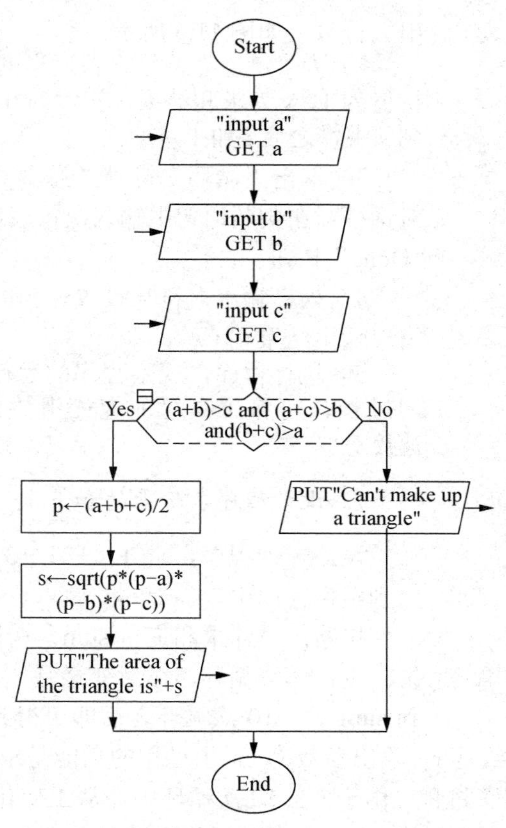

图 11.5　求三角形面积

2）为每个“输入”符号输入适当的信息。其中，三角形的 3 个边分别对应的变量为 *a*、*b*、*c*。

3）双击“选择”符号，弹出“Enter Selection Condition”对话框，在判断语句中输入决策表达式“(a+b)>c and (a+c)>b and (b+c)>a”，之后单击“Done”按钮。

4）用“赋值”符号将(a+b+c)/2 的值赋予变量 *p*；将 sqrt(p*(p−a)*(p−b)*(p−c))的值赋予变量 *s*。

5）为“输出”符号填写适当的输出信息，以便在主控窗口输出结果。

6）单击工具栏中的“Run to Completion”按钮执行程序。观察软件的工作过程和程序的执行过程，并在程序的执行过程中输入恰当的数据。多次运行此程序以观察在 *a*、*b* 和 *c* 取不同值时程序的执行流程。

6. 设计程序求和

设计一个程序，求出 1+2+3+…+100 的值，并将结果输出到主控窗口。

思路：设计一个循环，循环变量为 *i*，初值为 1，求和变量为 *s*，初值为 0。每次循环

将数 i 加到求和变量 s 中，每次循环 i 增加 1，这样 100 次循环后即可得到最终结果。

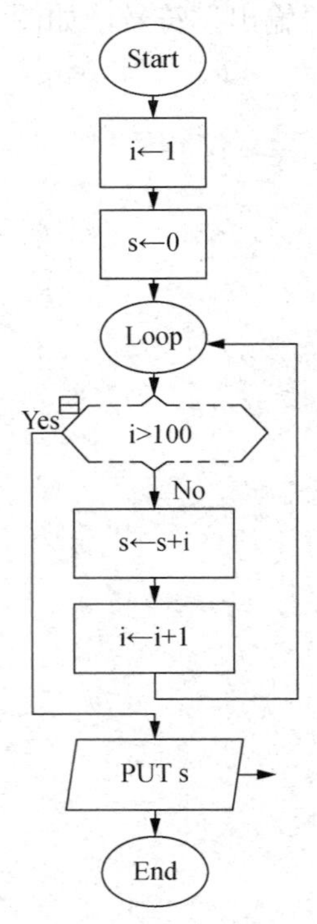

图 11.6　求 1+2+3+…+100 的程序

步骤：

1）按顺序在“Start”符号后面放入“赋值”“循环”“输出”符号，如图 11.6 所示。

2）为“赋值”符号设置适当的初值。设 i 为循环变量，初值为 1，s 为求和结果，初值为 0。每次循环，将 i 的值加到 s 中，之后 i 加 1。

3）双击“循环”符号，弹出“Enter Loop Condition”对话框，在判断语句中输入决策表达式“i>100”，之后单击“Done”按钮。

4）为“输出”符号设置适当的输出信息，以便在主控窗口输出结果。

5）执行程序，观察程序的运行过程。如果程序运行时间过长，可将工具栏的速度滑块向右侧拖动以提高执行速度。

7. 设计程序求阶乘的和

设计一个程序，求 1！+2！+3！+…+10!，并将结果输出到主控窗口中。

思路：设计求和变量 sum，初值为 0，用来保存计算结果。设计一个循环，循环变量是 i，每次循环将 i 的阶乘加到 sum 中，10 次循环之后即可得到最终结果。同时，设计一个子过程 fun，输入参数是 x，输出参数为 y，子过程的功能是求 x 的阶乘。在主程序中，以循环变量 i 为参数调用子过程，由于 i 在 10 次循环中会从 1 变化到 10，所以子过程的具体功能是求 1～10 这 10 个数的阶乘。fun 子过程使用递归方式求 x 的阶乘，如果 x 的值为 1 或 0，则结果为 1，否则结果为 $x\times fun(x-1,y)$。另设临时变量 t，用于存放中间结果。

步骤：

1）选择“Mode”菜单中的“Intermediate”命令，使 Raptor 软件工作在中级模式。右击“main”标签，在弹出的快捷菜单中选择“Add Procedure”命令，弹出“Create Procedure”对话框。设置过程名为 fun，x 为输入变量，y 为输出变量。

2）单击 fun 子过程标签，编写求 fun 的功能，如图 11.7 所示。

3）单击“main”标签，在主程序中放入“赋值”“循环”“调用”“输出”等符号，如图 11.8 所示。

4）为“赋值”符号设置适当的初值。设 i 为循环变量，初值为 1，sum 为求和结果，初值为 0。每次循环，将 i 的阶乘加到 sum 中，之后 i 加 1。

5）修改循环语句，使循环体可循环 10 次，在循环体中，以 i 和 t 为参数，调用子过程 fun，将 i 的阶乘放入变量 t 中；将 t 的值加到求和变量 sum 中。

6）为“输出”符号填写适当的输出信息，以便在主控窗口输出结果。

7）运行程序，验证结果。

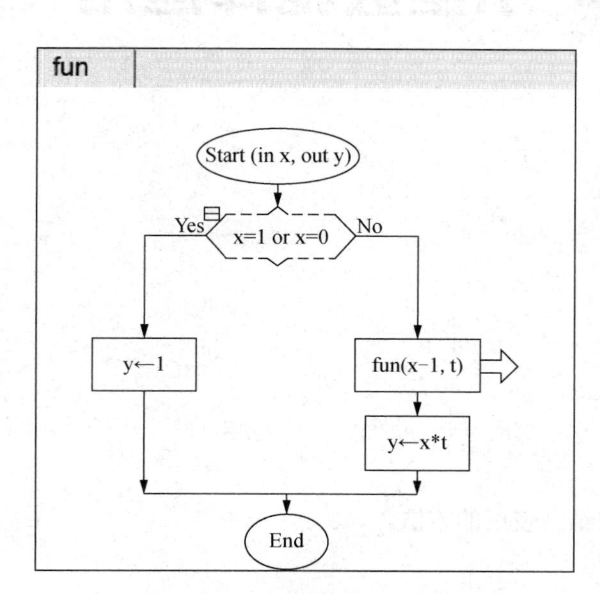

图 11.7　求阶乘的子过程 fun

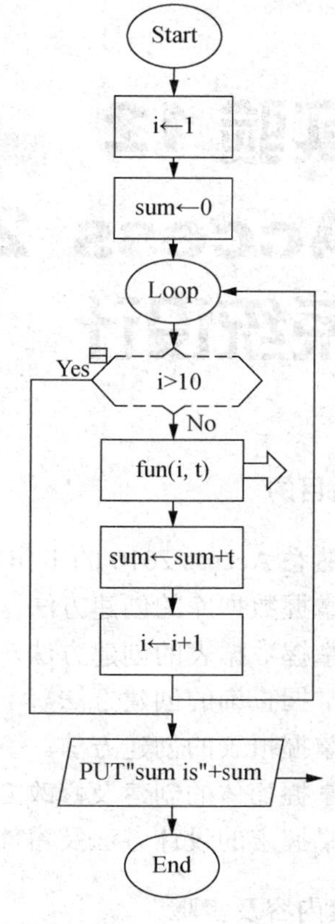

图 11.8　求 1！+2！+3！+⋯+10！的程序

三、实践练习

1）设计一个程序，输入矩形的长和宽，求矩形的面积。

2）设计一个程序，输入 3 个数，先求这 3 个数的和，然后再求平均值。

3）设计一个程序，判断某一年份是否为闰年。

4）设计一个程序，在判别式$\Delta = b^2 - 4ac$大于或等于零的情况下，求方程$ax^2 + bx + c = 0$的根。

5）设计一个程序，求$1^3 + 2^3 + 3^3 + \cdots + 10^3$的值。

6）设计一个程序，用选择法对一个包含 10 个元素的数组进行排序。数组中的元素初值可随机生成。

实验 12 Access 2010 小型数据库应用系统设计

一、实验目的

1）熟悉 Access 2010 的工作环境。

2）掌握数据库的创建方法。

3）掌握数据表的创建方法。

4）掌握查询的创建方法。

5）掌握报表的创建方法。

6）掌握窗体的创建及修改方法。

7）掌握宏的设计方法及窗体控件与宏结合使用的方法。

二、实验内容及步骤

Access 作为 Microsoft Office 套件产品之一，是一种关系型桌面数据库管理系统。Access 主要适用于中小型应用系统，或者作为客户/服务器（client/server）系统中的客户端数据库。通过使用 Access，用户可以不用写代码就开发出一个功能强大且专业的数据库应用程序；如果再加上一些简短的 VBA 代码，则可以使开发出的程序更加专业和完善。

1. 建立“学生成绩管理”数据库

数据库（database，DB）是长期存储在计算机内有组织的、可共享的大量数据的集合。数据库通过各种对象来组织管理数据，可以简单理解为“存放数据的仓库”，它包含 7 种类型的对象：表、查询、窗体、报表、数据访问页、宏和模块。

创建 Access 数据库的结果是在计算机磁盘上生成一个扩展名为.accdb 的数据库文件。因此首先在计算机磁盘（如 E 盘）创建一个文件夹，命名为“学生成绩管理系统”，用于存放数据库文件。Access 2010 提供了两种数据库的创建方法：①创建一个空数据库，然后再添加表、窗体、报表及其他对象，这种方法比较灵活；②使用 Access 本地或 Internet 上提供的数据库模板创建数据库，这种方式比较简单，能够节省用户时间，但往往需要修改才能满足用户要求。下面介绍创建空数据库的方法。

单击“开始”按钮，在弹出的“开始”菜单中选择“所有程序”命令，在弹出的菜单中选择“Microsoft Office”文件夹中的“Microsoft Access 2010”命令，打开 Access 2010。

首次启动 Access 时会自动显示后台视图，如图 12.1 所示。选择“空数据库”选项，在“文件名”文本框中输入“学生成绩管理”，设置文件保存路径为“E:\学生成绩管理系统\”，单击“创建”按钮，打开如图 12.2 所示的窗口，建立一个空的数据库，默认打开一个空数据表 1。

图 12.1　Access 的后台视图

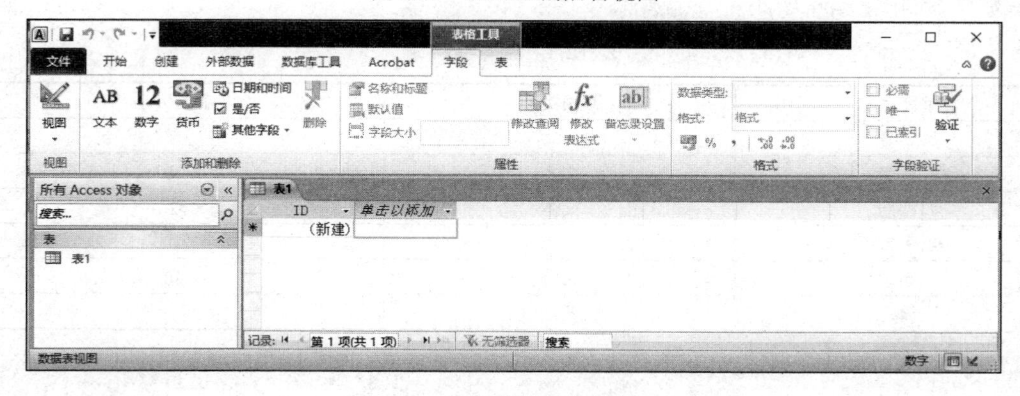

图 12.2　新建数据库的表 1 窗口

2. 创建表

关系模型中数据的逻辑结构是一张二维表，数据组织成列和行的形式。其中，列称为字段，列标题称为字段名称，行称为记录。表是数据库中用来组织和存储数据的对象，是建立查询、报表、窗体等对象的基础。一个数据库根据需要可以包含多个表，本例要创建 3 个数据表，即“学生”表、“成绩”表和“课程”表。

表的建立分两步：①设计表结构；②向表中输入数据。表结构的设计即表头部的设计，包括表的名称、字段名称、字段的数据类型和宽度等的设计。

下面分别建立“学生”表、“成绩”表和“课程”表。

（1）在数据表视图中直接创建“学生”表

如图 12.2 所示，程序默认打开一个名为“表 1”的数据表视图。

1）双击字段名“ID”，将字段名称改为“学号”。选中该字段，在“表格工具|字段”选项卡“格式”组中，将该字段的数据类型由“自动编号”改为“文本”。在“表格工具|字段”选项卡“属性”组中的“字段大小”文本框中输入 8，如图 12.3 所示。

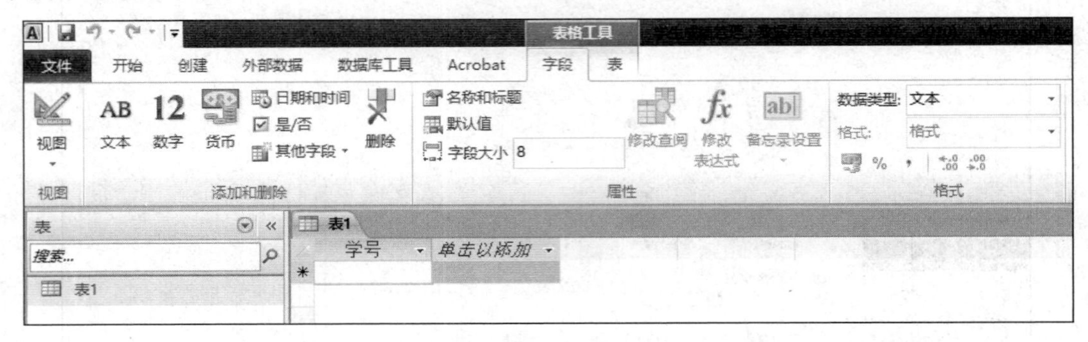

图 12.3　设计“学号”字段

2）在“单击以添加”下拉列表中选择“文本”选项，此时字段标题变为可写，输入字段名“姓名”，选中该字段，在“字段大小”文本框中输入 10，完成“姓名”字段的添加。依次按表 12.1 所示添加其余字段，全部完成后，按【Ctrl+S】组合键或单击快速访问工具栏中的“保存”按钮。在弹出的“另存为”对话框中输入表名为“学生”并保存此表。最终创建结果如图 12.4 所示。

表 12.1　“学生”表

字段名称	数据类型	字段大小
学号	文本	8
姓名	文本	10
性别	文本	2
出生日期	日期	
系别	文本	20
简历	备注	

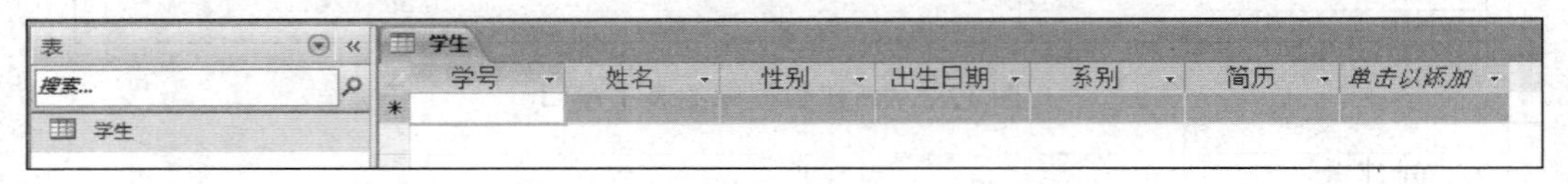

图 12.4　“学生”表

（2）使用表设计器创建“成绩”表

1）单击“创建”选项卡“表格”组中的“表设计”按钮，新建一个空白表，默认名为“表 1”，并进入该表的设计视图。依照表 12.2 所示依次添加字段名称并选择相应的数据类型和字段大小。

表 12.2 “成绩”表

字段名称	数据类型	字段大小
学号	文本	8
课程号	文本	2
成绩	数字	整型

主键能够唯一标识一条记录，它可由一个字段担任，也可由多个字段联合担任。“学生”表中默认的主键为“学号”字段，表明每条记录的学号都应唯一，不能重复。在“成绩”表中，单一属性无法唯一标识一条记录，“学号”和“课程号”的组合才可以唯一标识一条记录。按住【Ctrl】键，同时选中“学号”和“课程号”两个字段，单击“表格工具|设计”选项卡“工具”组中的“主键”按钮，使“学号”和“课程号”共同构成主键。

2）单击“保存”按钮，设置表名为“成绩”，最终建立的“成绩”表如图 12.5 所示。

图 12.5 “成绩”表

（3）使用表设计器创建“课程”表

单击“创建”选项卡“表格”组中的“表设计”按钮，新建一个空白表，并进入该表的设计视图。参照表 12.3 所示依次添加字段名称并选择相应的数据类型和字段大小，将“课程号”字段设置为主键，将表保存并命名为“课程”，最终建立的“课程”表如图 12.6 所示。

表 12.3 “课程”表

字段名称	数据类型	字段大小
课程号	文本	2
课程名	文本	10
学时	数字	整型
学分	数字	单精度型

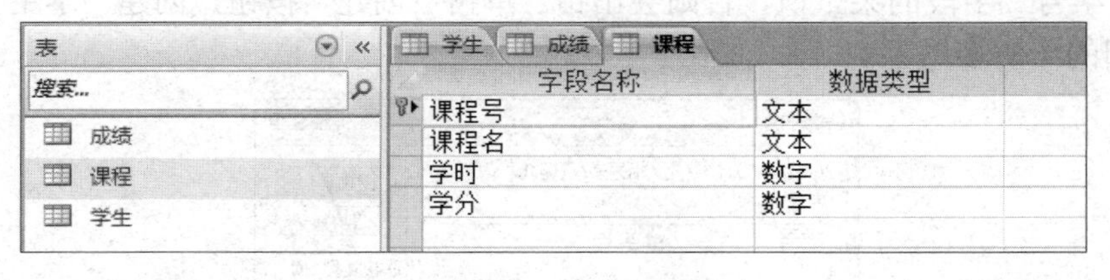

图 12.6 “课程”表

（4）创建表间关系

建立表之间的关系是指刻画它们的联系，一方面可以将这些表中的信息组合到一起，创建的查询、窗体和报表可以同时来自多个表中的数据；另一方面保证了关系数据库完整性约束。表之间的关系有 3 种：一对一关系、一对多关系、多对多关系。

注意：在创建表间关系之前需要关闭所有打开的表，因为不能在已打开的表之间创建或修改关系。

1）单击“数据库工具”选项卡“关系”组中的“关系”按钮，如果尚未定义任何关系，则会自动弹出“显示表”对话框，如图 12.7 所示。单击“添加”按钮将 3 个表都添加到“关系”窗口，如图 12.8 所示，然后关闭“显示表”对话框。

图 12.7 “显示表”对话框

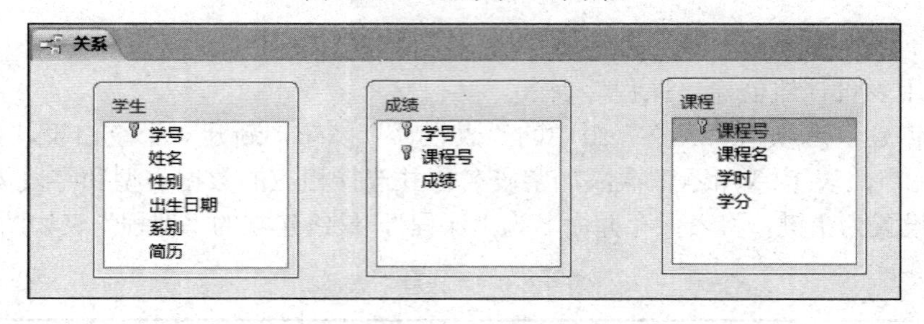

图 12.8 添加到“关系”窗口的表

2）在“关系”窗口中，从“学生”表中拖动“学号”字段（主键）到“成绩”表的“学号”字段（外键），系统将弹出“编辑关系”对话框，如图 12.9 所示。根据需要设置关系选项，选中“实施参照完整性”复选框，要求“成绩”表中“学号”字段的值必须是“学生”表中“学号”字段的某个值，否则会出错。单击“创建”按钮，创建“学生”表与“成绩”表之间的一对多关系。

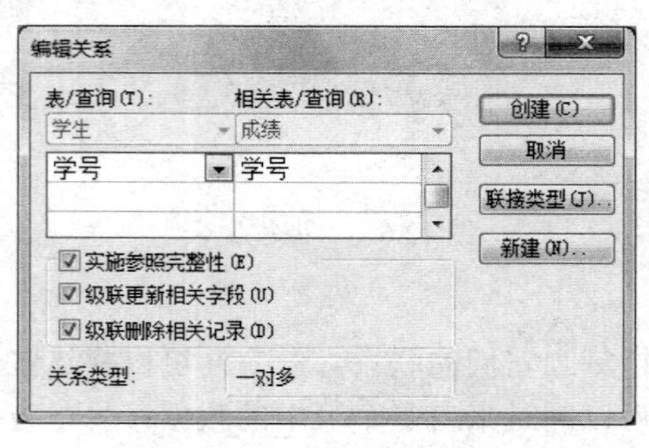

图 12.9 “编辑关系”对话框

3）在“关系”窗口中，从“课程”表中拖动“课程号”字段（主键）到“成绩”表的“课程号”字段（外键），创建“课程”表与“成绩”表之间的一对多关系。表间关系如图 12.10 所示。

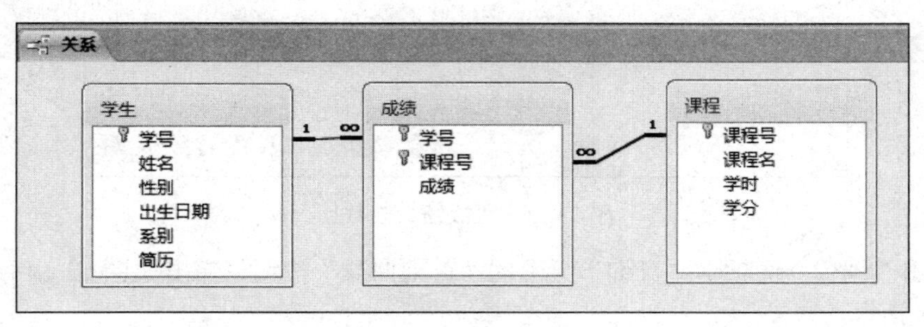

图 12.10　“学生成绩管理”数据库的表间关系

（5）输入相关内容

1）新建的数据表都是空表，在导航窗格中双击“学生”表，输入如图 12.11 所示的数据。

所有 Access 对象
搜索...
表
成绩
课程
学生

学号	姓名	性别	出生日期	系别	简历
16010101	张三	男	1988-01-01	化工	
16020202	李斯	男	1988-02-02	安全	
16030303	王武	男	1988-03-03	生物	
16040404	李丽	女	1988-04-04	环境	
16050505	孙颖	女	1988-05-05	管理	
16060606	赵薇	女	1988-06-06	计算机	

图 12.11　“学生”表数据

2）在导航窗格中双击“课程”表，输入如图 12.12 所示的数据。

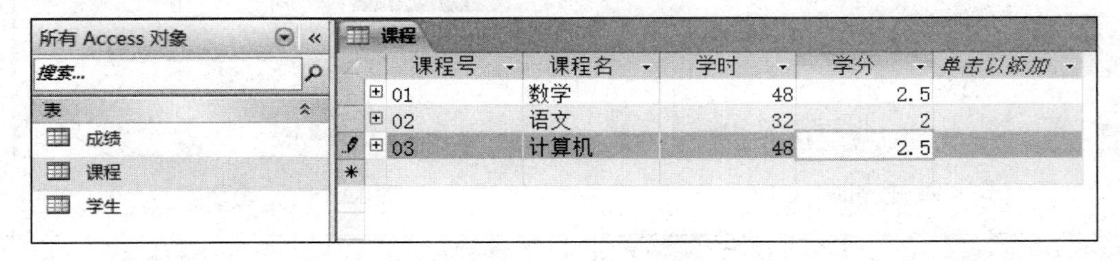
所有 Access 对象
搜索...
表
成绩
课程
学生

课程号	课程名	学时	学分	单击以添加
01	数学	48	2.5	
02	语文	32	2	
03	计算机	48	2.5	

图 12.12　“课程”表数据

3）在导航窗格中双击“成绩”表，输入如图 12.13 所示的数据。

3. 创建查询

查询是用户通过设置某些查询条件，从表或其他查询中选取全部或部分数据的一个独立的数据库对象，可用作窗体、报表和数据访问页的数据源。查询类型包括选择查询、参数查询、交叉表查询、操作查询和 SQL 查询。选择查询是最常见的查询类型，它从一个或多个表中检索数据。下面使用查询向导创建一个“学生成绩查询”，查询内容包括学号、姓名、系别、课程名、成绩。操作步骤如下。

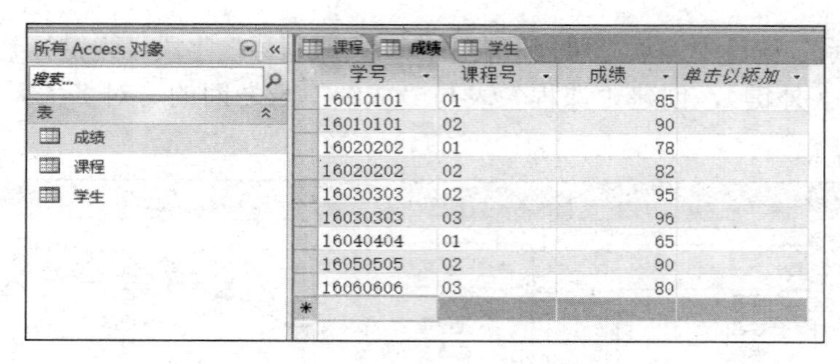

学号	课程号	成绩	单击以添加
16010101	01	85	
16010101	02	90	
16020202	01	78	
16020202	02	82	
16030303	02	95	
16030303	03	96	
16040404	01	65	
16050505	02	90	
16060606	03	80	

图 12.13　“成绩”表数据

1）单击“创建”选项卡“查询”组中的“查询向导”按钮，弹出如图 12.14 所示的“新建查询”对话框。

2）在对话框中选择“简单查询向导”选项，单击“确定”按钮，弹出“简单查询向导”对话框，如图 12.15 所示。将“学生”表中的“学号”“姓名”“系别”字段，“课程”表中的“课程名”字段，“成绩”表中的“成绩”字段依次添加到“选定字段”列表框中，单击“下一步”按钮。

3）选中“明细（显示每个记录的每个字段）”单选按钮，如图 12.16 所示。单击“下一步”按钮。

4）指定查询标题为“学生成绩查询”，选中“打开查询查看信息”单选按钮，如图 12.17 所示。单击“完成”按钮后的结果如图 12.18 所示。

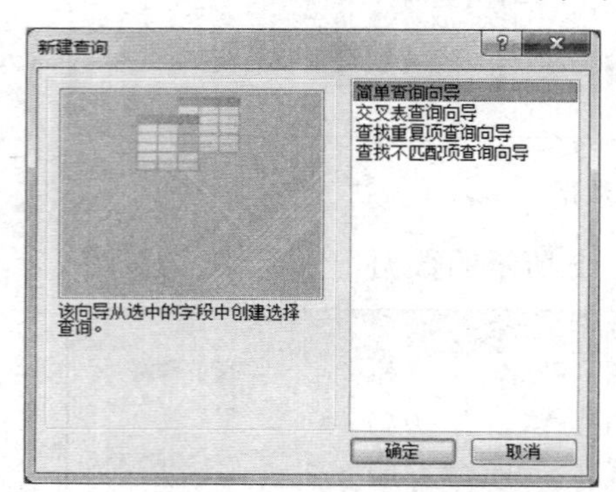

图 12.14　“新建查询”对话框

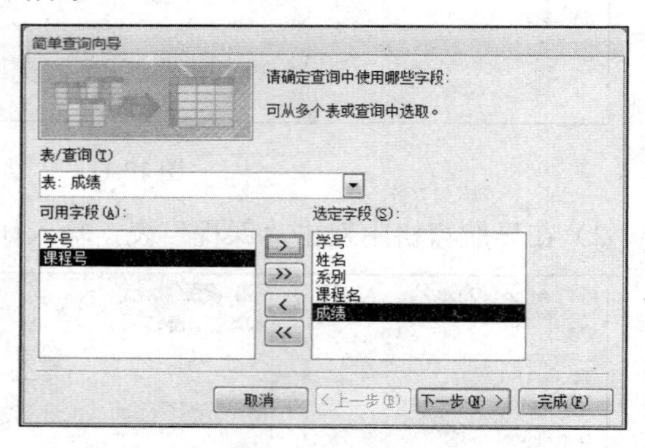

图 12.15　选定字段

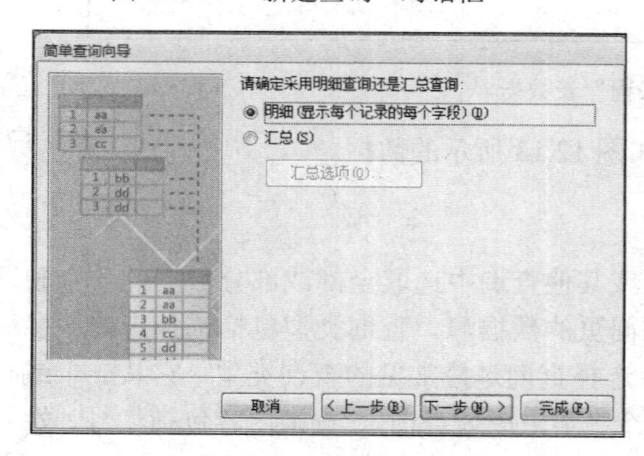

图 12.16　采用明细查询

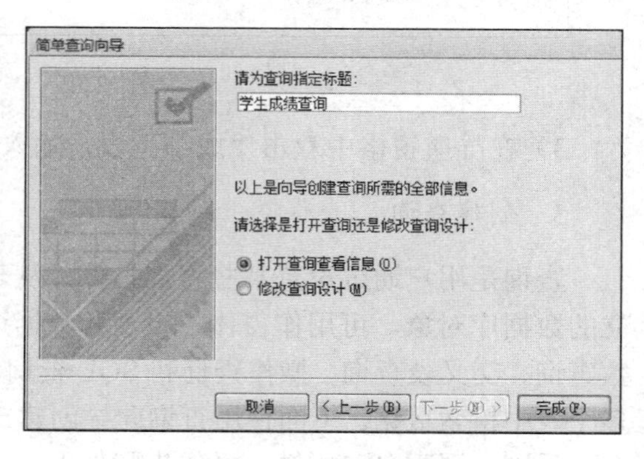

图 12.17　指定标题

学号	姓名	系别	课程名	成绩
16010101	张三	化工	数学	85
16010101	张三	化工	语文	90
16020202	李斯	安全	数学	78
16020202	李斯	安全	语文	82
16030303	王武	生物	语文	95
16030303	王武	生物	计算机	96
16040404	李丽	环境	数学	65
16050505	孙颖	管理	语文	90
16060606	赵薇	计算机	计算机	80

图 12.18　“学生成绩查询”运行结果

4. 创建报表

报表是以表或查询为数据源，查看数据、统计汇总数据及打印数据的一种对象。下面使用报表向导创建一个汇总“课程平均分”的报表，操作步骤如下。

1）单击“创建”选项卡“报表”组中的“报表向导”按钮，弹出“报表向导”对话框，将“课程”表中的“课程名”和“成绩”表中的“成绩”添加到“选定字段”列表框中，如图 12.19 所示。单击“下一步”按钮。

2）确定查看数据的方式为“通过 课程”，如图 12.20 所示。单击“下一步”按钮。

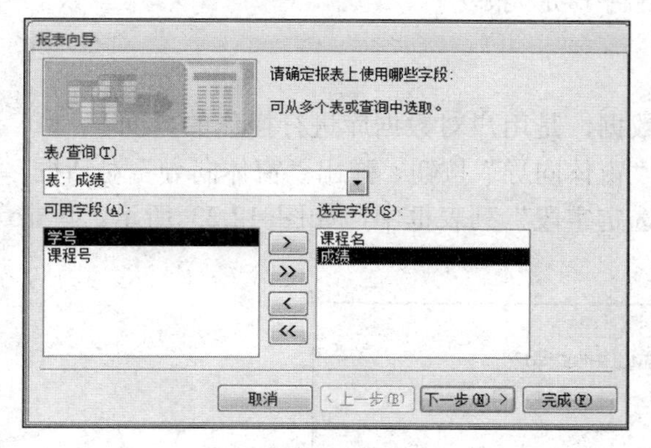

图 12.19　选定字段

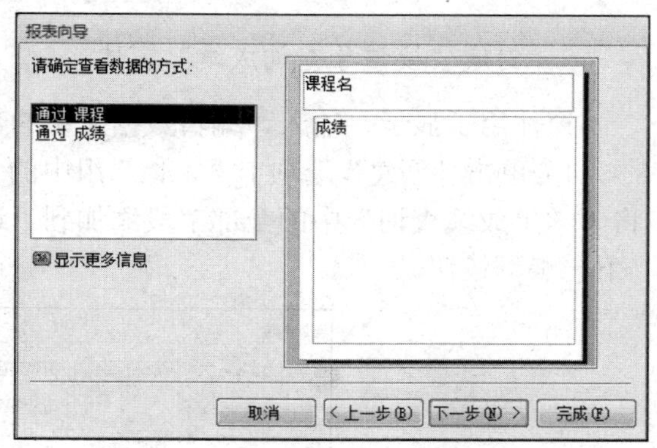

图 12.20　确定查看数据方式

3）选中“明细和汇总”单选按钮，设置汇总方式为“平均”，如图 12.21 所示。单击“确定”按钮。

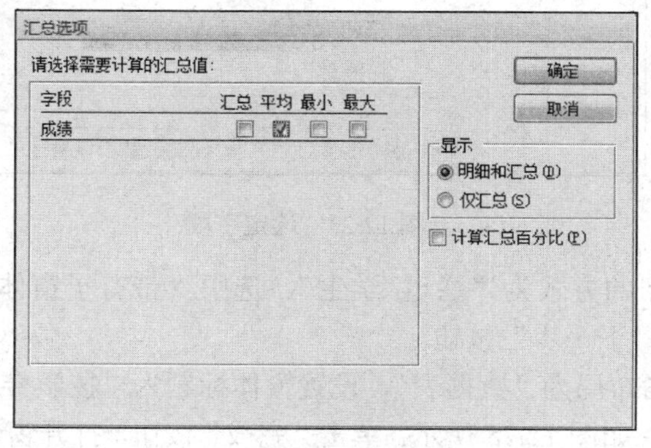

图 12.21　选择需要计算的汇总值

4）设置报表标题为“课程平均分”，单击“完成”按钮，得到结果如图 12.22 所示。

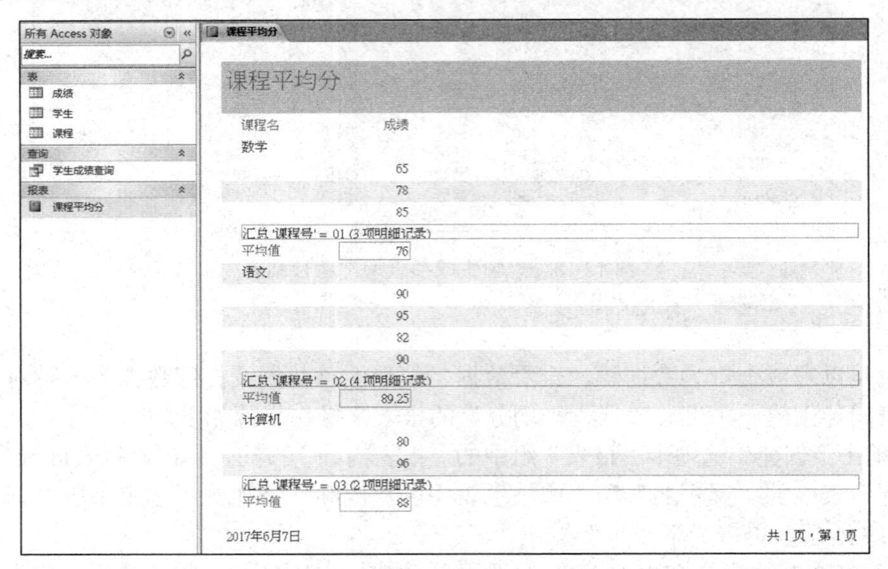

图 12.22 “课程平均分”报表

5. 创建“按学号查询成绩”窗体

窗体用于显示、输入、编辑数据库中的数据，是用户对数据库进行操作的界面。

1）单击“创建”选项卡“窗体”组中的“窗体向导”按钮，弹出“窗体向导”对话框，将“学生成绩查询”中的全部字段添加到“选定字段”列表框中，如图 12.23 所示。单击“下一步”按钮。

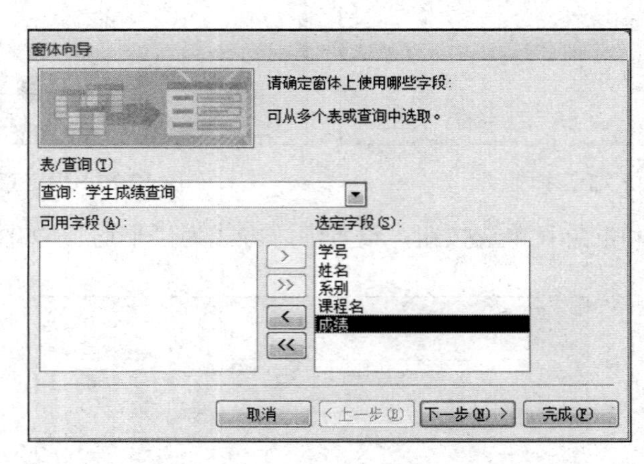

图 12.23 选定字段

2）确定查看数据的方式为“通过 学生”，选中“带有子窗体的窗体”单选按钮，如图 12.24 所示。单击“下一步”按钮。

3）确定子窗体的布局为“数据表”，设置窗体标题为“按学号查询成绩”，选中“修改窗体设计”单选按钮，如图 12.25 所示。单击“完成”按钮，打开窗体的设计视图如图 12.26 所示。

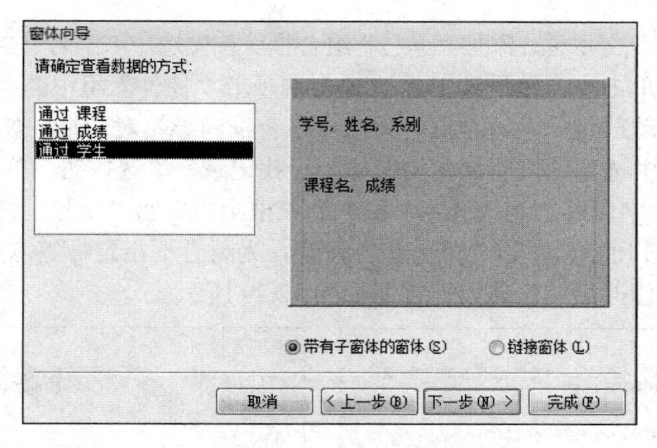

图 12.24 “窗体向导”——确定查看数据的方式

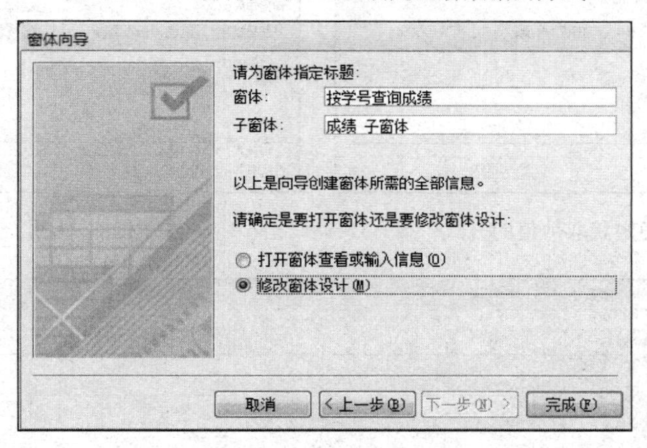

图 12.25 为窗体指定标题

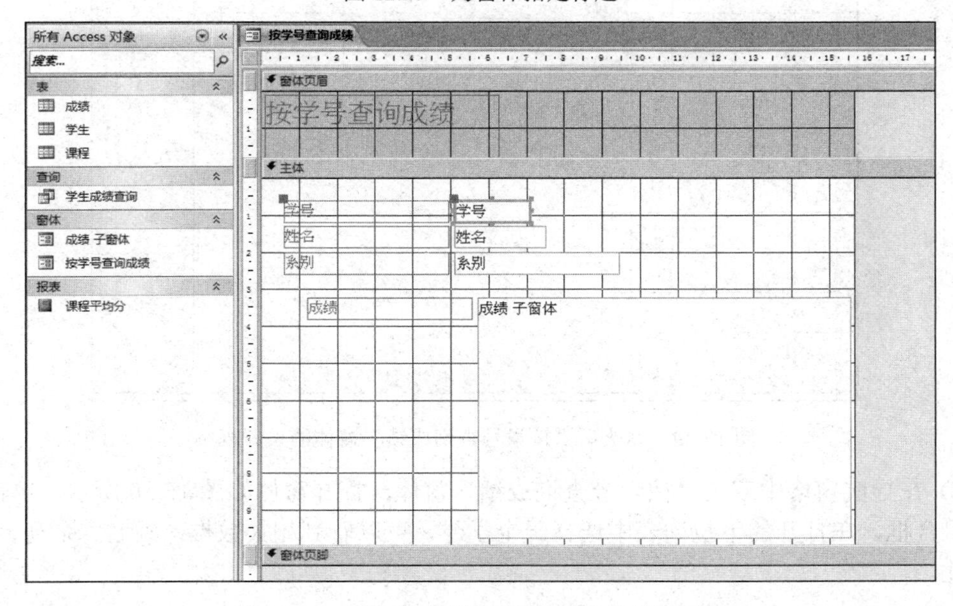

图 12.26 “按学号查询成绩”窗体的设计视图

4）删除“学号”文本框，添加“学号”组合框。首先选中“学号”文本框并按【Delete】键将其删除，然后单击“窗体设计工具|设计”选项卡“控件”组中的“组合框”按钮，用鼠标在合适位置拖动放置一个组合框，弹出“组合框向导”对话框，如图 12.27 所示。选中“在基于组合框中选定的值而创建的窗体上查找记录”单选按钮，单击“下一步”按钮。

5）将“学号”字段添加到“选定字段”列表框中，表明“学号”将会出现在组合框的列表中，如图 12.28 所示。单击“下一步”按钮，为组合框指定标签名为“学号”，最后单击“完成”按钮，修改后的窗体设计视图如图 12.29 所示。

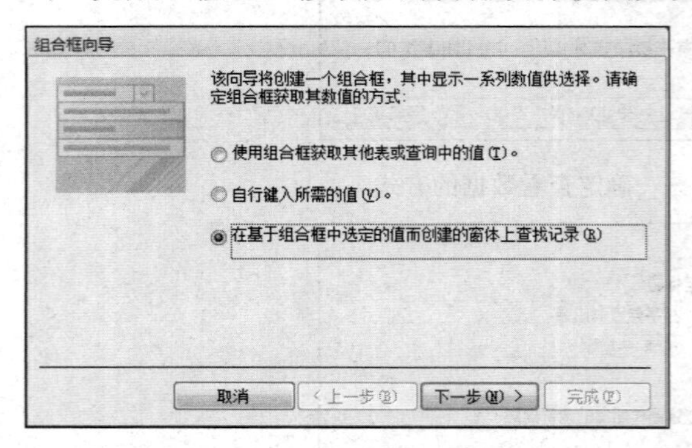

图 12.27 确定获取数值的方式

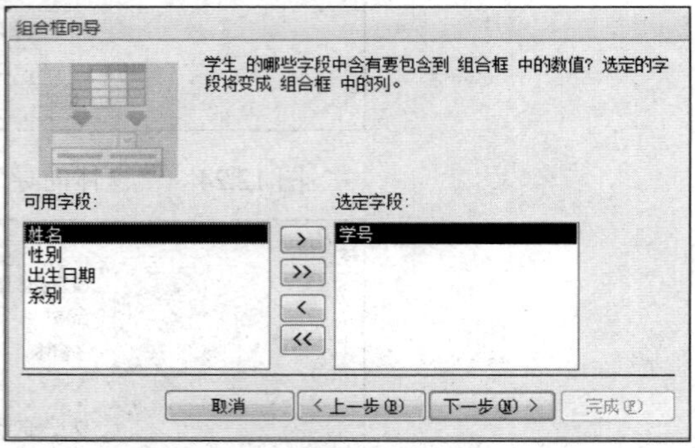

图 12.28 为组合框选定字段

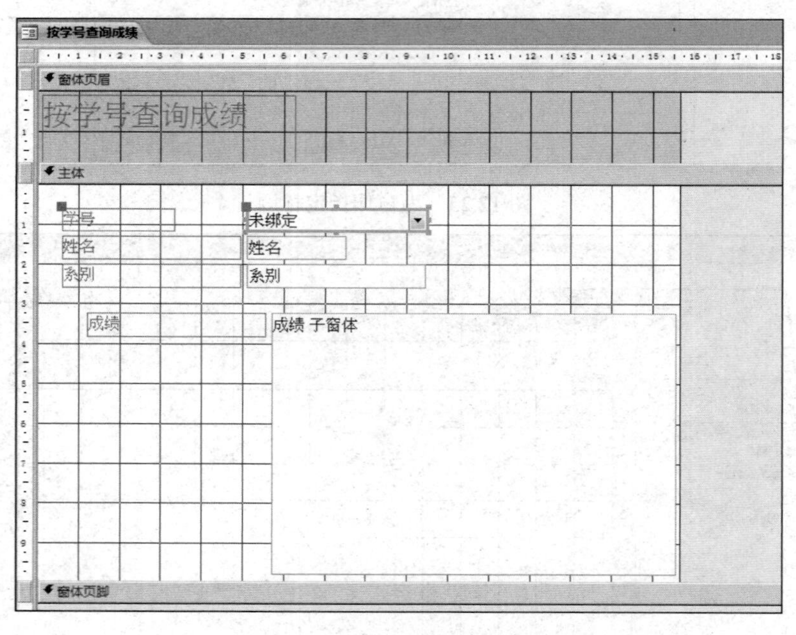

图 12.29 修改后“按学号查询成绩”窗体的设计视图

6）在导航窗格中双击“按学号查询成绩”窗体，打开窗体如图 12.30 所示。单击“学号”组合框，在打开的下拉列表中选择一个学号，可以看到相关数据（姓名、系列、成绩）的变化。

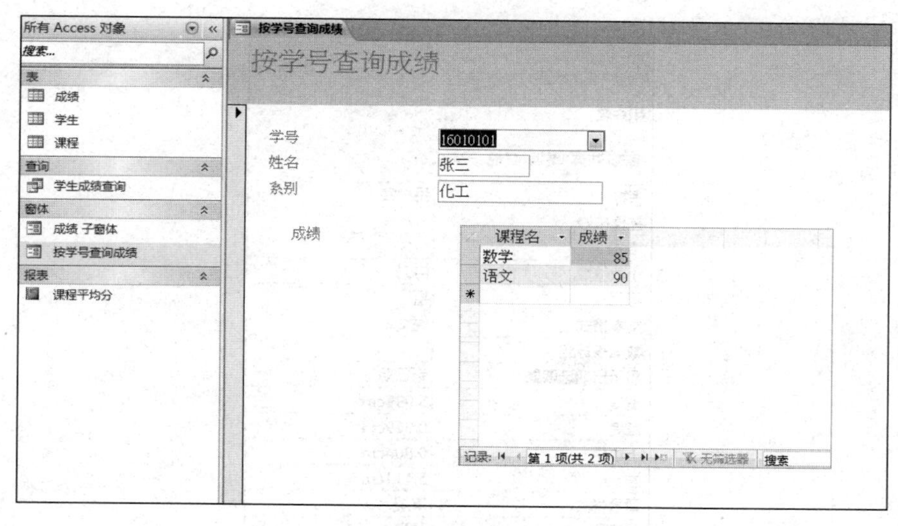

图 12.30 “按学号查询成绩”窗体

6. 创建“登录”窗体

“登录”窗体包含两个绑定标签的文本框控件，分别用来接收用户输入的用户名和密码，密码用“*”显示，还有一个“确定”按钮，其功能用宏实现。

1）单击“创建”选项卡“窗体”组中的“窗体设计”按钮，打开窗体设计视图，单击“保存”按钮，将窗体命名为“登录界面”。

2）单击“窗体设计工具|设计”选项卡“控件”组中的“文本框”按钮，在窗体合适位置拖动鼠标来添加两个文本框，在弹出的“文本框向导”对话框中单击“取消”按钮。这两个文本框均绑定了标签，在其前面的标签上分别输入文字“用户名：”和“密码”，如图 12.31 所示。

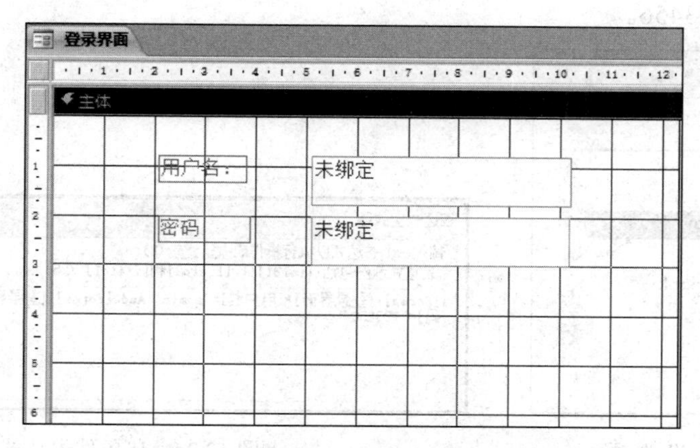

图 12.31 “登录界面”窗体中添加两个文本框

3）为了便于书写宏命令，首先更改控件名称。选中第 1 个文本框，屏幕右侧打开“属性表”窗格，将“名称”属性的属性值设为“用户名”，如图 12.32 所示。将第 2 个文本框的“名称”属性的属性值设为“密码”，“输入掩码”属性的属性值设为“密码”，这样输入的密码将会用“*”显示。

属性表

所选内容的类型：文本框(T)

用户名

格式 数据 事件 其他 全部

名称	用户名
控件来源	
格式	
小数位数	自动
可见	是
文本格式	纯文本
数据表标题	
显示日期选取器	为日期
宽度	5.099cm
高度	0.979cm
上边距	0.804cm
左	5.111cm
背景样式	常规
背景色	背景 1

图 12.32 设置文本框的“名称”属性

4）添加按钮控件，在弹出的“命令按钮向导”对话框中单击“取消”按钮，直接单击按钮设置其标题为“确定”。

5）单击“创建”选项卡“宏与代码”组中的“宏”按钮，打开宏设计视图，单击快速访问工具栏中的“保存”按钮，将宏命名为“宏 1”。

在“宏 1”的设计视图中单击“添加新操作”下拉按钮，在打开的下拉列表中选择“If”选项，如图 12.33 所示。在弹出的“If”模块中单击“单击以调用生成器”按钮，在弹出的“表达式生成器”对话框中设置 IF 条件为“[Forms]![登录界面]![用户名]="admin" And [Forms]![登录界面]![密码]="123456"”，如图 12.34 所示。该条件表示正确输入用户名为 admin，密码为 123456。

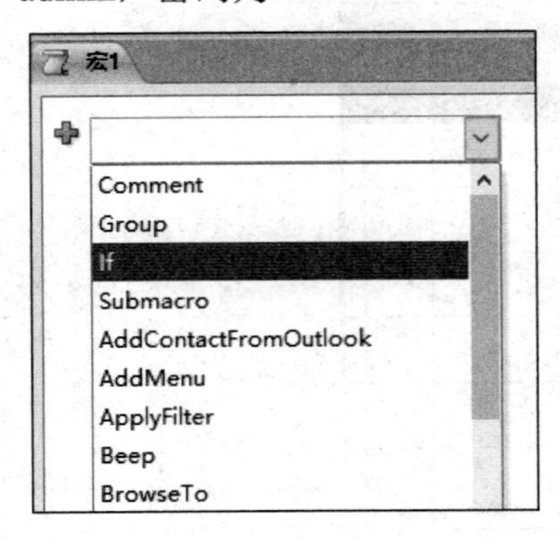

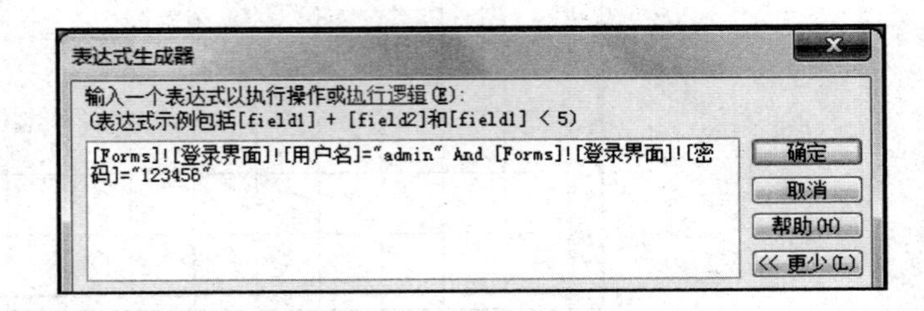

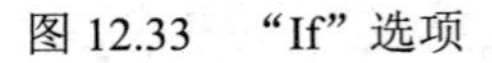

图 12.33 “If”选项

图 12.34 If 条件表达式

在 If 语句下面的“添加新操作”下拉列表中选择“OpenForm”选项。单击 OpenForm 的“窗体名称”，在打开的下拉列表中选择“按学号查询成绩”窗体。再在下面的“添加新操作”下拉列表中选择“Close Window”选项，在“对象类型”下拉列表中选择“窗体”选项，在“对象名称”下拉列表中选择“登录界面”选项，如图 12.35 所示。

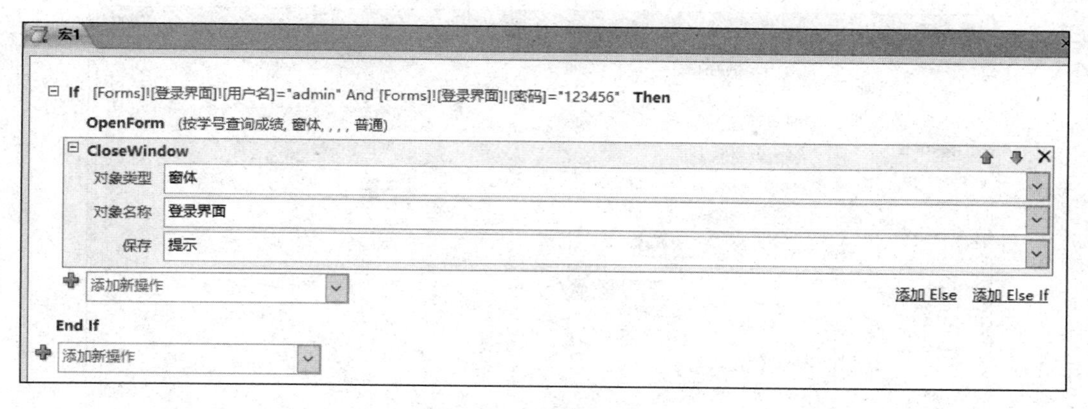

图 12.35　编辑 If 语句

如果输入的用户名和密码有错，需要在 If 语句后面添加 Else 结构。单击“添加 Else”链接，在 Else 结构中添加 MessageBox 宏命令，如图 12.36 所示。

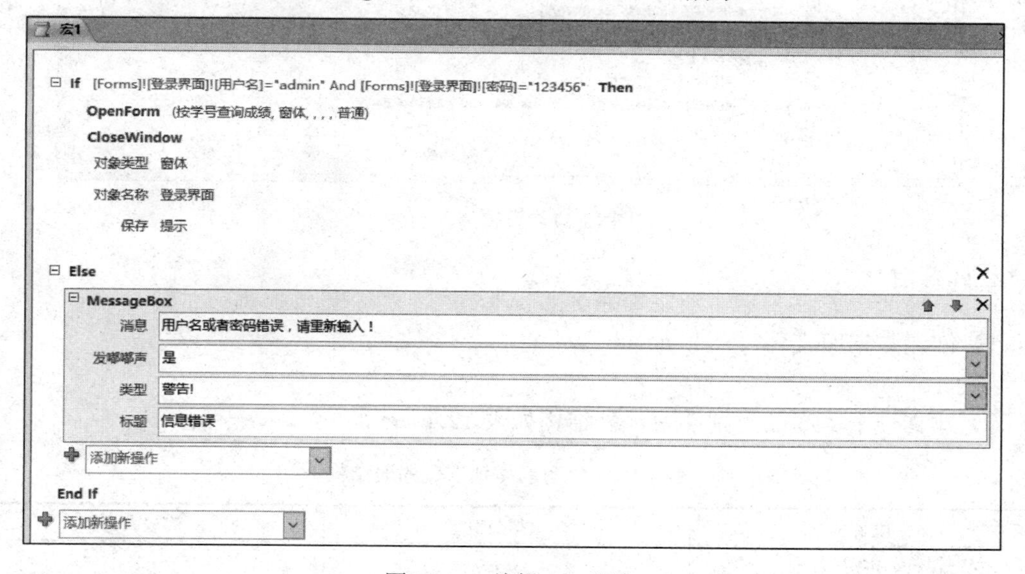

图 12.36　编辑 Else 语句

6）打开“登录窗体”的设计视图，在“确定”按钮上右击，在弹出的快捷菜单中选择“属性”命令，打开“属性”窗格。在“属性”窗格中选择“事件”选项卡，在“单击”事件右侧的下拉列表中选择“宏 1”选项，表示单击“确定”按钮触发“宏 1”。双击导航窗格中的“登录界面”，可以测试其功能。

7）设置“登录界面”作为数据库的启动窗体。选择“文件”菜单中的“选项”命令，弹出“Access 选项”对话框，在“显示窗体”下拉列表中选择“登录界面”窗体，如图 12.37 所示。设置完毕后，重启数据库可以看到效果。

本数据库应用系统仅是一个简单的示例，目的是起到一个抛砖引玉的作用，实际的应用程序会有更完善、更复杂的功能需求，感兴趣的学生可以尝试扩展本系统的功能。

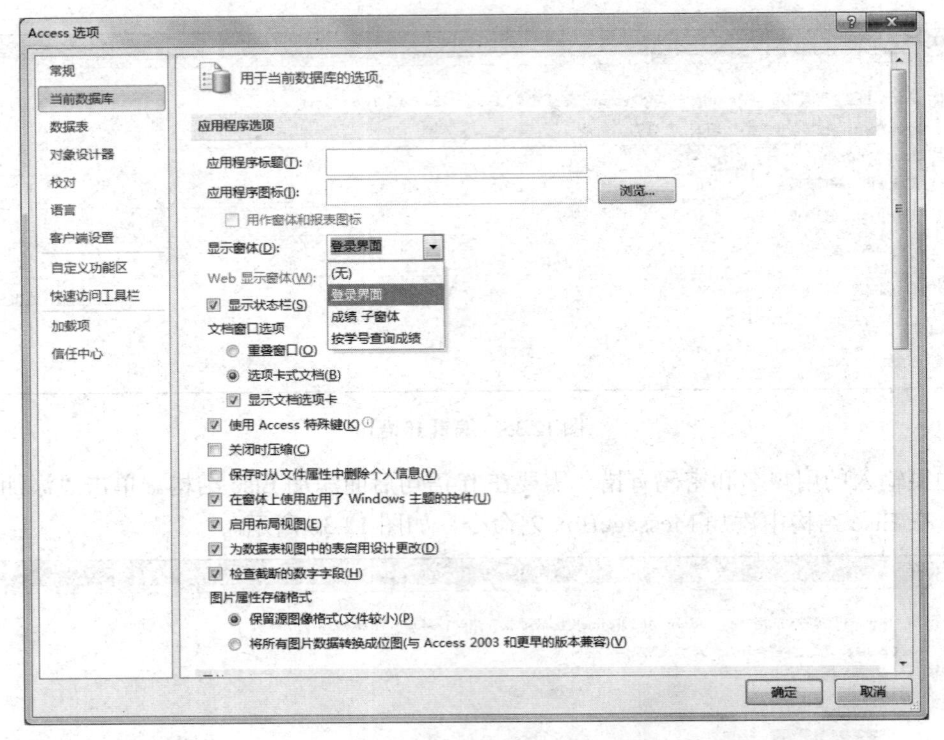

图 12.37 设置启动窗体

三、实践练习

1）创建数据库文件“商品.accdb”。

要求：

① 建立一个“商品类别”表，表结构如表 12.4 所示。

表 12.4 “商品类别”表的表结构

字段名称	数据类型	字段大小
商品类别 id	文本	4
商品类别名称	文本	10
商品类别属性	文本	10

② 将“商品类别 id”字段设置为主键。

③ 向“商品类别”表中添加记录内容，如图 12.38 所示。

商品类别

商品类别id	商品类别名称	商品类别属性
A01	办公用品	办公耗材
A02	办公用品	办公设备
B01	计算机设备	硬件
B02	计算机设备	软件

图 12.38 “商品类别”表

④ 建立一个“商品明细”表，表结构如表 12.5 所示。

表 12.5　“商品明细”表的表结构

字段名称	数据类型	字段大小
商品 id	文本	4
商品名称	文本	10
商品类别	文本	4
商品价格	货币	

⑤ 将“商品 id”字段设置为主键。

⑥ 将“商品价格”字段的有效性规则设为“>0”。

⑦ 建立“商品类别”表和“商品明细”表之间的一对多关系，如图 12.39 所示。

⑧ 向“商品明细”表中添加记录内容，如图 12.40 所示。

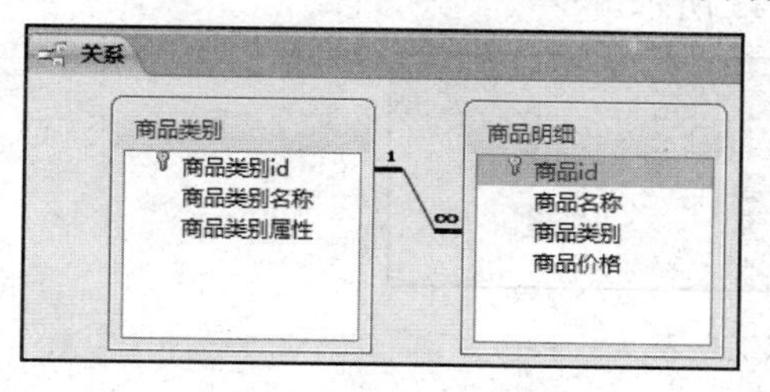

图 12.39　一对多关系

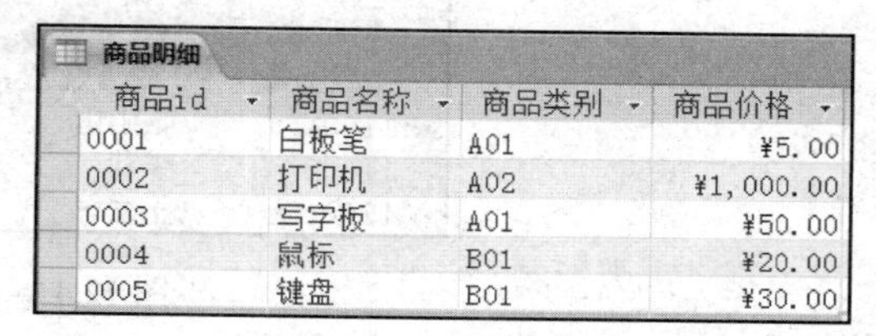

商品明细

商品id	商品名称	商品类别	商品价格
0001	白板笔	A01	¥5.00
0002	打印机	A02	¥1,000.00
0003	写字板	A01	¥50.00
0004	鼠标	B01	¥20.00
0005	键盘	B01	¥30.00

图 12.40　“商品明细”表

⑨ 创建一个多表连接查询。查询内容包括“商品类别”表中的“商品类别名称”和“商品类别属性”及“商品”表中的“商品名称”和“商品价格”，设计视图如图 12.41 所示。

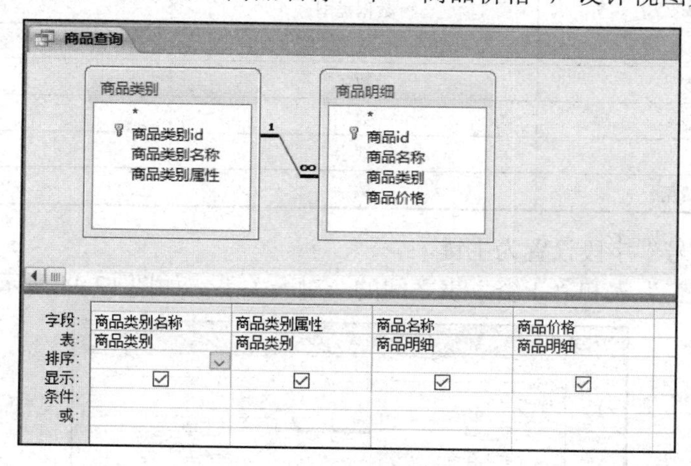

图 12.41　查询的设计视图

查询运行结果如图 12.42 所示。

商品查询

商品类别名称	商品类别属性	商品名称	商品价格
办公用品	办公耗材	白板笔	¥5.00
办公用品	办公耗材	写字板	¥50.00
办公用品	办公设备	打印机	¥1,000.00
计算机设备	硬件	鼠标	¥20.00
计算机设备	硬件	键盘	¥30.00

图 12.42　查询运行结果 1

2）创建数据库文件“职工工资管理.accdb”。

① 建立一个“职工”表，表结构如表 12.6 所示。

表 12.6 “职工”表的表结构

字段名称	数据类型	字段大小
职工号	文本	5
职工姓名	文本	4
部门	文本	10
备注	文本	10

② 将“职工号”字段设置为主键。

③ 向“职工”表中添加记录内容，如图 12.43 所示。

职工

职工号	职工姓名	部门	备注
11001	张山山	销售	
11002	李莉	销售	经理
12001	王思思	企划	

图 12.43 “职工”表

④ 建立一个“工资”表，表结构如表 12.7 所示。

表 12.7 “工资”表的表结构

字段名称	数据类型	字段大小
职工号	文本	5
基本工资	数字	
绩效奖金	数字	
补贴	数字	
代扣代缴费用	数字	

⑤ 将“职工号”字段设置为主键。

⑥ 建立“职工”表和“工资”表之间的一对一关系，如图 12.44 所示。

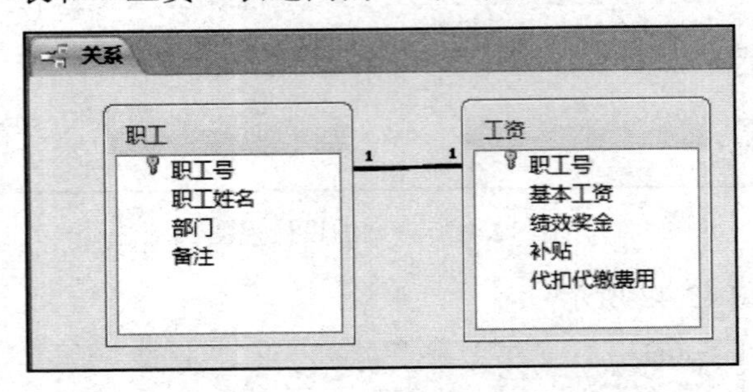

图 12.44 一对一关系

⑦ 向“工资”表中添加记录内容，如图 12.45 所示。

⑧ 创建一个多表连接查询，并实现计算职工的实发工资，结果如图 12.46 所示。

职工号	基本工资	绩效奖金	补贴	代扣代缴费
11001	3500	500	300	200
11002	4500	800	500	300
12001	3500	700	300	200

图 12.45　“工资”表

职工姓名	实得工资
张山山	4100
李莉	5500
王思思	4300

图 12.46　查询运行结果 2

提示： 在查询设计视图下打开表达式生成器，输入“实发工资: [工资]![基本工资]+[工资]![绩效奖金]+[工资]![补贴]-[工资]![代扣代缴费用]”。

参考文献

董荣胜，古天龙，2002．计算机科学与技术方法论[M]．北京：人民邮电出版社．

何振林，匡松，2007．大学计算机应用基础习题与实验教程[M]．北京：人民邮电出版社．

华诚科技，2010．Office 2010 办公专家从入门到精通（精编版）[M]．北京：机械工业出版社．

魏娟丽，马金忠，2011．Office 2010 中文版从新手到高手[M]．北京：中国铁道出版社．

杨振山，龚沛曾，2006．大学计算机基础简明教程实验指导与测试[M]．北京：高等教育出版社．

张强，杨玉明，2011．Access 2010 中文版入门与实例教程[M]．北京：电子工业出版社．

赵宏，王恺，2015．大学计算机案例实验教程：紧密结合学科需要[M]．北京：高等教育出版社．

朱翠娥，曹彩凤，刘兴林，2011．Access 数据库应用教程[M]．北京：机械工业出版社．

WALKENBACH J, 2010. Excel 2010 Bible[M]. New jersey: Wiley Publishing.